KB133016

기묘한 수학책

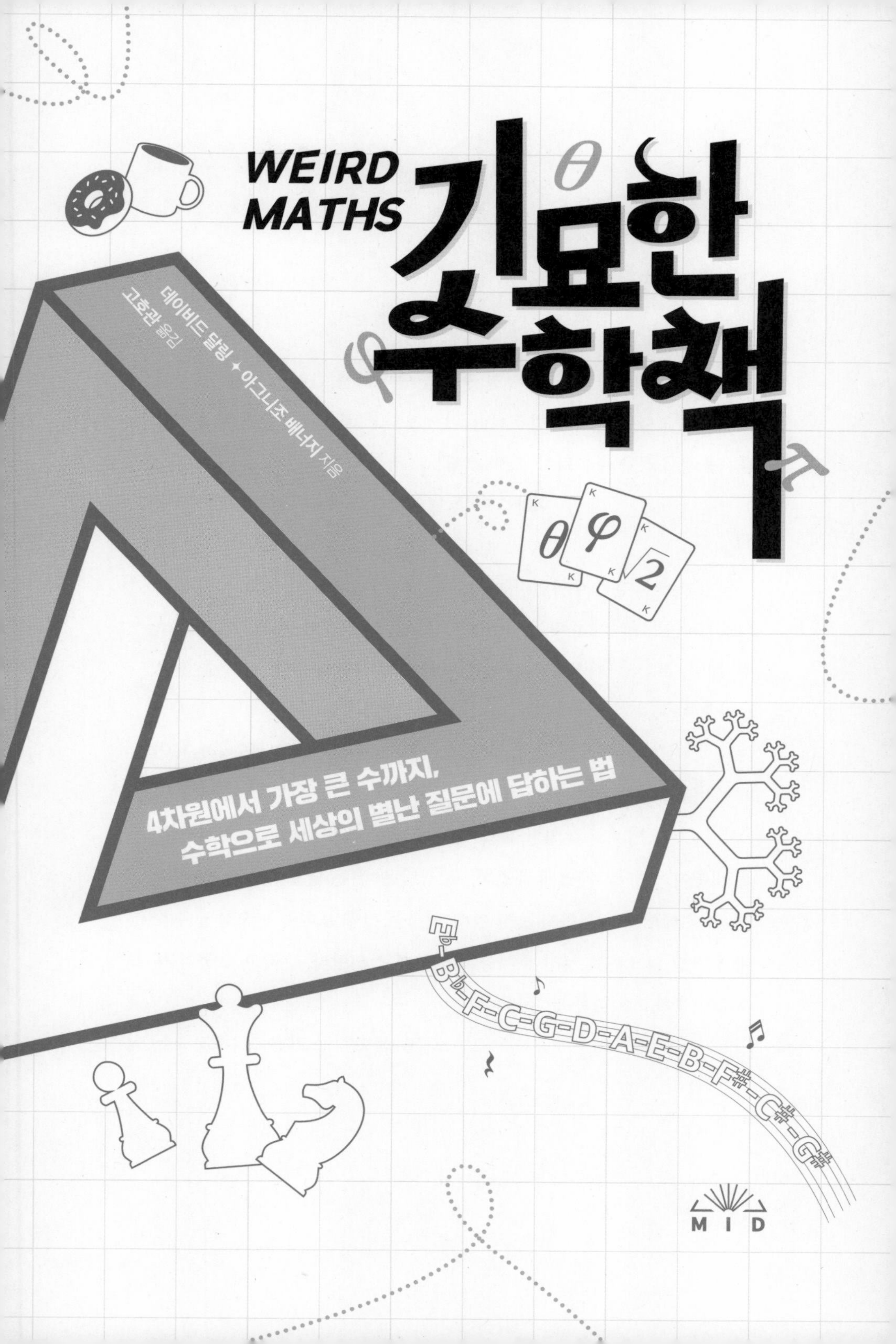

WEIRD MATHS
기묘한 수학책
데이비드 달링 ✦ 아그니조 배너지 지음
고호관 옮김
4차원에서 가장 큰 수까지,
수학으로 세상의 별난 질문에 답하는 법
E♭-B♭-F-C-G-D-A-E-B-F♯-C♯-G♯
MID

| 추천사 |

수학이라는 세상의 더욱 멋진 풍경을 돌아보는 화려한 여행. 수학이 왜 중요하고 유용한지 알려주지만, 무엇보다도 예상하지 못했던 순수한 즐거움에 우리를 빠뜨린다. 강력 추천!

_이안 스튜어트 (수학자, 『신도 주사위 놀이를 한다』 저자)

달링과 배너지는 수학이라는 방대한 세상으로 떠나는 매혹적인 여행으로 우리를 데려가 준다. 무작위와 고차원, 외계 음악, 체스, 카오스, 소수, 매미, 무한 등 마음을 사로잡는 다양한 주제를 다룬다. 이 책을 읽고 날아오르라.

_클리퍼드 A. 픽오버 (수학자, 『수학의 파노라마』 저자)

젊은 수학 영재와 유명한 과학 작자의 멋진 공동 작업은 수학의 세계를 새롭게 바라볼 수 있게 해준다. 두 사람은 '쉬운 말로 설명할 수 없다면, 그건 제대로 이해하지 못한 것이다'라는 것을 보여주듯 오늘날 수학에서 가장 기묘하고 멋진 주제를 대담하게 건드린다. 그리고 그들이 제대로 이해하고 있다는 건 분명하다.

_존 스틸웰 (샌프란시스코대학교 수학과 교수)

이 책은 피라미드부터 우주여행까지 지난 5,000년 동안 인류가 이루어낸 엄청난 성취에 수학이 어떻게 기여했는지를 복잡한 수식도 없이 스토리텔링만으로 들려주고 있습니다.

무한이란 무엇이며 이를 어떻게 다룰 것인지, 인간이 생각할 수 있는 가장 큰 수가 어디까지인지, 더 나아가 도대체 수학의 쓸모가 어디에 있는지에 대해 한번이라도 생각해 본 이들에게 꼭 이 책을 읽어보실 것을 권합니다.

_황선욱 (숭실대학교 수학과 교수, 8대 한국수학교육학회 회장)

목차

| 들어가면서 |

수학은 인간이 만들어 낸 가장 아름답고 가장 강력한 창조물이다.

- 스테판 바나흐

어느 분야에서든 충분히 깊게 파고들어가면 거기에 수학이 있다.

- 딘 슐릭터

수학은 기묘하다. 수는 영원히 계속해서 커지며, 이 영원이란 것에는 여러 종류가 있다. 소수素數, Prime number는 매미가 생존할 수 있게 해 준다. 수학에서 말하는 공은 조각냈다가 아무 틈도 생기지 않게 다시 조립해서 크기를 원래의 두 배로, 혹은 백만 배로 만들 수 있다. 분수 차원과 구멍이 전혀 남지 않도록 평면을 채울 수 있는 도형도 있다. 재미없는 발표를 듣던 물리학자 스타니스와프 울람Stanislaw Ulam은 심심해서 0부터 시작해 나선 모양으로 숫자를 써 나갔는데, 소수를 모두 표시해 보니 상당수가 기다란 사선을 이루고 있다는 사실을 알아냈다. 여기에 대해서는 아직도 제대로 된 설명이 없다.

학교에서 배우거나 일상생활에서 쓰는, 평범해 보이는 수와 계산에 익숙한 우리는 때때로 수학이 얼마나 기묘한지 잊곤 한다. 그럼에도 불구하고 우리 두뇌가 수학적으로 생각하는 데 아주 능숙하다는 사실, 그리고 원한다면 대단히 복잡하고 추상적인 수학을 할 수 있다는 사실은 놀랍다. 우리 조상들은 미분방정식을 풀거나 추상대수학을 갖고 주무르지 않아도 유전자를 다음 세대로 전달할 수 있었다. 내일 먹을 고기나 잠잘 곳을 찾는 데 있어 고차원의 기하학이나 소수 이론에 관한 생각은 아무 짝에 쓸모가 없었다. 그렇지만 우리는 복잡하고 추상적인 수학을 할 수 있다. 그리고 수학적인 우주에 관한 더욱 더 놀라운 진실을 밝혀낼 수 있는 두뇌를 갖고 태어난다. 진화는 우리에게 이런 기술을 제공했다. 하지만 어떻게 해서일까? 그리고 왜일까? 인간이라는 종은 왜 어느 모로 봐도 단순한 지적 게임으로밖에 안 보이는 것을 잘하는 걸까?

수학은 이런저런 방식으로 현실 세계 구석구석에 녹아 있다. 깊게 파고 들어가면, 우리는 손에 잡힐 것만 같던 전자와 광자 같은 물질 혹은 에너지가 실체 없는 단순한 확률 파동이 된다는 사실을 알게 된다. 우리에게 남는 거라고는 복잡하지만 아름다운 일련의 방정식이 쓰여 있는 희미한 명함이다. 어떤 면에서 수학은 보이지 않는 기초를 이루며 우리 주변의 물리적 세계를 지탱한다. 그러나 한편으로는 물리적 세계를 넘어서 어쩌면 영원히 순수한 정신 훈련으로만 남을 수 있는 추상적인 확률의 영역으로 들어간다.

이 책에서 우리는 수학의 더욱 특별하고 매혹적인 영역을 강조하기로 했다. 그중에는 새롭고 흥미로운 발견이 조만간 이루어질 영역도 있다. 어떤 영역은 입자물리학, 우주론, 양자컴퓨터와 같은 과학기술과 관련이 있다. 나머지 영역은 지금 당장으로서는 수학을 위한 수학이자 마음의 눈에만 존재하는 낯선 땅으로 떠나는 모험에 해당한다. 우리는 어려운 주제를 굳이 피하지 않기로 했다. 일반 대중에게 수학의 여러 측면을 설명할 때 겪는 어려움 중 하나는 일상생활과 동떨어져 있다는 사실이다. 하지만 오늘날 수학의 미개척지에서 탐험가와 선구자들이 하는 일과 우리의 익숙한 세계 사이를 이을 방법을 결국에는 찾을 수 있다. 학자들이 쓸 법한 정확한 언어를 쓰지 않아도 된다. 애매모호한 내용이라고 해도 평범한 사람이 이해할 수 있게 설명하지 못한다면, 그건 설명하는 사람의 이해가 부족하기 때문이라는 말은 어쩌면 사실일지도 모른다!

이 책은 특이한 방식으로 쓰였다. 우리 중 한 명(데이비드)은 35년 이상 과학 작가로 일하며 천문학, 우주론, 물리학, 철학, 심지어는 유희 수학(퍼즐이나 게임 같은 수학을 이용한 놀이 – 역주)에 관해 많은 책을 썼다. 다른 한 명(아그니조)는 뛰어난 젊은 수학자이자 어린 천재였고, 멘사에 따르면 IQ가 162 이상이다. 이 책을 쓰는 시점에서 아그니조는 헝가리에서 2017년 국제수학올림피아드를 위한 훈련을 막 마쳤다(아그니조는 2018년 국제수학올림피아드에서 영국 대표로 출전해 만점을 기록해 금메달을 받았다 – 역주). 아그니조는 12살때부터 데이비드에게 수학과 과학을 배우기 시작했다. 3년 뒤, 우리는 함께 책을 쓰기로 했다.

우리는 함께 앉아서 다루고 싶은 주제를 떠올렸다. 예를 들어, 데이비드는 고차원과 수리철학, 음악의 수학을 떠올렸고, 아그니조는 큰 수(개인적으로 여기에 열정이 있다)와 계산, 소수의 비밀에 관해 쓰고 싶어 했다. 처음 시작할 때부터 우리는 특이하거나 완전히 기묘한 수학을 골라 가능한 한 현실 세계의 소재와 일상의 경험과 연결하기로 했다. 우리는 또 평범한 말로 설명하지 못한다면 제대로 이해하고 있는 게 아니라는 말을 받아들여 단지 어렵다는 이유만으로 어떤 주제를 피하지는 않기로 결심했다. 데이비드는 각 장에서 주로 역사, 철학, 일화와 관련된 내용을 다루었고, 아그니조는 좀 더 전문적인 내용과 씨름했다. 아그니조가 데이비드의 글을 보고 오류를 확인하고 나면, 데이비드가 글을 모두 엮어 한 장을 완성했다. 이 모든 것은 놀라울 정도로 순조롭게 이루어졌다! 그 결과를 여러분이 즐길 수 있기를 바란다.

이 책에서는 x, ω(오메가), $\aleph$(알레프) 같은 여러 가지 기호를 볼 수 있습니다. 때로는 방정식이나 $3\uparrow\uparrow3\uparrow\uparrow3$처럼(특히 큰 수와 무한을 다루는 장에서) 익숙하지 않은 표현을 볼 수도 있습니다. 여러분이 수학자가 아니라면, 신경 쓸 필요 없습니다. 가능한 한 자세히 설명해 놓은 개념을 표현하는 기호일 뿐이며, 따라서 이 기호들은 그 개념을 좀 더 빠르고 깊게 탐구하게 해 줍니다. 우리 중 한 명(데이비드)은 오랫동안 개인적으로 학생들에게 수학을 가르쳤고, 자기 자신을 믿게 된 뒤에도 수학을 못 하는 사람은 아직 한 명도 보지 못했습니다. 자신은 모르고 있을지 몰라도 사실 우리 모두는 타고난 수학자입니다. 그 말을 명심하고 이제 시작해 봅시다!

1장

세상 속에 숨은 수학

훨씬 더 신기한 일도 일어났다. 그리고 아마 그중에서 가장 신기한 일은 유인원과 비슷한 종족에게 수학이 가능했다는 놀라운 사실일 것이다.

_ 에릭 T. 벨, 『수학의 발달』

물리학은 우리가 물리적 세계에 관해 아주 잘 알고 있기 때문이 아니라 거의 모르고 있기 때문에 수학적이다. 우리가 알아낼 수 있는 건 오로지 수학적인 성질이다.

_ 버트런드 러셀

♣

지적인 능력으로 말하자면, 호모 사피엔스는 지난 10만 년 동안 거의 변하지 않았다. 털코뿔소와 마스토돈이 지구를 누볐던 시절의 아이를 현재의 학교에 데려다 놓는다면, 21세기의 여느 어린이와 마찬가지로 성장할 것이다. 그 아이의 두뇌는 산술과 기하학, 대수학을 받아들일 수 있다. 그리고 수학에 관심이 있다면, 얼마든지 더욱 깊이 탐구해 언젠가 케임브리지대나 하버드대의 수학 교수가 될 수도 있다.

우리의 신경 조직은 고도의 계산을 수행할 수 있도록 진화했다. 또한 집합론과 미분기하학이 지금처럼 쓰이기 한참 전에도 이 개념들을 이해할 수 있도록 진화해 왔다. 사실 생존에 전혀 도움이 되지 않는 고도의 수학 능력을 우리가 왜 타고났는지는 수수께끼다. 한편으로 인간이 나타나 계속 살아남을 수 있었던 건 지성과 논리적으로 생각하고, 앞날을 계획하며, '만약에?'라는 질문을 할 수 있는 능력에서 다른 경쟁자보다 우위에 있었기 때문이다. 속도나 힘

같은 다른 생존 기술이 부족했던 우리 조상은 빠른 눈치와 예측력에 의존할 수밖에 없었다. 논리적인 사고 능력은 우리의 제일 큰 강점이 되었고, 시간이 지나면서 우리는 복잡한 방식의 의사소통, 기호 사용, 우리를 둘러싼 세상을 이성적으로 이해하는 능력을 갖추게 되었다.

다른 모든 동물과 마찬가지로 우리는 어려운 수학 문제를 순식간에 효율적으로 해결한다. 날아오는 공을 잡거나, 포식자를 피하거나 혹은 먹이를 사냥하는 단순한 동작을 하려면 빠른 속도로 여러 가지 방정식을 동시에 풀어야 한다. 로봇이 똑같은 동작을 하도록 프로그램을 짜 본다면 계산이 얼마나 복잡한지 잘 알 수 있다. 그러나 인간의 큰 강점은 구체적인 것에서 추상적인 것으로 넘어가는, 즉 상황을 분석하고, '만약/그렇다면' 같은 조건부 질문을 던지고, 앞날을 계획하는 능력이다.

수학의 등장

농업을 시작하면서 우리는 계절을 정확하게 파악해야 했다. 그리고 무역을 하고 정착하게 되면서 상거래와 회계가 필요해졌다. 달력과 상거래라는 두 가지 실용적인 목적을 위해 모종의 셈법이 있어야 했고, 그에 따라 기초적인 수학이 처음으로 등장했다. 수학이 나타난 지역 중 한 곳은 중동이었다. 고고학자들은 기원전 8,000년경까지 거슬러 올라가는 수메르의 거래 징표를 발견했는데, 이는 당시 사람들이 수를 나타낼 수 있었다는 사실을 보여준다. 하지만 초기인 이 시기에는 사람들이 세는 대상과 수數라는 개념을

이집트인은 실용적인 수학을 잘 이해했다. 건축과 회계, 농업 등에 그들은 수학을 효과적으로 이용했고, 그들의 수학적 토대는 피라미드 같은 대형 건축물을 짓는 데도 활용됐다.

분리해서 취급하지 않았다. 예를 들어 양이나 병, 기름 등 거래하는 물건에 따라 점토로 만든 징표의 모양이 달랐다. 다량의 징표를 교환해야 하는 경우에는 '불라Bulla'라고 하는 그릇 안에 징표를 넣고 밀봉했다. 내용물을 확인하려면 그 그릇을 깨야 했다. 시간이 지나자 안에 징표가 몇 개 들어 있는지를 나타내는 표시를 불라에 새겨 넣기 시작했다. 이 기호 표시는 숫자 체계로 발전했고, 징표는 아무 물체나 세는 용도로 일반화되다가 마침내 화폐의 초기 형태로 변했다. 그 과정에서 수 개념은 세는 대상의 종류와 무관해졌다. 즉, 염소 다섯 마리든 빵 다섯 덩어리든 5는 5였다.

이 단계에서는 수학과 일상생활 사이의 관계가 밀접해 보인다.

수를 세고 기록하는 것은 농부와 상인에게 실용적인 도구다. 잘 되기만 한다면, 이면에 있는 철학에 신경 쓸 사람이 어디 있겠는가? 간단한 산술은 '저 바깥' 세상에 깊이 뿌리를 내리고 있는 것처럼 보인다. 양 한 마리 더하기 양 한 마리는 양 두 마리다. 양 두 마리 더하기 양 두 마리는 양 네 마리다. 이보다 간단할 수는 없다.

하지만 좀 더 자세히 들여다보면, 우리는 이미 뭔가 이상한 일이 벌어지고 있다는 걸 알 수 있다. '양 한 마리 더하기 양 한 마리'라는 말에는 양이 모두 똑같거나 혹은 세는 게 목적인 한 어느 정도 차이가 있어도 상관없다는 가정이 깔려 있다. 그러나 어떤 양도 똑같지 않다. 우리는 우리가 인지한 양의 성질을 '단일한 것'으로 혹은 분리하여 추상화하고 이 성질을 바탕으로 또 다른 추상화 작업을 한 것이다. 이를 덧셈이라고 부른다. 이건 커다란 도약이다. 실제로는 양 한 마리에 양 한 마리를 더하는 게 똑같은 들판에 양 두 마리를 함께 놓는다는 뜻일 수도 있다. 하지만 역시 실제로는 양들은 서로 다르며, 좀 더 깊이 들어가면 우리가 '양'이라고 부르는 것도 우주의 나머지 부분과 사실상 분리되어 있지 않다. 그뿐만 아니라 우리가 양처럼 '저 바깥' 세상에 있는 대상이라고 여기는 건 우리의 감각 기관을 통해 들어온 신호를 바탕으로 뇌가 구성한 결과물이라는 다소 불편한 사실도 있다. 우리가 양에게 모종의 외적 실체를 부여한다고 해도 물리학에 따르면 양은 끊임없이 흐르는 아원자 입자(양성자, 중성자처럼 원자보다 작은 입자 – 역주)의 대단히 복잡하고 일시적인 집합이다. 그렇지만 어째서인지 우리는 양을 셀 때 이런 엄청난 복잡성을 무시할 수 있다. 아니, 일상생활에서는 아예 의식조차 하지 않는다.

수학은 무엇일까?

학문 중에서도 수학은 가장 정확하며 변하지 않는다. 과학과 다른 분야는 기껏해야 어떤 이상에 대한 근사치일 뿐이다. 그리고 시간이 지나면서 항상 변하고 진화한다. 독일 수학자 헤르만 한켈Hermann Hankel은 다음과 같이 지적했다.

> 대체로 과학에서 한 세대는 다른 세대가 쌓아 올린 것을 무너뜨린다. 그리고 어떤 세대가 뭔가를 확립하면, 다른 세대가 되돌린다. 오로지 수학에서만 각 세대는 기존 구조에 새로운 이야기를 덧붙인다.

수학과 다른 학문 사이의 이런 차이점은 애초부터 어쩔 수 없는 일이다. 수학은 감각 기관을 통해 받는 메시지 중에서 가장 근본적이고 변하지 않는 대상으로 여겨지는 것을 생각해 도출하는 데서 시작하기 때문이다. 이는 양을 측정하는 수단으로서의 자연수 개념, 양을 결합하는 기초적인 방식으로서의 덧셈과 뺄셈으로 이어진다. 하나, 둘, 셋 등은 대상이 무엇이든, 같은 유형의 대상에 속한 각 개체가 서로 어떻게 다르든 모여 있는 대상의 공통적인 특징으로 볼 수 있다. 따라서 수학에 이런 영구불변한 성질이 있다는 사실은 애초부터 확실하다. 그리고 그건 수학의 최대 강점이다.

수학은 존재한다. 의심의 여지가 없다. 예를 들어 피타고라스 정리는 현실 세계의 일부다. 그런데 쓰이고 있지 않을 때나 어떤 물질적인 형태로 증명되고 있지 않을 때는 어디에 존재할까? 아무도 그런 생각을 하지 못했던 수천 년 전에는 어디에 존재했을까? 플라톤주의자들은 수나 기하학 도형, 그리고 그 둘 사이의 관계 같은 수학적 대상이 우리와 우리의 생각과 언어 그리고 물리적 우주와 언어와 무관하게 존재한다고 생각한다. 수학이 천상계의 어느 영역에 있는지는 구체적으로 밝히지 못하지만, 공통적으로 '저 바깥' 어딘가에 있다고 가정한다. 대부분의 수학자가 여기에 동의하며, 따라서 수학을 발명했다기보다는 발견했다고 생각한다 해도 틀린 말은 아닐 것이다. 또, 대부분은 아마도 철학적인 생각에는 별로 관심 없이 그저 수학을 연구하는 데 만족하고 있을 것이다. 대다수의 물리학자가 형이상학에 별로 신경 쓰지 않고 실험실에서 연구하거나 이론 문제를 해결하는 것과 마찬가지다.

그래도 우리가 정답에 결코 도달하지 못한다고 해도 사물의 궁극적인 성질은 흥미롭다. 독일의 수학자이자 논리학자인 레오폴트 크로네커Leopold Kronecker는 원래 있었던 것은 정수 뿐이라고 생각했다. 크로네커의 표현을 빌리자면, "신이 정수를 만들었고, 나머지 모두는 인간의 작품이다." 영국의 천체물리학자 아서 에딩턴Arthur Eddington은 거기서 더 나아가 이렇게 말했다. "수학은 우리가 가져다 놓기 전까지는 없었다." 수학이 발명이냐, 혹은 정신과 물질의 협응 작용에서 나타난 둘의 조합이냐를 둘러싼 논쟁은 사그라지지 않을 것이다. 그리고 어쩌면 마지막까지 간단한 답이 나오지 않을지도 모른다.

한 가지 사실은 분명하다. 어떤 수학적 내용이 사실로 증명된다면, 그건 영원히 사실로 남을 것이다. 의견이 갈릴 수도 없고, 주관적인 영향을 받을 수도 없다. 버트런드 러셀Bertrand Russell은 이렇게 말한 바 있다.

나는 수학이 좋다. 수학은 인간적이지 않고 이 행성이나 어쩌다 생긴 이 우주 전체와 아무 특별한 관계가 없기 때문이다.

다비트 힐베르트David Hilbert도 비슷한 말을 했다. "수학에는 인종도 지리적 경계도 없다. 수학에게 있어 이 문화적 세계는 한 나라다." 수학의 이런 비인간적이고 보편적인 성질은 최대 강점이지만, 그렇다고 해도 훈련받은 사람이 보기에는 수학의 심미적인 매력이 떨어지지 않는다. 영국의 수학자 G. H. 하디G. H. Hardy는 이렇게 말했다. "아름다움은 첫 번째 시험이다. 추한 수학이 영원히 남아 있을 수 있는 공간은 어디에도 없다." 이론물리학이라는 다른 분야에 속한 폴 디랙Paul Dirac도 비슷한 정서를 표현했다. "근본적인 물리 법칙이 대단히 아름답고 강력한 수학 이론의 형태로 나타난다는 건 자연의 근본적인 특징인 것 같다."

그러나 수학의 보편성이라는 다른 쪽을 보면 차갑고, 메마르고, 열정과 감정이 없는 것 같다. 그 결과 우리는 다른 세계의 지적 존재가 우리와 똑같은 수학을 사용한다고 해도 우리에게 중요한 많은 일에 관해 의사소통하기에는 수학이 최선의 방법이 아니라는 점을 깨달을지 모른다. 지구 외 지성체 탐사 계획SETI 연구자인 세스 쇼스탁Seth Shostak은 이렇게 말했다. "많은 사람이 수학을 이용해 외계인과 대화하자고 한다." 사실 네덜란드 수학자 한스 프로이덴탈Hans Freudenthal은 이런 아이디어를 바탕으로 새로운 언어인 링코스Lincos를 만들기도 했다. 그는 이렇게 말했다. "하지만 내 개인적인 의견으로는 수학으로 사랑이나 민주주의 같은 개념을 설명하는 건 어려울 것 같다."

우리의 세상은 수학적일까?

과학자, 특히 물리학자의 궁극적인 목표는 세계를 관찰한 결과를 수학으로 기술하는 것이다. 우주론자, 입자물리학자와 같은 사람들은 어떤 양을 측정하고 그 양들 사이의 관계를 찾아냈을 때 가장 즐거워한다. 우주의 핵심이 수학적이라는 생각에는 최소한 피타고라스 학파까지 거슬러 올라가는 오래된 뿌리가 있다. 갈릴레오는 우주를 수학이라는 언어로 쓴 '장대한 책'이라고 보았다. 그리고 훨씬 더 최근인 1960년대에는 헝가리 출신의 미국 물리학자이자 수학자인 유진 위그너Eugene Wigner가 「자연 과학에서 수학의 터무니 없는 효용성」라는 제목의 논문을 썼다.

우리는 현실 세계에서 수를 직접 보지 않는다. 따라서 수학이 어디에나 있다는 사실을 곧바로 인식하지 못한다. 하지만 도형은 볼 수 있다. 거의 구에 가까운 행성과 별, 던졌거나 궤도 운동을 하는 물체가 그리는 곡선 경로, 눈송이의 대칭성 등등. 그리고 이들은 수 사이의 관계로 설명할 수 있다. 전기나 자기의 작동, 은하의 회전, 원자 내부에 있는 전자의 운동 등에도 수학으로 번역할 수 있는 다른 패턴이 있다. 이런 패턴과 그 패턴을 설명하는 방정식은 각각의 사건을 뒷받침하면서 우리를 둘러싼 변화무쌍한 복잡성의 기저에 있는 심원하고 영원한 진리를 나타내는 듯하다. 전자기파의 존재를 처음으로 확실히 입증한 독일의 물리학자 하인리히 헤르츠Heinrich Hertz는 이렇게 말했다.

> 이런 수학식이 독립적인 존재이며 그 자체로 지성체라는 느낌을, 우리보다 더 현명하고 심지어는 발견자보다 더 현명하다는 느낌을, 원래 그

안에 들어 있던 것보다 우리가 더 많이 얻어내고 있다는 느낌을 지울 수가 없다.

현대 과학의 기반이 본질적으로 수학이라는 건 의심의 여지가 없는 사실이다. 그러나 그렇다고 해서 현실 세계 자체의 근본이 수학적이라고 할 수는 없다. 갈릴레오 시대 이후로 과학은 주관과 객관 또는 측정 가능한 것을 분리하고 후자에 초점을 맞추어 왔다. 최선을 다해 관찰자와 관련이 있는 모든 것을 쫓아내고 뇌와 감각의 영향이 끼어들지 못하는 곳에 있다고 생각하는 것에만 주의를 기울였다. 현대 과학이 발달한 방식으로는 과학은 사실상 수학적인 성질을 가질 수밖에 없다. 하지만 과학으로 다루기 어려운 것도 많이 생겼다. 대표적으로 의식이 있다. 언젠가 우리가 기억이나 시각 처리 등과 관련해 뇌가 어떻게 작동하는지 보여줄 훌륭하고 종합적인 모델을 만들 수 있을지는 모른다. 하지만 왜 내적인 경험이 생기는지, 왜 어떤 기분을 느낄지는 전통적인 과학, 더 나아가 수학의 범주 바깥에 있다. 어쩌면 앞으로도 항상 그럴지 모른다.

플라톤주의자는 수학이 처음부터 존재했던 땅으로, 우리의 탐사를 기다리고 있다고 생각했다. 반대로 우리가 목적을 추구하는 과정에서 수학을 발명했다고 주장하는 사람도 있다. 양쪽 모두 약점이 있다. 플라톤주의자는 파이π와 같은 것이 물리적 우주나 지성의 외부 어디에 존재하는지를 설명하기 어려워한다. 반면, 비非플라톤주의자는, 가령 우리가 수학을 하든 하지 않든, 행성이 계속해서 태양 주위를 타원 궤도로 돌 것이라는 사실을 쉽게 부정하지 못한다. 수리철학의 세 번째 학파는 이 둘의 가운데 지점에서 수학이 으레 생각하는 것과 달리 현실 세계를 설명하는 데는 별로 좋지 않다고 지적한다. 그렇다. 방정식은 우주선을 달이나 화성에 보내거나 새로운 비행기를 설계하거나 며칠 뒤의 날씨를 미리 알아내는 데 유용하다. 하지만 이런 방정식은 설명하고자 하는 현실의 근사치에 불과하며, 더구나 우리 주위에서 일어나는 일의 아주 작은 일부에만 적용할 수 있다. 수학이 성공했다고 자랑할 때 현실주의자라면 이렇게 이야기할 것이다. 우리는 수학적인 형태로 나타내기 위해 너무 복잡하거나 제대로 이해하지 못한, 혹은 바로 그런 성질 때문에 이런 종류의 분석으로 환원할 수 없는 대다수의 현상을 무시한다고.

사실은 우주가 수학적이지 않을 가능성도 있을까? 어쨌든 우주 안의 공간과 사물은 직접적으로 우리에게 수학적인 모습을 보여주지 않는다. 우리 인간은 우주의 여러 측면을 모형으로 만들기 위해 합리적으로 해석하고 근사한다. 그 과정에서 우리는 수학이 우주를 이해하는 데 굉장히 유용하다는 사실을 알게 된다. 그게 꼭 수학이 우리 자신이 만든 편리한 도구 이상이라는 뜻은 아니다. 하지만 만약 애초에 수학이 우주에 존재하지 않는다면, 어찌 우리가 그런 용도로 사용하려고 수학을 발명할 수 있을까?

수학은 크게 두 분야로 나뉜다. 순수수학과 응용수학이다. 순수수학은 수학을 위한 수학이다. 응용수학은 현실 세계의 문제를 다룬다. 하지만 종종 아무런 실체와 관련이 없어 보이는 순수수학 분야의 발전이 나중에 과학자와 공학자에게 대단히 유용하다는 사실이 드러난다. 1843년 아일랜드의 수학자 윌리엄 해밀턴William Hamilton은 사원수quaternion라는 개념을 생각해냈다. 보통수의 4차원 일반화(복소수를 확장해 만든 수로 네 개의 실수 성분을 갖는다 – 역주)로 당시에는 실용적인 관심을 받지 못했는데, 한 세기 이상 지난 뒤에 로봇공학과 컴퓨터그래픽, 게임에 효과적인 도구라는 사실이 드러났다. 1611년 요하네스 케플러Johannes Kepler가 처음 도전했던, 3차원 공간에서 구를 가장 효율적으로 쌓는 방법에 관한 문제는 잡음이 많은 회선을 통해 정보를 효율적으로 전송하는 데 쓰였다. 가장 순수한 수학 분야로 실용적인 가치가 거의 없을 거라고 생각했던 정수론은 보안용 암호의 발달에 중대한 돌파구를 만들었다. 그리고 베른하르트 리만Bernhard Riemann이 개척한, 곡면을 다루는 새로운 기하학은 50여 년 뒤 아인슈타인의 일반상대성이론 공식에 이상적이라는 게 드러났다.

1915년 7월, 아인슈타인은 괴팅겐대학교의 다비트 힐베르트를 찾아갔다. 역사상 가장 위대한 과학자와 당대의 가장 위대한 수학자의 만남이었다. 그해 12월, 두 사람은 거의 동시에 아인슈타인의 일반상대성이론에서 중력장을 설명하는 방정식을 발표했다. 그러나 아인슈타인에게는 방정식 자체가 목표였던 반면 힐베르트는 방정식이 훨씬 더 원대한 계획을 위한 디딤돌이 되기를 원했다. 힐베르트가 많은 업적을 남길 수 있었던 원동력은 수학 전체의 기초가 되는 근본적인 원리, 혹은 공리公理를 찾겠다는 열정이었다. 힐베르트는 아인슈타인의 일반상대성이론뿐만 아니라 물리학의 다른 이론에서 끌어낼 수 있는 최소한의 공리 집합을 찾는 게 그 과정의 일환이라고 보았다. 불완전성 정리를 만든 쿠르트 괴델Kurt Gödel은 수학이 모든 문제에 답을 내놓을 수 있다는 신념에 금이 가게 했다. 하지만 우리가 사는 세상이 어느 정도까지 진짜 수학적인지, 아니면 겉으로 보기에만 수학적인 건지는 여전히 불확실하다.

수학 전체가 다른 순수 연구로 가는 문을 열어주는 것 외에는 전혀 쓸모없을지도 모른다. 반면, 우리가 아는 한 순수수학의 상당 부분은 예상치 못했던 방식으로 물리적 우주에서 실현된다. 혹시 이 우주가 아니라면, 우주론자의 추측처럼 믿을 수 없을 정도로 방대한 규모의 멀티버스에 존재할지도 모르는 다른 우주에서도 말이다. 어쩌면 수학적으로 진실하고 타당한 모든 것이 우리가 속한 현실 어딘가에서 언젠가 어떻게든 나타났을지도 모른다. 어쨌든 당분간 우리는 앞으로 떠날 여행에 집중할 수 있다. 수와 우주, 이성의 미개척지 깊숙한 곳을 탐험하는 인간 정신의 기묘하고 멋진 모험 말이다.

이어지는 장에서 우리는 기괴하고 놀랍지만 동시에 우리가 아는 세상과 아주 실질적인 관련이 있는 주제를 깊이 파고 들어갈 것이다. 수학이 이상하고 마구 뒤엉킨 상상 게임처럼 내밀하고, 기발하고, 심지어는 무의미해 보일 수 있다는 건 사실이다. 하지만 수학의 핵심은 상업과 농업, 건축에 뿌리를 내리고 있는 실용적인 문제다. 비록 우리 조상들이 꿈꾸지도 못했을 방향으로 발전하긴 했지만, 우리 일상생활과의 연결고리는 여전히 핵심에 남아 있다.

2장

4차원으로 보는 법

끈 이론의 가장 신기한 특징은 우리가 주위 세상을 직접 바라보는 세 가지 공간 차원 이상이 필요하다는 점이다. SF소설 같은 이야기지만, 끈 이론의 수학으로 얻은 확실한 결과다.

_ 브라이언 그린

☘

우리는 3차원 세상에 산다. 위와 아래, 양옆, 앞과 뒤. 꼭 이렇게 나누지 않더라도 서로 직각을 이루는 서로 다른 세 가지 방향이면 된다. 직선 같은 1차원 물체나 종이에 그린 정사각형 같은 2차원 물체를 상상하는 건 쉽다. 하지만 '3차원을 넘어선 차원'으로 보려면 어떻게 해야 할까? 우리가 알고 있는 세 방향에 수직인 또 다른 방향은 어디 있을까? 순수하게 학문적인 질문으로 보일지도 모른다. 만약 우리 세상이 3차원이라면, 4차원이나 5차원 같은 것에 뭐하러 신경을 쓸까? 사실 과학은 아원자 수준에서 일어나는 일을 설명하기 위해 고차원을 필요로 한다. 이런 여분의 차원은 물질과 에너지에 관한 큰 그림을 이해하는 데 열쇠가 될 수 있다. 실용적인 측면에서 봤을 때는, 만약 우리가 4차원으로 볼 수 있게 된다면 의학과 교육에 쓸 수 있는 새롭고 강력한 도구를 얻게 될 것이다.

때때로 네 번째 차원은 공간에 있는 여분의 방향이 아닌 다른 무언가로 여겨진다. 어쨌든 차원dimension이라는 단어는 단순히 '측정'을 뜻하는 라틴어 단어 dimensionem에서 유래했다. 물리학에서 다른 양量, quantity의 구성 요소를 이루는 기본 차원은 길이와 질량, 시간, 전하다. 또, 물리학자는 아주 흔히 3차원 공간과 1차원 시간에 관해 이야기한다. 아인슈타인이 우리가 사는 세상에서는 공간과 시간이 항상 시공간이라는 하나의 실체로 묶인다는 사실을 밝힌 뒤로는 특히 그렇다. 하지만 상대성이론이 나오기 전에도 공간에서 움직이듯이 시간 차원을 따라 앞뒤로 움직일 가능성이 있을지도 모른다는 추측이 있었다. 1895년에 나온 소설 『타임머신』에서 H. G. 웰즈H. G. Wells는 순간적인 정육면체가 존재할 수 없다고 설명했다. 매 순간 우리가 보는 정육면체는 길이, 너비, 높이와 지속 시간이 있는 4차원 대상의 단면일 뿐이다. "우리 의식이 시간을 따라서 움직인다는 점만 빼면 시간과 다른 공간의 세 차원 사이에 아무런 차이가 없다"고 소설 속 시간여행자는 말한다.

빅토리아 시대의 사람들도 공간의 네 번째 차원이라는 아이디어에 매력을 느꼈다. 수학적인 관점에서도 그랬고, 그게 당시 사람들이 집착했던 또 다른 대상인 심령술을 설명할 수 있을지도 모른다는 가능성에서도 그랬다. 1800년대 후반은 아서 코난 도일Arthur Conan Doyle, 시인 엘리자베스 배럿 브라우닝Elizabeth Barrett Browning, 화학자이자 물리학자였던 윌리엄 크룩스William Crookes 같은 유명인을 비롯해 수많은 사람이 영매의 주장과 죽은 자와 소통할 수 있다는 생각에 끌리던 시기였다. 사람들은 사후 세계가 우리가 사는 세상과 4차원에서 평행하거나 겹쳐 있어 죽은 사람의 영혼이 우리의 물질세계로 쉽게 드나들 수 있는지 궁금해 했다.

수학자가 4차원을 설명하는 방법

우리가 고차원을 시각화하지 못한다는 사실은 네 번째 차원이 어딘가 신비롭거나 우리가 아는 것과는 전혀 다르다고 생각하게 만들곤 한다. 그러나 수학자들은 실제로 어떻게 생겼는지 상상하지 않아도 성질을 설명할 수 있기 때문에 4차원 대상을 연구하는 데 아무런 어려움도 겪지 않는다. 다차원을 상상하려고 머릿속을 이리저리 비틀지 않아도 대수학과 미적분을 이용하면 성질을 알아낼 수 있다.

원이 있다고 하자. 원은 한 점(중심점)에서 같은 거리(반지름)만큼 떨어져 있는 한 평면 위의 모든 점으로 이루어진 곡선이다. 직선과 마찬가지로 원은 폭이나 높이가 없고 길이만 있으므로 1차원 물체다. 우리가 선 위에 놓여 있다면 우리가 자유롭게 움직일 수 있는 방향은 선을 따라서 이쪽 아니면 저쪽이다. 원도 마찬가지다. 비록 원이 적어도 2차원 이상인 공간에 존재하지만, 원 위에 놓인다면 우리는 선 위에 놓였을 때와 다를 바 없이 움직임에 제약이 있다. 원을 따라 앞으로 가거나 뒤로 갈 수 있을 뿐이다. 사실상 1차원적 움직임에 묶여 버린 셈이다.

수학자가 아닌 사람은 때때로 원을 생각할 때 내부까지 포함한다. 하지만 수학자에게 '속이 찬 원'은 원이 아니라 원반이라고 하는 전혀 다른 물체다. 원은 2차원 대상인 평면(종이 위에 정교하게 그린 원이 여기에 가깝다고 할 수 있다)에 넣을 수 있는 1차원 대상이다. 원의 길이, 혹은 둘레는 반지름이 r일 때 $2\pi r$로 나타내며, 원이 둘러싼 면적은 πr^2이다. 차원을 하나 높이면 구球가 나온다. 구는 어느 한 점에서 같은 거리만큼 떨어져 있는 3차원 공간 속의 점이 모여 이루어진다. 이때도 평범한 사람은 2차원 곡면에 불과한 진짜 구와 곡면 안쪽의 모든 점까지 포함하는 대상과 헷갈릴 수 있다. 하지만 이번에도 수학자는 확실하게 구분해 후자를 '공'이라고 부른다. 구는 3차원 공간에 매장할 수 있는 2차원 대상이다. 겉넓이는 $4\pi r^2$이며, 둘러싸고 있는 부피는 $\frac{4}{3}\pi r^3$이다. 평범한 구는 2차원이기 때문에 수학자들은 2-구라고 부른다. 한편, 똑같은 방식으로 원은 1-구라고 부른다. 고차원에 있는 구는 '초구hypersphere'라고 하며, 똑같은 방식으로 이름을 붙일 수 있다.

가장 간단한 초구는 3-구로, 4차원 공간에 매장할 수 있는 3차원 물체다. 머릿속으로 상상이 되지 않아도 유추를 통해 이해할 수 있다. 원이 굽은 선인 것처럼, 평범한 2-구는 굽은 면이고, 3-구는 굽은 부피다. 수학자들은 간단한 미적분을 사용해 이 굽은 부피가 $2\pi^2 r^3$임을 보일 수 있다. 이는 평범한 구의 겉넓이에 상응하는 3-구의 성질이며, 3차 초면적 또는 겉부피라고 부른다. 3-구에 둘러싸인 4차원 공간은 4차원 부피, 혹은 4차 초부피를 가지며, 그 값은 $\frac{1}{2}\pi^2 r^4$이다. 3-구에 관한 이런 사실을 증명하는 건 원이나 평범한 구와 비교해서 그다지 더 어렵지 않고, 3-구가 실제로 어떻게 생겼는지 이해해야 할 필요도 없다.

이와 마찬가지로 어쩌면 우리는 '테서랙트tesseract'라고도 부르는 4차원 입방체의 진짜 모습을 알기 위해 애를 쓸지도 모른다. 물론 앞으로 2차원이나 3차원으로 나타내려고 노력하는 모습도 볼 수 있을 것이다. 하지만 정사각형에서 정육면체로, 정육면체에서 테서랙트로 이어지는 과정을 설명하는 건 간단하다. 정사각형은 꼭짓점 4개와 변 4개가 있다. 정육면체는 꼭짓점 8개, 모서리(다면체에서 면과 면이 만나는 선 – 역주) 12개, 면 6개가 있다. 테서랙트는 꼭짓점 16개, 모서리 32개, 면 24개, 그리고 정육면체로 이루어진 '포체'(3차원의 면에 상응하는 것) 8개로 이루어져 있다. 이 마지막 사실이 우리가 테서랙트를 시각화하기 어렵게 한다. 테서랙트는 정육면체인 포체 8개가 4차원 공간을 둘러싸는 방식으로 놓여 있다. 정육면체의 면 6개가 3차원 공간을 둘러싸는 모양인 것과 같다.

4차원의 존재가 우리 세상에 산다면

우리가 4차원을 받아들일 수 있는 가장 좋은 방법은 3차원으로 비슷하게 생각해 보는 것이다. 예를 들어, "4차원 초구가 우리 공간을 지나갈 때 어떻게 보일까?"라고 물으면, 우리는 구가 평면을 지나갈 때 어떤 일이 벌어질지를 상상하면서 감을 잡을 수 있다. 평면에 사는 2차원 생물이 있다고 가정해 보자. 그들이 사는 세상의 표면을 따라 보면 눈에 보이는 건 2차원 형태로 해석할 수밖에 없는 점이나 다양한 길이의 선이다. 3차원 구가 2차원 공간과 막 닿았을 때는 점으로 보인다. 그 점은 점점 커져서 원이 되고 최대일 때의 지름은 구의 지름과 똑같다. 그 뒤로 원은 다시 줄어들어 점이 되었다가 구가 통과해 버리면서 사라진다. 마찬가지로 4-구가 우리가 사는 공간과 만나면, 우리에게는 점처럼 보인다. 그 점은 비눗방울처럼 점점 커져 3차원 구로 최대 크기를 찍고 다시 작아지다가 마침내 사라진다. 4-구의 진짜 성질인 여분의 차원은 우리가 볼 수 없지만, 나타나서 커지다가 사라지는 신기한 모습을 보게 된다면 여러분은 대체 무슨 일이 벌어지고 있는 건지 궁금할 것이다!

4차원 생물이 우리가 사는 세상에서 산다면, 그 생물은 마법 같은 힘을 갖게 될 것이다. 예를 들어, 이 생물은 오른쪽 신발을 집어 들고 4차원 공간에서 뒤집어 왼쪽 신발로 만들 수 있다. 이해하기 어렵다면 2차원 신발을 생각해 보자. 깔창이 무한정 얇아졌다고 생각하면 된다. 우리는 종이로 그런 모양을 오려낸 뒤 집어 들고 뒤집어서 도로 내려놓을 수 있다. 그렇게 하면 좌우가 바뀐다. 2차원 생물은 이것을 엄청나게 놀라운 일로 여기겠지만, 여분의 차원을 누릴 수 있는 우리가 보기에는 뻔한 일이다.

이론상 4차원 생물은 4차원 공간에서 3차원인 인간을 통째로 뒤집을 수 있다. 물론 갑자기 오른쪽과 왼쪽이 전부 바뀌어 버린 사람은 없었으니 실제로 일어난 적은 없겠지만 말이다. H. G. 웰즈는 「플래트너 이야기The Plattner Story」라는 단편소설에서 학교 화학실험실에서 폭발이 일어난 뒤 9일 동안 사라졌던 교사 고트프리트 플래트너에 관한 놀라운 이야기를 들려준다. 그가 사라졌던 동안에 일어났던 일을 떠올리면 도무지 믿을 수가 없는데, 다시 돌아온 플래트너는 과거 자신의 거울상이 되어 있다.

실제로 4차원 공간에서 뒤집히면 거울로 비추어 본 모습이 달라서 충격을 받는 것 말고도(얼굴은 놀라울 정도로 비대칭적이다) 건강에 좋지 않다. 글루코스나 대부분의 아미노산처럼 우리 몸에 필수적인 화학물질의 상당수는 특정 좌우 방향성을 갖고 있다. 예를 들어 DNA를 이루는 분자는 이중나선 형태로, 항상 오른쪽 방향으로 돈다. 만약 이런 분자의 좌우 방향이 뒤집힌다면 우리는 영양실조로 금세 죽고 말 것이다. 우리가 먹는 식물과 동물 속에 있는 필수 영양소의 상당수를 흡수하지 못하게 되기 때문이다.

다른 차원을 향한 모험

4차원 공간에 관한 수학적 관심은 19세기 초반 독일 수학자 페르디난트 뫼비우스Ferdinand Möbius의 연구에서 시작되었다. 뫼비우스는 자신의 이름을 딴 도형인 뫼비우스 띠에 관한 연구와 위상수학이라는 분야의 선구자로 가장 잘 알려져 있다. 4차원 공간에서 3차원 형태를 거울상으로 돌려놓을 수 있다는 사실을 처음 깨달은 것도 뫼비우스였다. 19세기 후반에는 세 수학자가 다차원 기하학이라는 새로운 영역의 탐험가로 두각을 나타냈다. 바로 스위스의 루트비히 슐레플리Ludwig Schläfli와 영국의 아서 케일리Arthur Cayley, 독일의 베른하르트 리만이다.

슐레플리는 그의 대표 저서『연속 다양체 이론Theory of Continuous Manifolds』을 이런 말로 시작한다. "이 저작은…, 말하자면, 평면과 공간의 기하학이 n차원 기하학의 n=2, 3인 특수한 경우에 해당하는 새로운 분석법을 찾아내고 개발하기 위한 시도다." 슐레플리는 다차원의 다각형과 다면체에 상응하는 것을 설명하며, '다구조polyscheme'라고 불렀다. 독일의 수학자 라인홀트 호페Reinhold Hoppe가 만들고, 불 대수를 고안한 영국의 수학자 겸 논리학자 조지 불George Boole과 독학한 수학자로 수학 저술 활동을 했던 메리 에베레스트 불Mary Everest Boole의 딸인 알리시아 불 스톳Alicia Boole Stott이 영국에 도입한 용어인 '다포체Polytope'를 요즘에는 사용한다.

슐레플리의 또 다른 업적은 플라톤 다면체(정다면체)의 고차원 친척을 찾아낸 일이다. 플라톤 다면체는 각 면이 똑같은 다면체이고 각 꼭짓점에서 똑같은 수의 면이 만나는 볼록한(모든 꼭짓점이 바깥을 향하는) 입체도형이다. 플라톤 다면체는 다섯 종류가 있다. 정육면체, 정사면체, 정팔면체, 정십이면체, 정이십면체다. 4차원 공간에서 플라톤 다면체에 상응하는 것은 볼록한 4차원 다포체로, 폴리코라라고도 부른다. 슐레플리는 여섯 종류를 찾아내 포체의 수에 따라 이름을 붙였다. 가장 단순한 4차원 다포체는 정사면체 포체 5개, 정삼각형 면 10개, 모서리 10개, 꼭짓점 5개가 있는 정오포체로, 4차원의 정사면체라 할 수 있다. 그리고 정팔포체인 테서랙트가 있다. 이중 정팔포체인 정십육포체는 포체와 꼭짓점, 면과 모서리를 바꾸는 방식으로 만들 수 있다. 그 역도 마찬가지다. 정십육포체는 정사면체 포체 16개, 정삼각형 면 32개, 모서리 24개, 꼭짓점 8개가 있고, 4차원의 정팔면체라 할 수 있다. 다른 두 4차원 다포체는 4차원의 정십이면체라 할 수 있는 정백이십포체와 정이십면체라 할 수 있는 정육백포체다. 마지막으로, 정팔면체 포체 24개가 있는 정이십사포체가 있는데, 여기에 상응하는 3차원 다면체는 없다. 흥미롭게도, 슐레플리는 이보다 높은 차원의 정다포체 수는 항상 똑같다는 사실을 알아냈다. 단 3개뿐이다.

수학자들은 케일리와 리만 등의 연구를 통해 4차원에서 복잡한 대수학을 하는 방법과 유클리드Euclid가 설명한 규칙을 벗어나는 다차원 기하학으로 확장하는 방법을 배울 수 있었다. 그러나 실제 4차원으로 보는 건 여전히 하지 못했다. 문제는 과연 그럴 수 있는 사람이 있느냐다. 이 문제는 영국의 수학자이자 교사 그리고 과학 문학 작가였던 찰스 하워드 힌튼Charles Howard Hinton의 흥미를 끌었다. 20대에서 30대 초반에 힌튼은 영국의 사립학교 두 곳에서 학생을 가르쳤다. 첫 번째는 글로스터셔에 있는 첼트넘 칼리지였다. 그리고 두 번째는 러틀랜드의 어핑엄 스쿨이었는데, 이곳에서 만

에드윈 애버트의 『플랫랜드: 다차원의 이야기』 초판 표지.

난 동료 교사가 에드윈 애버트Edwin Abbott의 친구이자 사실상 어핑엄 스쿨의 첫 번째 수학 교사였던 하워드 캔들러Howard Candler였다. 어핑엄 스쿨에 있던 1884년에 애버트는 고전의 반열에 오른 풍자소설 『플랫랜드: 다차원의 이야기Flatland: A Romance of Many Dimensions』를 썼다. 이보다 4년 앞서 힌튼은 대체 공간에 관한 자신의 견해를 「4차원이란 무엇인가?」이라는 제목의 글에서 밝혔다. 이 글에는 3차원 공간에서 움직이는 입자가 4차원에 존재하는 직선과 곡선의 연속적인 단면일지도 모른다는 생각이 담겨 있었다. 우리가 실제로는 4차원 생물이며, "우리의 의식이 갇혀 있는 3차원 공간을 통과하는 연속적인 상태"일 수도 있다는 것이다. 애버트와 힌튼이 서로를 얼마나 잘 알았는지는 확실하지 않지만, 두 사람이 서로 상대방의 연구에 관해 알고 있었던 건 분명하다. 각자의 글에서 그 사실을 일정하기도 했으니 말이다. 그리고 직접적인 교류는 아니더라도 공통의 친구나 동료를 통해 사회적 교류를 나누었을 수도 있다. 캔들러는 분명히 애버트에게 다른 차원에 관해 드러내 놓고 글을 쓰거나 이야기하는 어핑엄 스쿨의 후배 교사를 언급했을 것이다.

힌튼은 확실히 관습에 얽매이지 않는 사람이었다. 영국에서 교사로 있던 시절, 그는 위에서 언급한 메리 에베레스트 불(세계에서 가장 높은 산에 이름이 붙은 조지 에베레스트George Everest의 조카)과 조지 불의 딸 메리 엘렌 불Mary Ellen Boole과 결혼했다. 불행히도, 결혼 3년 만에 힌튼은 첼트넘 칼리지에서 만난 모드 플로렌스Maud Florence라는 여성과도 비밀리에 결혼해 쌍둥이를 낳았다. 아마도 외과의사이자 복혼을 주장하는 단체의 대표였던 아버지 제임스 힌튼James Hinton이 찰스 힌튼의 행동에 영향을 미쳤을 것이다. 어쨌든 힌튼은 형사재판소에서 이중혼으로 유죄를 선고받고 며칠 동안 감옥에 갇혔다. 그 뒤에는 첫 번째 가족과 함께 일본으로 가서 몇 년간 학생을 가르치다가 프린스턴대학교의 수학 강사가 되었다. 1897년에는 그곳에서 야구공 발사기를 설계했다. 화약이 폭발하면서 야구공을 65~110km/s로 발사하는 장치였다. 그해 3월 12일자 〈뉴욕 타임스〉 기사에서는 그 장치를 "길이가 약 75cm인 관 뒤에 소총이 붙어 있는 육중한 대포"로 묘사했다. 커브 공을 던지는 멋진 기술은 "대포의 관 안에 들어있는 굽은 막대 두 개" 덕분에 가능했다. 프린스턴대 야구팀은 간간이 그 장치를 사용하다가 위험하다는 이유로 그만두었다. 그 장치로 생긴 부상이 힌튼이 해임된 이유 중 하나였는지는 불확실하다. 하지만 힌튼이 워싱턴DC의 미국 해군관측소에 합류하기 전인 1900년에 잠깐 가르쳤던 미네소타대학교에 그 장치를 다시 소개하는 것까지 막지는 않았다.

힌튼은 영국에서 교사 생활을 하던 초기부터 4차원에 빠져들기 시작했는데, 당시에 다른 사람들은 흔히 4차원을 다루며 강령술과 관련이 있을지도 모른다고 추측하곤 했다. 1878년 라이프치히대학교의 천문학과 교수 프리드리히 쵤너Friedrich Zöllner는 「4차원 공간에 관하여」라는 제목의 논문을 『분기별 과학학술지The Quarterly Journal of Science』(화학자이자 저명한 심령주의자 윌리엄 크룩스가 편집했다)에 게재했다. 베른하르트 리만이 아직 학생이던 시절에 강연을 통해 그 내용을 공개했던 획기적인 논문 「기하학의 기저에 깔린 가설에 관하여」(이 논문은 리만이 내용을 공개하고도 14년이 지나고 나서야 출간되었다. 이는 리만이 사망하고도 2년이 지난 후의 일이다)를 인용하며 쵤너는 단단한 수학적 근거 위에서 글을 시작했다. 리만은 처음에 괴팅겐대에서 스승인 위대한 카를 가우스Carl Gauss에게서 실마리를 얻어 3차원 공간이 구와 같은 2차원 곡면과 다를 바 없이 휘어질 수 있다는 개념을 생각해냈고, 공간의 곡률이라는 아이디어를 임의의 차원으로 확장했다. 타원기하학, 혹은 리만 기하학이라 불리는 이 성과는 훗날 알베르트 아인슈타인이 만든 일반상대성이론의 토대가 되었다.

또, 쵤너는 젊은 사영기하학자 펠릭스 클라인Felix Klein이 1874년에 발표한 논문에서 주장한 4차원 공간으로 들어 올려 뒤집기만 해도 매듭을 풀고 연결된 고리를 빼낼 수 있다는 개념도 빌려왔다. 그렇게 해서 쵤너는 고차원 평면에 존재하는 것으로 보이는 영혼이 어떻게 자신이 유명한 영매 헨리 슬레이드Henry Slade와 함께 했던 강령술 실험에서 목격했던 다양한 현상(특히 손을 쓰지 않고 매듭 풀기)을 일으킬 수 있는지 설명하기 위한 배경을 만들었다. 쵤너와 마찬가지로 힌튼도 우리는 단순한 인식 습관 때문에 3차원으로밖에 보지 못할 뿐이며 훈련만 할 수 있다면 우리를 둘러싼 4차원 공간을 볼 수 있을지도 모른다는 생각에 끌렸다.

4차원 물체를 상상하는 건 어렵지만, 4차원 물체를 2차원으로 그리는 건 쉽다. 힌튼이 '테서랙트'라는 이름을 만들어 붙인, 4차원의 정육면체는 특히 쉽다. 먼저 정사각형 두 개가 서로 살짝 떨어져 있도록 그린다. 그리고 각 꼭짓점을 직선으로 잇는다. 이는 정육면체의 입체도로 보일 수 있다. 우리 머릿속에서는 이 두 정사각형이 공간에서 서로 떨어져 있는 것이다. 그다음에 각 꼭짓점이 연결된 정육면체 두 개가 되도록 그린다. 4차원의 시각이 있다면 우리는 이를 4차원 공간에서 서로 떨어져 있는 두 정육면체로 볼 수 있다. 사실 이건 테서랙트의 입체도다.

불행히도, 4차원 물체를 평면에 나타낸다고 해도 우리가 그 실제 모습을 보는 데는 별 도움이 되지 않는다. 힌튼은 4차원으로 볼 수 있도록 우리의 두뇌를 훈련하는 더 좋은 방법은 회전하면서 4차원 형태의 여러 측면을 보여주는 3차원 모형일 수도 있겠다고 생각했다. 적어도 그러면 우리는 입체도의 입체도가 아니라 실제 사물의 입체도를 대할 수 있었다. 이를 위해 힌튼은 서로 다른 색의 1인치짜리 나무 정육면체 형태의 복잡한 시각 보조 도구를 개발했다. 힌튼 정육면체는 다 합해 16가지 색으로 칠한 정육면체 81개, 2차원에서 3차원 물체를 만들 수 있다는 점을 보여주는 비유의 목적으로 사용하는 판 27개, 여러 가지 색으로 칠한 '분류 정육면체' 12개로 이루어져 있었다. 1904년에 처음 출간된 힌튼의 책 『4차원The Fourth Dimension』에 상세하게 적힌 정교한 조작법에 따라 테서랙트

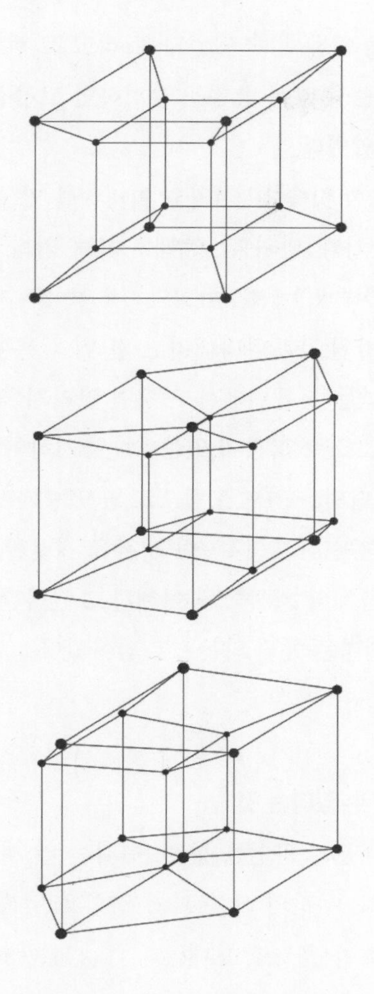

테서랙트의 회전. 맨 위는 전통적인 '입방체 안의 입방체' 시점으로 본 테서랙트다. 가운데는 테서랙트가 살짝 회전한 모습으로 중심의 입방체가 움직여서 오른쪽 입방체가 되고 있는 모습이다. 맨 아래는 테서랙트가 더 회전해 중심의 입방체가 원래 오른쪽 입방체가 있던 곳에 훨씬 가까워졌다. 마지막으로 테서랙트는 완전히 회전해 처음 위치로 돌아온다. 여기서 중요한 건 테서랙트가 어떤 면에서도 모양이 변하지 않았다는 점이다. 변화는 시점의 변화에 따른 것이다.

의 다양한 단면을 나타낼 수 있었다. 그리고 그 정육면체들과 그것들이 가질 수 있는 수많은 방향을 암기하면 고차원 세상을 바라보는 창을 얻을 수 있었다.

힌튼은 정말로 머릿속에서 4차원 이미지를 만들 수 있게 되었을까? 익숙한 위와 아래, 앞과 뒤, 양옆에 더해 '카타'와 '아나'(4차원을 따라 움직이는 두 반대 방향에 힌튼이 붙인 이름)를 볼 수 있었을까? 물론 4차원 형태를 3차원으로 나타내려고 한 건 힌튼뿐만이 아니었다. 힌튼은 자신이 만든 정육면체를 처제인 알리시아 불 스톳에게 소개했고, 스톳은 스스로 직관력 있는 4차원 기하학자가 되어 4차원 다포체의 3차원 단면을 카드 모형으로 만드는 데 능숙해졌다. 그런 방법을 통해 사람이 진정한 4차원 시각을 개발할 수 있는 것일지, 아니면 고차원 물체의 기하학을 이해하고 인식할 수 있는 능력을 얻게 되는 것뿐인지는 아직 의문으로 남아있다.

다른 차원을 볼 수 있다는 것

어떻게 보면 여분의 차원을 볼 수 있다는 건 새로운 색을 볼 수 있다는 것과 같다. 우리의 모든 과거 경험을 벗어나는 일이다. 프랑스의 인상파 화가 클로드 모네Claude Monet는 82세였던 1923년에 백내장으로 손 쓸 수 없게 흐려진 왼쪽 눈의 수정체를 제거하는 수술을 받았다. 모네가 작품에 사용하는 색은 주로 빨간색, 갈색 등 흙과 비슷한 색이었으나 그 뒤로는 파란색이나 보라색으로 바뀌었다. 심지어 이전 작품을 다시 칠하기도 했다. 예를 들어 하얀색이었던 수련이 푸르스름하게 바뀌었다. 그래서 모네가 빛의 자외선 영역을 볼 수 있게 되었다는 주장이 나오기도 했다. 이 아이디어를 뒷받침하는 건 눈의 수정체가 보라색의 끄트머리에 있는 약 390nm(10억 분의 1m)보다 작은 파장을 차단하지만 망막은 자외선인 290nm 정도까지 감지할 수 있다는 사실이다. 어린아이와 수정체가 없는 노인의 경우 보라색 영역 너머를 볼 수 있다는 증거도 많다. 기록이 가장 잘 남은 최근 사례는 콜로라도 출신의 전직 공군 장교이자 엔지니어로, 백내장이 생긴 원래 수정체를 자외선 일부를 통과시키는 인공 렌즈로 바꾼 알렉 코마니츠키Alek Komarnitsky다. 2011년 코마니츠키는 휴렛패커드의 연구실에서 단색광 분광기를 이용한 실험에 참가해 350nm까지의 빛을 진한 자줏빛 색조로 볼 수 있었고 자외선 영역인 340nm까지에서도 밝기의 변화를 일부 볼 수 있었다고 보고했다.

우리 대부분은 망막의 원추세포(색을 인식하는 세포)가 세 종류다. 색맹인 사람과 개와 신세계원숭이를 비롯한 많은 포유류는 두 개뿐이라 볼 수 있는 색조가 10,000개에 그친다. 우리는 100만 가지 정도를 식별할 수 있다. 그러나 과학자들은 드물게 원추세포가 네 종류인 사람이 있다는 사실을 발견했다. 추정컨대 이 '4색각인'은 정상 경우보다 100만 가지 색조를 더 구분할 수 있다. 하지만 누구나 우리 인간이 보는 건 똑같다고 생각하게 마련이라 그런 사람이 특별한 시험을 받지 않고 자신에게 이런 초능력이 있다는 사실을 깨닫는 데는 시간이 걸릴 수도 있다.

요컨대 특별한 상황에 있는 인간은 다른 대부분이 경험하는 평범함을 넘어서는 것을 볼 수 있다. 만약 어떤 사람이 자외선이나 보통보다 더 미묘한 색조를 볼 수 있다면, 4차원을 못 볼 이유는 어디에 있을까? 분명히 우리 두뇌는 원래 받아들이는 데 익숙하지 않은 감각 정보를 처리하도록 적응할 수 있다. 어쩌면 4차원으로 된 이미지를 머릿속으로 만들어 내도록 훈련할 수 있을지도 모른다.

오늘날 우리는 컴퓨터를 비롯한 고도의 기술 덕분에 4차원 세상을 시각화하는 데 훨씬 더 유리해졌다. 예를 들어 이제는 선을 그어 그린 테서랙트를 애니메이션으로 만들어서 평면으로 된 화면에서 볼 때 회전에 따라 겉모습이 어떻게 바뀌는지를 쉽게 보여줄 수 있다. 아직 우리 두뇌는 눈에 보이는 것을 4차원 물체라기보다는 정육면체 여러 개가 서로 연결되어 이상하게 행동하고 있는 것으로 해석한다. 그러나 평범한 3차원 용어로는 설명할 수 없는 아주 이상한 일이 벌어지고 있다는 느낌은 든다. 우리가 지니고 있는, 혹은 앞으로 곧 지닐 기술이 우리가 4차원을 직접 경험하게 해 줄 수는 없을까?

힌튼 같은 사람의 주장에도 불구하고 우리를 둘러싼 세상이 어디까지나 3차원이고, 우리 두뇌가 3차원이며, 우리는 받아들이는 모든 감각을 3차원 배경에서 해석하게 진화했기 때문에 절대로 진짜 4차원을 볼 수 없다고 주장하는 이들도 있다. 아무리 정신적으로 노력한다고 해도 우리 몸을 이루고 있는 입자를 다른 존재의 영역으로 보낼 수는 없다. 공학 기술이 아무리 발달해도 우리는 실제 테서랙트 같은 4차원 물체를 만들 수 없다. 그렇다고 해서 SF 작가가 3차원 물체나 시스템이 저절로 여분의 차원을 만들어 내는 기묘한 일이 생긴다는 상상을 하지 못하게 된 건 아니다.

1941년 2월 『어스타운딩 사이언스 픽션』에 처음 실린 로버트 하인라인Robert Heinlein의 「그리고 그는 비뚤어진 집을 지었다」는 정육면체 방 8개가 3차원 공간의 테서랙트 같은 구조로 놓인 집을 설계한 독창적인 건축가에 관한 이야기다. 건물이 완공되고 얼마 지나지 않아 지진으로 건물이 흔들리면서 실제 초입방체로 접히고, 처음 문을 열고 들어간 사람들에게 당황스러운 일이 생긴다.1950년에 발표된 「뫼비우스라는 이름의 지하철」이라는 소설에서는 보스턴의 지하철 네트워크가 둘둘 말리면서 일부 승객이 열차와 함께 다른 차원으로 넘어간다. 결국 모두 안전하게 목적지에 도착하지만 말이다. 하버드대학교의 천문학자 A. J. 도이치A. J. Deutsch가 쓴 이 이야기는 뫼비우스 띠와 클라인 병이라는 소재를 다루고 있다. 후자는 면이 하나인 도형으로, 4차원에서만 존재할 수 있다.

예술가도 작품을 통해 4차원의 본질을 잡아내려고 노력했다. 헝가리의 시인이자 예술이론가인 처를레시 텀코 시러토Charles Tamkó Sirató는 1936년 「차원술사 선언Dimensionist Manifesto」에서 예술의 진화가 다음과 같이 이어졌다고 주장했다. "문학은 선을 떠나 평면에 들어서고 있다. … 회화는 평면을 떠나 공간에 들어서고 있다. … 조소는 폐쇄적이고 움직이지 않은 형태를 벗어나고 있다." 그다음으로 시라토는 "지금까지는 예술이 전혀 범접하지 못했던 4차원 공간을 정복하게 될 것"이라고 말했다. 1954년에 완성된 살바도르 달리Salvador Dalí의 〈십자가에 못 박힌 예수〉는 전통적인 예수의 초상과 펼쳐 놓은 테서랙트를 합쳐 놓았다. 달리에게 회화와 연관이 있는 수학 문제에 관해 조언했던 기하학자 토머스 밴코프Thomas Banchoff는 2012년에 달리 박물관에서 열린 한 강연에서 달리가 어떻게 "3차원 세상의 물체를 가지고 그 너머로 가려고" 시도했는지를 설명했고 "그 모든 건 두 가지 시각을, 즉 서로 겹쳐 있는 십자가를 나타내기 위해서였다"고 말했다. 심령술을 모종의 고차원으로 합리화하려 했던 19세기 과학자처럼 달리는 4차원이라는 아이디어를 이용해 종교와 물질 세상을 연결하려 했다.

21세기의 물리학자는 새로운 이유로 고차원에 흥미를 갖고 있다. 바로 끈 이론이다. 이 이론에서는 전자와 쿼크 같은 아원자 입자를 점과 같은 존재가 아니라 1차원의 진동하는 '끈'으로 취급한다. 끈 이론의 매우 신기한 점 하나는 우리가 사는 공간과 시간에 여분의 차원이 있어야 이론이 수학적으로 일관적일 수 있다는 것이다. 끈 이론의 하나인 초끈이론은 모두 10차원이 필요하고, 초끈이론의 확장판인 M 이론은 11차원이 필요하다. 한편 보손 끈 이론은 26차원이 있어야 한다. 이 모든 추가적인 차원은 '압축'되어 있다고 한다. 즉, 상상하기 어려울 정도로 작은 규모에서만 의미가 있다는 뜻이다. 언젠가 우리는 이런 차원을 증폭하거나 펼쳐서 있는 그대로의 모습을 관찰할 수 있을지도 모른다. 하지만 지금 당장이나 근미래에는 우리에게 익숙한 3차원의 거시적인 공간을 벗어나지 못할 것이다. 따라서 의문은 여전히 남는다. 4차원 물체가 실제로 어떻게 생겼는지 머릿속으로 시각화할 방법이 있을까?

3차원 세상 너머로

빛이 우리 눈으로 들어와 망막을 때려 평면 이미지 두 개를 만드는 게 우리가 세상을 시각적으로 경험하는 방법이다. 망막에서 빛을 감지하는 세포는 전기 신호를 만들고, 이 신호는 우리 뇌에서 본래 2차원인 정보를 3차원으로 재구성하는 시각피질로 향한다. 눈이 두 개라는 건 곧 우리가 사물을 서로 살짝 다른 두 각도로 보며, 어린 시절에 우리 두뇌가 이를 시점의 차이로 해석하고 그 결과를 바탕으로 3차원 시각을 구축하는 방법을 익힌다는 뜻이다. 하지만 한쪽 눈을 감는다고 해서 갑자기 사물을 2차원으로 해석하지 않는다. 한쪽 눈으로는 여전히 보이는 시점과 조명, 음영으로부터 얻는 실마리 덕분에 우리는 마음의 눈에 깊이를 더할 수 있다. 게다가 우리는 머리를 움직이거나 돌려서 보는 각도를 바꾸고 이를 청각이나 촉감 같은 다른 감각 정보와 합쳐 3차원을 상상할 수 있다. 이런 방식으로 차원을 덧붙이는 데 아주 능숙하기 때문에 우리는 3D 기술 없이도 TV 화면으로 영화를 볼 때 자동으로 깊이를 부여한다. 문제는 만약 우리에게 2차원 정보로 3차원 그림을 만드는 능력이 있다면, 3차원 시각 정보로 머릿속에서 4차원을 상상할 수 있느냐다. 우리의 망막은 본래 평평하다. 하지만 전자 기술에는 그런 제약이 없다. 많은 카메라 혹은 영상 감지 장치를 서로 다른 위치에 놓으면 우리는 원하는 만큼 다양한 방향과 시점에서 정보를 모을 수 있다. 그러나 이것만으로는 4차원 시야의 토대를 만드는 데 충분하지 않다.

진정한 4차원의 관찰자가 우리 세상의 사물을 바라본다면, 3차원 표면만이 아니라 동시에 내부까지 모두 볼 수 있어야 한다. 예를 들어 금고 안에 귀중한 물건을 넣어 놓았다고 해도 4차원 존재는 흘깃 보는 것만으로도 금고의 모든 면과 함께 내부의 모든 것까지 볼 수 있다. 그리고 손을 뻗어 원하는 물건을 가져갈 수도 있을 것이다! 이건 4차원 존재에게 금고의 벽을 뚫고 볼 수 있는 투시 능력이 있어서가 아니라 단지 여분의 차원에 접근할 수 있기 때문이다. 이와 비슷하게 우리는 2차원 세상에 있는 닫힌 공간의 내부를 볼 수 있다. 종이 위에 정사각형 하나를 그리고 안에 보석 같은 게 들어있는 2차원 금고라고 하자. 2차원 면에 속한 납작한 주민은 금고의 바깥쪽만 볼 수 있다. 그저 선으로만 보일 것이다. 그 주민이 사는 세상인 종이 위에서 내려다보는 우리는 금고를 이루는 벽과 그 안에 있는 내용물을 모두 한눈에 볼 수 있고, 손을 뻗어서 2차원 보석을 들어 올릴 수 있다. 2차원 주민으로서는 금고 안을 어떻게 볼 수 있었는지, 벽에 아무 틈도 없는데 내용물이 어떻게 사라질 수 있었는지 당황할 수밖에 없다. 그러나 이와 마찬가지로 4차원이라는 유리한 시점에서 바라보는 존재는 집이든 기계든 인체든 3차원으로 된 사물의 안과 밖, 모든 부분을 볼 수 있을 것이다.

4차원 시각까지는 아니더라도 4차원으로 보이는 착시를 만들기 위해서는 여러 층으로 이루어져 있고, 각 층이 3차원 물체의 제각기 다른 단면 이미지를 포착할 수 있는 3차원 망막이 필요하다. 그리고 이 인공 망막으로 얻는 정보를 진정한 4차원 관찰자처럼 모든 단면을 동시에 접할 수 있는 방식으로 직접 두뇌에 보내야 한다. 그 결과가 실제 4차원 이미지는 아니겠지만, 우리가 4차원에서 3차원 물체를 '내려다' 보았을 때 볼 수 있을 법한 모습이 될 것이다. 여기에는 아주 귀중한 쓰임새가 있을 수 있다. 3차원 망막이라는 첫 번째 단계에 필요한 기술은 이미 2차원 단면을 쌓아 인체의 일부를 입체로 보여주는 의료용 스캐너라는 형태로 이미 존재한다. 두 번째 단계는 아직 우리의 손이 미치지 않는 곳에 있다. 관찰 대상의 모든 곳을 모든 시점에서 동시에 볼 때의 이미지를 두뇌가 구성하는 데 필요한 정보를 주입할 수 있을 정도로 발달한 뇌-컴퓨터 인터페이스나 신경학적 지식이 없기 때문이다. 그러나 '인간 2.0'은 불과 10~20년 안에 도래할 수도 있다. 미래학자 레이 커즈와일Ray Kurzweil은 2030년대에는 우리가 클라우드 기반의 컴퓨터 네트워크와 연결된 미세한 로봇인 나노봇으로 두뇌를 강화할 수 있을 것이라고 생각한다. 2017년 일론 머스크Elon Musk는 대뇌피질 임플란트로 인간의 두뇌와 인공지능을 연결하는 기술을 개발하는 스타트업 기업 '뉴럴링크Neuralink'를 출범했다. 제대로 된 기술이 있고 뇌와 올바르게 연결되어 있다 해도 3차원 망막을 사용하기 위해서는 이 급진적인 방식으로 마음속에서 그림을 그리는 연습을 오랫동안 해야 할 것이다. 그러나 그런 능력은 의료 진단이나 수술, 과학 연구, 교육과 같은 분야에 종사하는 이들에게 매우 귀중한 가치가 있을 수 있다.

사람이 4차원으로 사물을 볼 수 있게 만드는 과정에서 더 어려운 단계는 오로지 시뮬레이션으로 할 수밖에 없다. 우리가 사는 세상에는 4차원 대상이 물리적으로 존재하지 않기 때문이다. 힌튼이 사용했던 테서랙트의 컴퓨터 시뮬레이션이 가장 간단한 출발일 것이다. 우리는 테서랙트의 3차원 모형을 볼 때 진정한 4차원 도형의 한 가지 측면, 혹은 투영도밖에 보지 못한다. 4차원의 멋진 모습을 보려면 두뇌의 시각 처리 영역에서 여러 투영도를 매끄럽게, 그리고 동시에 이어붙여야 한다. 다시 말하지만, 필요한 기술과 신경 연결이 완성된다 해도 4차원이 불쑥 나타나는 효과를 얻으려면 오랜 훈련이 필요할 수 있다. 하지만 이론상 안 될 이유는 없다. 컴퓨터 기술의 도움을 받아 머릿속에서 4차원 도형의 3차원 단면을 융합함으로써 우리는 4차원으로 본다는 게 어떤 느낌인지 알아낼 수도 있다.

수학은 우리의 상상력만으로는 꿰뚫어 볼 수 없는 대상을 깊이 있게 탐구할 수 있게 한다. 우리가 자연스럽게 여기는 3차원 세상 너머로 데려가 4차원 이상에 있는 대상의 특징을 아주 자세히 알 수 있게 해 준다. 그래서 우리는 미시적인 수준과 우주 규모 모두에서 우주를 이해하는 데 필요한 과학을 계속해 나갈 수 있다. 나아가, 수학은 우리가 3차원 너머의 차원을 볼 수 있는 방법을 개발할 가능성을 열어줄 것이다.

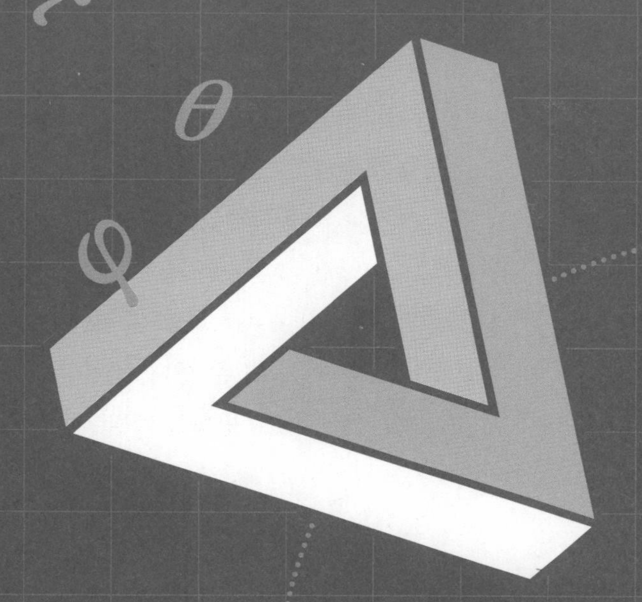

3장

가능성은 좋은 것이야

내가 보기에는 인생의 수많은 일이 그저 우연히 정해진다.

_ 시드니 포이티어

♣

세상에서 벌어지는 수많은 일은 절대 예측 불가능해 보인다. 우리는 '신의 섭리'라거나 '하필이면 그때 거기에 있었다'라거나 '순전한 운'이라는 식으로 이야기한다. 우연과 행운 또는 불운은 우리 주위에서 일어나는 일의 상당수를 지배하는 것 같다. 그러나 수학 덕분에, 우리는 혼란스럽기 그지없는 안개를 뚫고 우연이 일으키는 폭동으로 보였을 법한 일 속에서 약간의 질서를 찾아내는 도구를 얻었다.

트럼프 카드 한 벌을 제대로 섞어 보자. 그러면 여러분은 유일무이한 일을 해냈을 가능성이 크다. 역사상 그 누구도 지금과 똑같은 순서로 카드를 배열했을 가능성은 거의 없다. 이유는 간단하다. 서로 다른 카드 52장은 52×51×50×49×⋯×3×2×1가지 방법으로 배열할 수 있다. 카드를 배열하는 서로 다른 방법의 총합은 8×10^{67}, 즉 8 뒤에 0이 67개나 붙는 엄청난 수가 나온다. 현재 살아있는 모든 사람이 우주의 탄생 이후 1초에 한 번씩 카드를 섞었다고 해도 고작 3×10^{27}가지밖에 안 나온다. 앞의 수와 비교하면 놀라울 정도로 작다.

하지만 카드를 섞은 뒤에도 새것일 때와 똑같은 순서가 나온다는 주장도 있다. 이렇게 될 확률은 사실 다른 순서를 얻을 수 있는 확률인 8×10^{67} 분의 1보다 훨씬 크다. 새 카드의 포장지를 벗기면 하트와 클럽, 다이아몬드, 스페이드(꼭 이 순서는 아니어도)의 에이스, 2, 3, …, 잭, 퀸, 킹이 들어 있다. 만약 딜러가 굉장한 전문가라 실수 없이 섞을 수 있다면, 그래서 카드를 절반으로 나눈 뒤 한 장씩 정확하게 번갈아 끼워 넣을 수 있다면 단 8번만 완벽히 섞어서 카드를 원래대로 만들 수 있다. 카지노에서 흔히 '카드를 깨끗이 한다'며 어린아이가 카드를 섞을 때처럼 테이블 위에 쫙 펼쳐 놓고 한동안 아무렇게나 휘저어 섞는 이유가 바로 이것이다. 이와 비슷한 수준으로 무질서하게 섞으려면 제대로이긴 하지만 불완전한 리플 셔플Ripple Shuffle(카드를 두 덩이로 나누어 양쪽을 튕기며 번갈아 내려놓은 뒤 합치는 방법 – 역주)을 적어도 7번 해야 한다. 그러면 그 결과는 꽤 무작위할 것이다. 다시 말해, 아무리 괜찮은 방법을 사용해도 카드 한 장을 뽑아서 보고 난 뒤 다음에 나올 카드를 예측할 확률이 51분의 1에 매우 가깝다는 뜻이다. 하지만 그 카드를 진정 무작위하다고 할 수 있을까? 무작위란 무엇이며 완벽하게 무작위한 것을 만드는 게 애초에 가능할까?

무작위성의 역사

무작위성, 혹은 예측불가능성이라는 개념은 우리 문명이 시작되었을 때부터, 아니 아마도 그보다 오래전부터 있었다. 오늘날 우리가 '무작위로' 결과를 정하기 위해 흔히 사용하는 방법으로는 동전 던지기나 주사위 굴리기가 가장 먼저 떠오른다. 고대 그리스에서는 염소와 양의 발가락뼈 따위를 던져 도박을 했다. 비록 주사위의 기원이 어디인지는 불확실하지만, 시간이 갈수록 일정하게 생긴 주사위를 이용하게 되었다. 이집트인은 5,000년 전에 세네트라는 보드게임에 주사위를 썼다고 한다. 기원전 1,500년까지 거슬러 올라가는 베다 산스크리트어 문헌인 『리그베다Rigveda』에도 주사위에 관한 언급이 있다. 기원전 24세기경의 메소포타미아 무덤에서 주사위 게임이 발견되기도 했다. 그리스의 주사위는 정육면체로 각 면에 1부터 6까지 숫자가 쓰여 있었다. 하지만 오늘날에 사용하는 주사위처럼 마주보는 두 면의 합이 7이 되는 주사위는 로마 시대가 되어서야 처음 등장했다.

무작위성이 수학자의 관심을 끌기까지는 오랜 시간이 걸렸다. 그전에는 주로 종교의 영역으로 여겼다. 동양과 서양 철학에서는 많은 사건의 결과가 신의 뜻이나 그와 비슷한 초자연적인 힘에 달려 있다고 생각했다. 중국에서는 64괘를 해석해 점을 치는 『역경易經』이 나왔다. 일부 기독교인은 제비뽑기라는, 성경에 나오는 좀 더 단순한 방법으로 결정을 내렸다. 초창기의 이런 믿음은 매력적이긴 했지만, 안타깝게도 무작위성을 이해하려는 이성적인 시도를 대단히 늦추었다. 어차피 결말이 궁극적으로 인간의 이해를 넘어선 방식으로 정해진다면, 어떤 일이 왜 그렇게 되는지를 굳이 왜 논리적으로 분석할까? 어떤 결과가 나올 확률을 지배하는 자연법칙이 있는지 알아내려 노력할 이유가 어디에 있을까?

고대 그리스나 로마 시대에 뼈나 주사위를 사용했던 사람들이 적어도 어떤 결과가 나올 가능성을 직관적으로 느끼지 못했다는 건 믿기 어렵다. 보통 돈이나 다른 물질적인 이익이 엮인 경우 도박사나 이해관계가 있는 사람은 자신이 하는 게임의 상세한 내용을 재빨리 파악한다. 그래서 확률에 관한 직관적인 인식은 1,000년 전에도 있었을 거라고 생각하기 쉽다. 하지만 무작위와 확률에 관한 학문적 연구는 17세기 르네상스 후기가 되어서야 생겨났다. 이 시기에 획기적인 발견의 선두에 섰던 사람은 프랑스의 수학자이자 철학자로 독실한 얀센주의자이기도 했던 블레이즈 파스칼Blaise Pascal과 동료인 피에르 드 페르마Pierre de Fermat였다. 이 두 위대한 사상가는 다음과 같이 간단하게 표현할 수 있는 문제에 도전했다.

두 사람이 동전 던지기 게임을 한다고 하자. 먼저 3점을 얻는 사람이 돈을 딴다. 2대 1로 한 사람이 이기고 있을 때 게임이 중단된다. 만약 여기서 돈을 나누어 주어야 한다면, 어떻게 나누어야 공정할까?

파스칼과 페르마 이전에도 사람들은 이 문제를 생각하며 다양한 해결책을 내놓았다. 게임이 중도에 끝나서 결과를 알 수 없게 되었으니 돈을 똑같이 나누어 가져야 할 수도 있다. 하지만 그러면 2점을 딴 사람에게 불공평해 보인다. 앞서 있다는 점을 당연히 인정해야 하지 않을까? 반대로 앞서 있는 사람이 돈을 전부 받아야 한다는 주장은 1점을 얻은 상대방에게 불리해 보인다. 앞으로 이길 가능성이 여전히 남아 있는 상황이기 때문이다. 세 번째 가능성은 얻어 놓은 점수에 따라 돈을 나누는 것이다. 그러면 2점을 얻은 사람은 상금의 3분의 2를, 상대방은 3분의 1을 받는다. 겉보기에는 공평해 보이지만, 문제가 있다. 가령 점수가 1대 0일 때 게임이 끝났다고 하자. 만약 똑같은 규칙을 적용하면 이 경우에는 1점을 얻은 사람이 돈을 전부 받고, 다른 사람은 게임을 끝까지 하면 이길 가능성이 여전히 있음에도 불구하고 한 푼도 받지 못한다.

파스칼과 페르마는 더 나은 해결책을 찾아내며, 동시에 수학의 새로운 분야를 열어젖혔다. 두 사람은 각각이 이길 확률을 계산했다. 1점을 얻은 사람이 이기려면 앞으로 두 판을 연달아 이겨야 한다. 그럴 확률은 $\frac{1}{2} \times \frac{1}{2}$이므로, $\frac{1}{4}$이 된다. 따라서 상금의 $\frac{1}{4}$을 받아야 한다. 나머지는 상대방에게 주는 게 옳다. 이와 같은 유형의 다른 문제에도 똑같은 방법을 적용하면 되지만, 당연히 계산은 훨씬 더 복잡해질 수 있다.

파스칼과 페르마는 이 문제를 연구하다가 기댓값이라는 개념을 떠올렸다. 도박이나 가능성이 관련된 어떤 상황에서 기댓값은 우리가 얻을 수 있으리라고 합리적으로 기대하는 값의 평균이다. 예를 들어 주사위를 굴려 3이 나오면 6파운드를 얻는 게임을 한다고 하자. 이 게임의 기댓값은 1파운드다. 3이 나올 가능성은 6번 중에 1번이며, 상금의 6분의 1은 1파운드이기 때문이다. 만약 이 게임을 여러 번 한다면, 매 게임마다 평균 1파운드를 받게 된다. 예를 들어 한 번 굴릴 때마다 1파운드를 내고 총 1,000번을 한다면, 본전치기로 끝나게 된다. 기댓값이 1파운드라고 해도 이 게임에서 정확히 1파운드를 받는 건 가능하지 않다는 사실을 유념해야 한다. 한 게임으로 정확히 기댓값을 따는 게 항상 가능한 건 아니다. 하지만 여러 차례 반복해서 할 때 기댓값은 평균적으로 딸 수 있기를 기대하는 액수다.

일반적으로 복권은 기댓값이 음陰(기댓값이 구매 가격보다 낮은 상황 – 역주)이다. 따라서 이성적으로 보면, 복권을 사는 건 나쁜 생각이다. 복권에 따라 당첨자가 없어 당첨금이 이월되는 경우 간혹 양의 기댓값이 될 수는 있다. 카지노도 마찬가지다. 이유는 당연하다. 카지노는 수익을 내기 위한 사업이다. 그러나 때때로 사소한 계산 실수 때문에 일이 잘못되기도 한다. 한 번은 카지노가 블랙잭 게임 단 한 번의 결과에 따라 지급액을 바꾸면서 실수로 기댓값을 양으로 바꾸었고, 몇 시간 만에 큰 손해를 보았다. 카지노는 살아남기 위해 수학의 확률 이론에 관한 상세한 지식에 의존한다.

말도 안되는 가능성

때로는 너무 있을 법하지 않은 우연이 생기면, 도대체 무슨 황당한 일이 벌어지고 있는 건지 사람들은 궁금해 한다. 한 사람이 복권에 두 번 당첨되기도 하고, 예전에 나왔던 당첨 번호가 다시 똑같이 나오기도 한다. 흔히 언론은 이런 이야기를 다루며 불가능해 보이는 일이라고 호들갑을 떤다. 그러나 사실 우리 대부분은 어떤 일이 벌어질 가능성을 파악하는 데 별로 능숙하지 않다. 몇 가지 잘못된 생각을 갖고 출발하기 때문이다. 복권에 두 번 당첨된 사람의 경우를 보자. 보통은 자신의 입장에서 문제를 보고 이렇게 생각한다. '내'가 복권에 두 번 맞을 가능성이 얼마나 될까? 물론 그 답은 놀라울 정도로 작다. 그러나 복권을 두 번 맞는 희귀한 사람들은 으레 오랫동안 꾸준히 복권을 구입했기 때문에 그 기간에 두 번 당첨된다고 해도 그리 놀랍지 않다. 더구나 복권을 사는 사람이 얼마나 많은지도 염두에 두어야 한다. 대다수는 두 번은 고사하고 한 번도 당첨되지 않는다. 하지만 복권을 사는 사람이 수없이 많다고 하면, 어딘가에 사는 누군가가 당첨금을 두 번 가져간다는 사실은 그다지 놀랍지 않게 된다.

반직관적으로 보일 수는 있지만, 그건 우리가 개인적인 관점에서 생각하기 때문이다. 물론 여러분이 복권에 두 번 당첨될 가능성은 대단히 낮다. 하지만 누군가가 그렇게 될 확률을 구하려면, 그 확률에 복권을 사는 사람의 수와 그 사람들이 복권에 두 번 당첨될 수 있는 경우의 수(복권을 구입한 횟수를 제곱한 값의 절반 정도)를 곱해야 한다. 그러면 그럴 확률을 대단히 커진다. 이런 계산을 마치고 나면 어딘가에 사는 누군가가 당첨금을 두 번 가져갈 확률은 훨씬 더 이치에 맞아 보인다.

어떤 사건이 일어날 수 있는 모든 가능성을 고려하지 않아서 생기는 잘못된 확률 판단은 사실 역설이라고 할 수 없는 이른바 '생일 역설'의 바탕이 된다. 한 방에 23명이 있다고 할 때 그중 두 사람의 생일이 똑같을 가능성은 50대 50 이상이다. 생각보다 훨씬 더 높은 확률이다. 만약 23명만 있어도 생일이 같은 짝을 찾을 수 있다면, 우리는 모두 생일이 같은 사람을 적어도 두세 명씩 알고 있어야 하지 않느냐고 주장할 수도 있다. 실생활에서 생일이 같은 사람을 만나는 일은 언제나 놀라운 일이라며 말이다. 그러나 생일 역설은 방 안에 있는 어떤 한 사람이 생일이 같은 사람을 찾을 가능성에 관해 묻는 게 아니라 누구든 두 사람이 같은 날짜에 태어났는지를 묻는 것이다. 다시 말해, 어느 특정한 두 사람의 생일이 같은지가 아니라 가능한 모든 짝 중에서 두 사람이 같은 날에 태어난 짝이 있느냐는 것이다. 그럴 확률은 1 − (365/365×364/365×363/365×⋯×343/365)=0.507, 즉 50.7%다. 60명이 있는 집단이라면 생일이 같은 짝이 있을 확률은 99% 이상이다. 반대로 나와 생일이 똑같은 사람이 있을 확률이 50%가 되려면, 253명이 있어야 한다. 이게 반직관적으로 보이는 한 가지 이유는 우리가 두 가지 별개의 질문을 뒤섞는 경향이 있다는 것이다. 우리 대부분은 생일까지 알고 있을 만큼 잘 아는 사람이 253명이 되지 않는다. 따라서 누군가 우연히 나와 생일이 같을 가능성은 크지 않아 보인다. 하지만 그렇다고 해서 다른 두 사람의 생일이 서로 똑같을 가능성이 작다는 뜻은 아니다.

확률에 관한 생각만 반직관적으로 보이는 건 아니다. 무작위라는 개념도 그럴 수 있다. 앞면과 뒷면으로 이루어진 다음 배열 중에서 어느 쪽이 더 무작위로 보이는가?

앞, 뒤, 앞, 앞, 뒤, 앞, 뒤, 뒤, 앞, 앞, 뒤, 뒤, 앞, 뒤, 앞, 뒤, 뒤, 앞, 앞, 뒤

뒤, 앞, 뒤, 앞, 뒤, 뒤, 앞, 뒤, 뒤, 뒤, 앞, 뒤, 뒤, 뒤, 뒤, 앞, 앞, 뒤, 앞, 뒤

앞면과 뒷면이 아무런 패턴도 보이지 않은 채 골고루 흩어져 있다는 이유로 첫 번째를 고르려는 사람이 많을 것이다. 두 번째 배열은 균형이 맞지 않고 같은 글자가 연속으로 더 많이 나온다. 사실은 우리 중 한 사람(아그니조)이 난수 발생기를 이용해 두 번째 배열을

만들었고, 첫 번째는 앞과 뒤를 무작위로 나열해 달라는 요청을 받았을 때 사람이 내놓았을 결과처럼 보이려고 의도적으로 만든 것이다. 인간은 연속으로 같은 글자가 나오지 않게 하려는 경향이 있고, 의도적으로 두 글자의 균형을 맞추며, 실제 무작위로 했을 때보다 앞과 뒤가 더 자주 번갈아 나오게 한다.

끝을 모르는 파이의 값

앞, 뒤, 앞, 앞, 앞, 뒤, 뒤, 앞, 앞, 앞, 뒤, 앞, 앞, 앞, 앞, 뒤, 앞, 뒤, 뒤, 뒤

위의 배열은 어떤가? 무작위하게 보일 수 있고, 인간이 만든 배열을 찾아내는 통계적 기법을 적용해도 인간이 만든 게 아니라는 결과가 나온다. 사실 이건 파이π를 가지고(맨 앞의 3은 빼고) 만든 것으로, 홀수는 앞이고 짝수는 뒤다. 그러면 파이의 숫자들은 무작위인 것인가? 엄밀히 말하면, 그렇지 않다. 아무리 여러 번 파이를 구해도 첫 번째 숫자는 항상 1이고, 두 번째는 4, 세 번째는 1, 이렇게 계속 이어지기 때문이다. 만약 어떤 것이 정해져 있고 우리가 볼 때마다 항상 똑같다면, 무작위라 할 수 없다. 그러나 수학자들은 파이의 소수점 아래 자릿수가 고르게 분포되어 있다는 의미에서 통계적으로 무작위인지 궁금해 한다. 모든 숫자가 똑같이 나오고, 모든 두 숫자 쌍이 똑같이 나오고, 모든 세 숫자 쌍이 똑같이 나오고 등등. 만약 그렇다면 파이는'10진법에서 정규수'임을 만족한다고 하며, 대다수의 수학자는 그렇게 생각하고 있다. 또, 파이는 '절대 정

규수'라고도 여겨진다. 파이가 10진법에서 통계적으로 무작위일 뿐만 아니라 0과 1만 이용하는 2진법에서도, 0과 1과 2만 사용하는 3진법에서도, 그 이상의 진법에서도 그렇다는 뜻이다. 거의 모든 무리수가 절대 정규수라는 사실이 증명되었지만, 특정 경우에 대한 증명을 찾는 건 대단히 어렵다.

10진법 정규수로 알려진 첫 번째 사례는 영국의 경제학자이자 수학자인 데이비드 챔퍼나운David Champernowne의 이름을 딴 챔퍼나운 상수다. 챔퍼나운은 케임브리지대학교의 학부생에 불과하던 시절에 정규수의 중요성에 관한 글을 썼다. 특정한 수를 만들어 정규수가 존재할 수 있으며 존재하고 있다는 사실을, 그리고 정규수를 만드는 것이 얼마나 쉬운지를 보이기도 했다. 챔퍼나운 상수는 0.1234567891011121314…처럼 단순히 자연수를 순서대로 늘어놓은 것이다. 따라서 모든 가능한 수열이 똑같은 비율로 들어가 있게 된다. 모든 숫자의 10분의 1은 1이고, 연속된 두 숫자의 100분의 1은 12다. 그러나 챔퍼나운 상수는 10진법 정규수이기는 해도 무작위하게 보이는 수열을 만드는 데는 좋지 않은 게 명백하다. 다시 말해, 패턴을 인식하거나 다음 숫자를 예측하기 쉽고, 특히 초반일수록 그렇다. 또, 우리는 그 수가 다른 진법에서도 정규수인지는 알지 못한다. 정규수로 증명된 다른 상수도 있지만, 챔퍼나운 상수와 마찬가지로 일부러 정규수가 되도록 만든 것들이다. 파이가 절대 정규수인지는 고사하고 다른 진법에서도 정규수인지도 아직 증명해야 하는 과제다.

이 글을 쓰는 지금, 우리는 파이의 값을 22,459,157,718,361자리, 혹은 약 22조 자리까지 알고 있다. 물론 앞으로 더 많이 알게 되겠지만, 이미 알고 있는 건 계산을 몇 번이고 다시 한다고 해도 바뀌지 않는다. 이미 알고 있는 파이 값은 수학적인 우주에서 얼어붙어 있는 현실이다. 따라서 무작위가 될 수 없다. 하지만 이미 계산이 끝난 뒤에 나올 숫자는 어떨까? 파이가 10진법에서 정규수라고 가정하면, 파이는 사실상 우리에게 통계적으로 무작위인 수로 남는다. 다시 말해, 만약 누군가가 무작위 난수 1,000자리를 요청하면, 컴퓨터로 파이를 지금 알고 있는 것에서 1,000자리 더 계산해서 그것을 무작위 난수열로 사용한다고 해도 합당하다는 뜻이다.

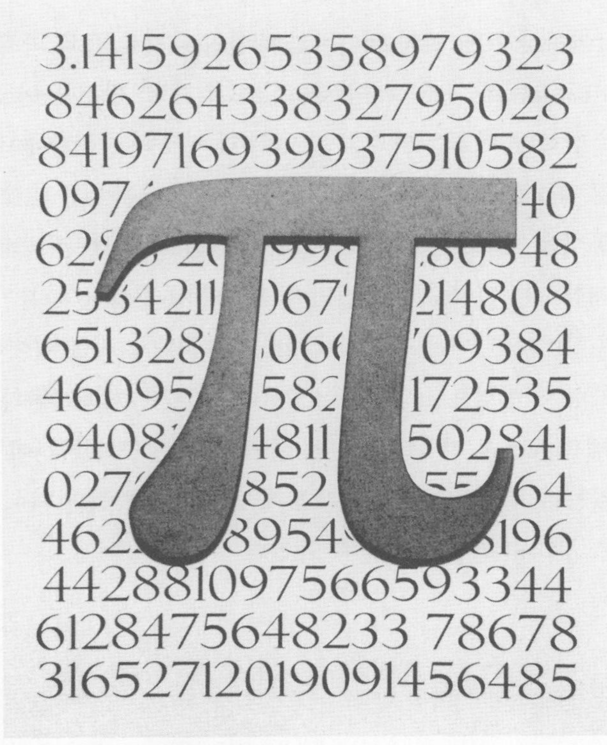

몇백 자리까지 나열한 파이의 값.

똑같은 길이의 난수열을 또 요청한다면, 이전에는 알려져 있지 않았던 다음번 1,000자리를 계산해 주면 된다. 이는 수학적인 것의 성질에 관한 흥미로운 철학적 의문을 불러일으킨다. 우리가 아직 알아내지 못한 파이의 소수 자릿값은 어느 정도까지가 실제일까? 비록 우리가 아직 모르고 있지만, 파이의 소수 1조의 1조배 자릿값이 존재하지 않는다거나 값이 정해져 있지 않다고 말하기는 어려울 것이다. 하지만 앞으로 해야 할 엄청나게 긴 계산 끝에 컴퓨터의 메모리에 들어오기 전까지 그건 어떤 의미 혹은 어떤 형태로 존재하고 있는 걸까?

여담이지만, 1996년에 데이비드 베일리David Bailey와 피터 보웨인Peter Borwein, 사이먼 플루페Simon Plouffe가 한 발견은 언급하고 지나갈 만하다. 이들은 앞의 수를 전혀 알지 못하는 상황에서 파이의 특정 자릿값을 알아내는, 무한급수 형태로 되어 있는 비교적 간단한 공식을 찾아냈다. 엄밀히 말해, 베일리-보웨인-플루페 공식으로 계산하는 자릿수는 10진법이 아니라 16진법이다. 불가능해 보였던 일이지만, 다른 수학자에게도 분명히 놀라웠을 것이다. 게다가 가령 이 방법으로 파이의 소수 10억 자릿수를 계산한다고 하면, 평범한 노트북 컴퓨터로도 밥 한 끼 먹을 정도의 시간이 채 걸리지 않는다. 베일리-보웨인-플루페 공식을 변형하면 파이와 같은 다른 '무리수'의 값을 찾을 수도 있다.

예측 불가능해 보이는 것들

순수수학에 과연 진정한 무작위가 있냐는 의문이 드는 건 합당하다. 무작위성은 그 어떤 패턴이나 예측 가능성이 없다는 것을 뜻한다. 어떤 것이 예측 불가능해지려면, 알려져 있지 않아야 할 뿐만 아니라 어느 한 결과를 다른 결과보다 선호할 이유가 없어야 한다. 수학은 본질적으로 시간의 바깥에 존재한다. 즉, 시간이 순간순간 지나도 변하거나 진화하지 않는다. 변하는 건 오로지 수학에 관한 우리의 지식이다. 반면, 물리적 세계는 끊임없이, 그리고 흔히 첫눈에는 예측 불가능해 보이는 방식으로 변한다. 으레 우리는 두 가지 가능성밖에 없는 동전 던지기를 뭔가를 결정하는 공정한 방법이라고 할 수 있을 정도로 충분히 예측 불가능하다고 여긴다. 하지만 동전 던지기를 무작위라고 할 수 있을지는 이용할 수 있는 정보에 따라 다르다. 만약 어떤 동전을 던질 때 동전을 던지는 힘과 각도, 회전 속도, 공기의 저항 등을 정확하게 알 수 있다면, 우리는 (이론상으로는) 어느 면이 위쪽으로 떨어질지 정확하게 예측할 수 있다.

버터를 바른 식빵을 떨어뜨릴 때도 마찬가지다. 다만 이 경우에는 버터를 바른 면이 바닥을 향해 떨어지는 경우가 절반 이상이라는 염세주의자들의 견해를 뒷받침하는 증거가 있다. 실험에 따르면, 식빵을 허공에 던졌을 때(물론 이런 일은 실험실이나 음식 던지기 싸움판에서나 있을 법하지만) 바닥에 떨어져서 바닥을 더럽힐 가능성은 50%다. 하지만 식탁이나 싱크대, 혹은 접시 위에서 식빵을 밀어 떨어뜨린다면, 분명히 버터를 바른 쪽이 바닥을 향하고 떨어지는 경우가 더 많을 것이다. 이유는 간단하다. 보통 식빵이 떨어지는 높이인 허리 부근에서 위아래로 30cm 정도에서는 바닥에 닿기 전까지

반 바퀴 회전할 시간밖에 없다. 따라서 으레 그렇듯이 버터를 바른 면이 위를 향한 상태에서 떨어지기 시작한다면, 바닥에 미끄러운 얼룩을 남길 가능성이 더 크다.

물리적 시스템은 대부분 떨어지는 식빵보다 훨씬 더 복잡하다. 그리고 설상가상으로 그중 일부는 혼돈계다. 따라서 처음 조건에 사소한 변화나 방해만 있어도 나중에 엄청난 결과로 이어질 수 있다. 그런 시스템의 하나가 날씨다. 현대의 일기예보가 등장하기 전에 내일의 날씨가 어떻게 될지는 아무도 몰랐다. 기상위성과 지상의 정밀한 관측 장비, 고성능 컴퓨터는 일기예보의 정확성에 혁명을 일으켜 이제는 일주일 혹은 10일 뒤의 날씨까지 예측할 수 있게 되었다. 하지만 그 이상으로 가려면 최고의 기술을 이용해 최선의 예측을 한다 해도 나비 효과를 비롯한 혼돈과 복잡성의 복합적인 문제에 부딪히고 만다. 나비 효과는 나비의 날갯짓이 만드는 아주 작은 공기의 흐름이 증폭되어 궁극적으로는 폭풍을 일으킬 수 있다는 개념이다.

비록 이렇게 복잡해도 그게 어떤 현상이든 간에, 동전 던지기든 세계의 날씨든 간에 똑같은 자연의 법칙이 관여하고 있고 그 법칙은 정해져 있는 것 같다. 한때 그렇게 믿었던 것처럼 우주는 거대한 시계 장치와 같다. 믿을 수 없을 정도로 정교하지만, 궁극적으로는 예측이 가능하다. 그러나 이 주장에는 두 가지 문제가 있다. 첫 번째 문제는 다시 복잡성으로 돌아간다. 결정적인 시스템 안, 즉 이전의 상태를 정확히 알면 예측 가능한 일련의 사건에 따라 결과가 정해지는 시스템 안에서도 전체 문제가 너무 복잡해져서 우리는 실제로 어떤 일이 벌어질지 예상할 수 있게 해 줄 손쉬운 방법을 찾지

2007년 9월 3일 국제우주정거장(ISS)에서 찍은 허리케인 펠릭스.

못할 수 있다. 그런 시스템 안에서는 아무리 시뮬레이션을 잘한다 해도(예를 들어 컴퓨터로) 현상 자체를 앞지를 수 없다. 이는 많은 물리적 시스템뿐만 아니라 순수한 수학적 시스템의 경우에도 사실이다. 세포 자동자cellular automata가 바로 그런 사례이며, 그중에서 가장 유명한 건 5장에서 이야기할 존 콘웨이John Conway의 '생명 게임Game of Life'이다.

생명 게임에서 어떤 임의의 패턴이 진화하는 과정은 완전히 결정적이지만 예측은 불가능하다. 결과는 각 단계의 계산이 끝난 뒤에야 알 수 있게 된다. 물론 몇몇 패턴은 앞뒤로 왔다 갔다 하거나 몇 단계 이후부터는 변화가 생기지 않는 등 똑같은 과정을 계속 반복하기 때문에 파악이 된 뒤에는 예측 가능하다. 하지만 첫 번째 시행에서는 끝까지 패턴이 어떻게 변할지 알 수 없다. 수학에서는 심지어 무작위가 아니어도 예측이 불가능할 수 있다. 하지만 20세기에 들어서기 전까지 대부분의 물리학자는 물리적 우주에서 벌어지는 일을 우리가 낱낱이 모두 알지는 못해도 이론적으로는 원하는 만큼 알아낼 수 있다고 믿음을 견지했다. 충분한 정보만 있다면, 뉴턴과 맥스웰의 방정식을 이용해 원하는 만큼 정확하게 일이 어떻게 전개될지 알아낼 수 있다는 것이다. 그러나 양자역학의 등장은 그런 생각을 저 멀리 날려 버렸다.

사실 불확실성은 양자 영역의 핵심이다. 무작위성은 아원자 세상의 삶에 있어 피할 수 없는 사실이다. 이런 변덕스러움을 가장 분명하게 보여주는 것이 방사성 핵종의 붕괴다. 물론 관찰을 통해 방사성 물질의 반감기를 알아낼 수는 있다. 반감기는 처음 원자핵의 절반이 붕괴하는 데 걸리는 평균 시간을 말한다. 하지만 그건 통계적인 측정이다. 예를 들어 라듐-226의 반감기는 1,620년이다. 따라서 처음에 가지고 있던 게 라듐 1g이었다면, 0.5g이 남고 나머지는 라돈 가스나 납, 탄소 따위로 붕괴해 버리기까지 1,620년을 기다려야 한다. 그러나 라듐 원자핵 하나에 집중해 보자. 그게 라듐-226 1g 중에서 1초 안에 붕괴할 핵 370억 개 중 하나일지, 아니면 5,000년 뒤에 붕괴할지는 절대 알 수 없다. 우리가 알 수 있는 건 그게 앞으로 1,620년 동안 언젠가 붕괴할 확률이 동전 던지기처럼 2분의 1이라는 사실뿐이다. 이런 불확실성은 우리의 측정 장비나 컴퓨터 성능의 부족함 때문이 아니다. 이 마지막 단계의 세부 구조에서는 무작위성이 현실 그 자체의 고유한 성질이다. 그 결과 각종 현상에도 영향을 끼치고, 좀 더 큰 규모에서도 무작위성을 가져온다. 예를 들어 라듐 원자 한 개의 붕괴가 미래의 날씨에 커다란 영향을 끼친다면 나비 효과의 극단적인 사례라 할 수 있을 것이다.

아마도 양자의 무작위성은 변하지 않을 것이다. 그러나 신이 우주를 가지고 주사위 놀이를 한다는 생각을 참을 수 없었던 물리학자들도 있었다. 아인슈타인이 대표적이다. 양자이론파에 반대하는 이들은 굉장히 작은 수준에서 분명히 일어나고 있는 말 같지 않은 행동의 이면에 입자가 언제 붕괴하는지 따위를 결정하는 '숨겨진 변수'가 있으며, 우리가 그걸 알아내기만 하면 측정할 수 있을 거라는 쪽을 선호했다. 만약 숨겨진 변수 이론이 사실로 드러난다면, 우주는 다시 무작위하지 않은 존재로 돌아오고, 진정한 무작위는 모종의 수학적인 이상으로만 존재하게 될 것이다. 하지만 지금까지는 모든 증거가 양자의 불확정성에 관해서는 아인슈타인이 틀렸음을 시사하고 있다.

아주 작은 거울 나라에서는 아무것도 확실한 게 없어 보인다. 전자처럼 우리가 작고 단단한 입자라고 여기는 것도 파장이 된다. 심지어는 물질파도 아니고 확률파다. 전자를 가리켜 여기 있거나 저기 있다고 할 수는 없다. 저기보다는 여기에 있을 가능성이 크다는 식으로 말해야 한다. 전자의 움직임과 위치는 파동 함수라고 부르는 수학 개념에 좌우된다.

베이지안 vs 빈도주의

우리에게 남는 건 확률뿐이다. 게다가 그건 분명히 파악하기 쉬운 개념이 아니다. 이에 관해서는 몇 가지 방식으로 생각해 볼 수 있다. 가장 익숙한 건 '빈도주의자'의 관점이다. 이 관점에서는 어떤 사건이 일어날 확률이 그 사건이 일어나는 비율의 극한값(어떤 것이 다가가는 값)이다. 빈도주의자는 어떤 사건이 일어날 확률을 구하기 위해 수없이 실험을 반복하고 그 사건이 얼마나 자주 일어나는지 확인한다. 예를 들어 사건이 발생한 실험이 전체의 70%라면, 확률은 70%다. 수학적으로 이상적인 동전을 던질 때 앞면이 나올 확률은 정확히 $\frac{1}{2}$이다. 동전을 많이 던지면 던질수록 앞이 나오는 비율은 $\frac{1}{2}$에 가까이 다가가기 때문이다. 현실의 실제 동전의 경우 여러 가지 이유로 앞면이 나올 확률은 정확히 $\frac{1}{2}$이 되지 않는다. 던질 때의 공기역학 그리고 대부분의 동전은 앞면에 새겨진 문양이 뒷면에 새겨진 것보다 무겁다는 사실 때문에 결과는 한쪽으로 살짝 치우친다. 던지기 전에 어느 쪽이 위를 향하고 있었는지도 어느 정도는 결과에 영향을 끼친다. 던지기 전에 위를 향하고 있던 면이 그대로 위를 향한 채 착지할 확률은 약 51%다. 일반적으로 던졌을 때 동전이 공중에서 짝수 번 회전할 가능성이 아주 조금 더 크기 때문이다. 하지만 수학적으로 이상적인 동전이라고 가정하면 우리는 이를 무시할 수 있다.

빈도주의자식 접근법은 어떤 일이 일어날 가능성이 장기간에 걸쳐 일어날 가능성과 똑같다고 보는 것이다. 하지만 단 한 번만 일어나는 사건처럼 때로는 이런 전략이 쓸모없을 수 있다. 대안은 18세기 영국의 통계학자 토머스 베이즈Thomas Bayes의 이름을 딴 베이지안 방법이다. 이 방법은 우리가 어떤 결과에 얼마나 확신하고 있는지에 기반해 확률을 계산한다. 따라서 확률을 주관적인 것으로 간주한다. 예를 들어 기상청이 '비가 올 확률이 70%'라고 말할 수 있다. 이건 사실 기상청이 비가 올 거라고 70% 확신한다는 뜻이다. 여기서 빈도주의자식과 베이지안식의 중요한 차이는 기상청이 결코 날씨를 '반복'할 수 없다는 점이다. 기상청은 어느 특정 경우에 비가 올 확률을 구해야 하지 여러 번 시도하며 평균 확률을 구할 수 있는 게 아니다. 비슷한 상황에서 생겼던 일을 비롯한 방대한 데이터를 이용할 수 있지만, 어떤 데이터도 완벽히 똑같을 수는 없기 때문에 빈도주의자와 달리 베이지안 확률을 사용할 수밖에 없다.

베이지안식과 빈도주의자식의 관점 차이가 특히 재미있어지는 지점은 수학 개념에 적용했을 때다. 현재 모르는 상태인 파이의 소수 1조의 1조배 자릿수가 5인지 아닌지를 묻는 문제에 관해 생각해 보자. 답을 미리 알 수 있는 방법은 없다. 하지만 일단 알아내기만 하면 절대 바뀌지 않는다는 사실을 우리는 안다. 파이 계산을 반복한다고 해서 처음 했을 때와 답이 달라지지는 않는다. 그러므로 빈도주의자의 관점에서 1조의 1조배 자릿수가 5일 확률은 1(확실함) 아니면 0(불가능함)이다. 다시 말해, 5거나 아니거나 둘 중 하나라는 소리다. 파이가 정규수라는 사실이 증명되어 파이를 이루는 무한한 수열 전체에서 모든 숫자가 똑같은 빈도로 나온다는 사실을 확실히 알 수 있다고 가정하자. 우리가 1조의 1조배 자릿수가 5라고 확신하는 정도를 나타내는 베이지안식 관점으로는 확률이 10분의 1, 혹은 0.1이다. 파이가 정규수라면 계산해 보기 전까지는 어느 자릿수든 0에서 9 중 한 숫자가 될 확률은 모두 똑같기 때문이다. 하지만 우리가 그 정도까지 계산을 마친 뒤에는(그렇게 한다면 말이지만) 확률이 분명히 1 또는 0이 될 것이다. 바로 우리가 정보를 더 갖고 있다는 이유로, 실제 파이의 소수 1조의 1조배 자릿수는 절대 변하지 않겠지만 그게 5일 확률은 변하게 된다. 정보는 베이지안식 관점에 핵심적이다. 정보가 더 많으면 우리는 더욱 정확해지도록 확률을 수정할 수 있다. 실제로 우리에게 완벽한 정보가 있다면(가령 파이를 명백하게 계산한다든가), 빈도주의자식과 베이지안식 확률은 똑같아진다. 만약 우리가 이미 알고 있는 파이 값을 다시 계산한다면, 우리는 답을 미리 알 수 있다. 만약 우리가 물리적 시스템의 모든 세부 사항(라듐 원자의 붕괴 같은 무작위성을 포함한)을 낱낱이 알고 있다면, 우리는 실험을 정확히 반복해 베이지안식 확률과 정확히 일치하는 빈도주의자식 확률을 구할 수 있다.

베이지안 방법이 주관적으로 보일 수는 있어도 추상적인 면에서는 엄밀해질 수 있다. 예를 들어 어느 한쪽으로 치우친 동전이 하나 있다고 하자. 앞면이 나올 확률이 0%에서 100%까지 치우쳐 있을 수 있고, 어떤 확률이든 가능성은 같다. 그 동전을 한 번 던진다. 앞면이 나온다. 베이지안식 확률을 이용해 두 번째 던졌을 때 앞면이 나올 확률이 $\frac{2}{3}$임을 증명하는 게 가능하다. 그러나 앞면이 나올 처음 확률은 $\frac{1}{2}$이었고, 우리는 동전을 바꾸지 않았다. 베이지안식 관점에 따르면, 첫 번째에 앞면이 나온 건 두 번째에 앞면이 나올 확률에 직접적인 영향을 끼치지 않지만, 동전에 관한 정보를 더 제공해 추정치를 개선하는 데 도움이 된다. 뒷면 쪽으로 심하게 치우진 동전은 앞면이 나올 가능성이 매우 작고, 앞면 쪽으로 심하게 치우친 동전은 앞면이 나올 가능성이 매우 크다.

베이지안 방법은 1940년대에 독일의 논리학자 카를 헴펠Carl Hempel이 처음으로 지적했던 역설을 피하는 데도 도움이 된다. 오랜 기간 틀리지 않고 똑같이 적용된 원칙, 가령 중력의 법칙 같은 것을 보면 사람들은 자연히 그게 아주 높은 확률로 참이라고 가정한다. 이는 종합해서 판단하는 귀납적 추론이다. 만약 이론과 일치하는 일이 계속 일어난다면, 그 이론이 참일 확률은 커진다. 그러나 헴펠은 까마귀를 예로 들어 귀납적 추론의 문제를 지적했다. 모든 까마귀는 검다. 이론에 따르면 그렇다. 백색증 까마귀가 있다는 사실은 무시하자! 눈에 보이는 까마귀는 모두 검고, 다른 색은 전혀 보이지 않는다. '모든 까마귀는 검다'는 이론에 대한 확신은 커진다. 그러나 여기에 문제가 있다. '모든 까마귀는 검다'라는 명제는 '검지 않은 모든 것은 까마귀가 아니다'라는 명제와 논리적으로 동등하다. 따라서 만약 노란 바나나가 있다면, 그건 검지 않은 것이므로 까마귀가 아니다. 이는 모든 까마귀는 검다는 우리의 믿음을 공고히 할 것이다.

아주 반직관적인 이 결과를 우회하기 위해 어떤 철학자들은 양쪽 주장을 동등하게 취급해서는 안 된다고 주장했다. 다시 말해, 노란 바나나는 '검지 않은 모든 것은 까마귀가 아니다'(첫 번째 명제)라는 이론을 우리가 더 신봉하게 만들지만, '모든 까마귀는 검다'(두 번째 명제)라는 믿음에는 아무 영향을 끼치지 않는다. 이건 상식과도 맞아떨어진다. 바나나는 까마귀가 아니므로 관찰자는 까마귀가 아닌 것에 관해 우리에게 알려줄 수 있다. 하지만 까마귀에 관해서는 아무것도 알려줄 수 없다. 하지만 이는 양쪽 다 참이거나 다 거짓이라는 게 분명하다면, 논리적으로 동등한 두 명제를 서로 다른 수준으로 믿을 수는 없다는 사실을 근거로 비판을 받았다. 어쩌면 이 문제에 관해서는 우리의 직관이 틀렸고, 우리가 보는 노란 바나나는 정말로 모든 까마귀가 검을 확률을 키우는 게 맞을지도 모른다. 그러나 베이지안 방법을 도입하면 이런 역설이 아예 생기지 않는다. 베이즈에 따르면, 가설 H가 참일 확률에 다음 비율을 곱해야 한다.

$$\frac{\text{H가 참일 때 X를 관찰할 확률}}{\text{X를 관찰할 확률}}$$

X : 까마귀가 아닌 검지 않은 물체

H : 모든 까마귀가 검다는 가설

누군가에게 무작위로 바나나 한 개를 골라서 보여달라고 할 때, 노란 바나나를 보게 될 확률은 까마귀의 색과 관련이 없다. 우리는 그 전부터 까마귀가 아닌 것을 보게 된다는 사실을 안다. 분자와 분모가 같아서 비율은 1이 되고, 확률은 변하지 않는다. 노란 바나나를 보는 건 모든 까마귀가 검은지에 관한 우리의 믿음에 영향을 끼치지 않는다. 만약 누군가에게 무작위로 검지 않은 것을 골라 달라고 하고 그 사람이 노란 바나나를 보여준다면, 분자가 분모보다 살짝 커질 것이다. 노란 바나나를 보는 게 모든 까마귀가 검다는 믿음을 아주 조금 키워주게 된다. '모든 까마귀는 검다'는 믿음이 상당히 강해지려면, 우주에 있는 거의 모든 검지 않은 것을 보고 그게 모두 까마귀가 아니라는 사실을 확인해야 한다. 위의 두 경우 모두 결과는 직관과 맞아떨어진다.

무질서 안의 정보

정보가 무작위성과 관련이 있다는 사실이 좀 이상해 보일 수는 있지만, 사실 그 둘은 밀접한 관련이 있다. 1과 0만으로 이루어진 수열을 상상해 보자. 1111111111이라는 수열은 완벽하게 질서정연하다. 그리고 그 때문에 모든 점이 하얀 캔버스가 우리에게 거의 아무것도 알려주는 게 없듯이 '1을 10번 반복한다'는 것 외에는 사실상 아무런 정보가 없다. 반면, 무작위로 만든 수열 0001100110은 그 길이에 넣을 수 있는 최대한의 정보를 담고 있다. 이건 정보를 계량하는 한 가지 방법이 데이터를 얼마나 압축할 수 있는지를 보는 것이기 때문이다. 진정한 난수열은 정보를 그대로 담은 채로 더 짧게 쓸 수가 없다. 하지만 예를 들어 1만 계속 나오는 긴 수열은 수열에 1이 몇 개 들어있는지만 표시함으로써 대단히 많이 압축할 수 있다. 이처럼 정보와 무질서는 서로 긴밀한 관련이 있다. 수열이 무질서하고 무작위할수록 그 안에는 더 많은 정보가 있다.

다른 방식으로 생각해 볼 수도 있다. 무작위 수열의 경우 다음에 나올 수를 알게 된다면 얻을 수 있는 정보를 모두 얻는 것이다. 반대로, 1111111111이라는 수열이 있을 때 다음에 나올 수를 추측하는 건 거의 의미가 없다. 이는 다른 수열의 일부가 아닌, 그 자체로 전체인 수열에만 적용된다. 임의의 긴 수열에는 1111111111이 무한히 많이 들어있는 경우가 종종 있다. 우리 입장에서는 재미가 있으려면, 정보가 이 양극단 중간쯤에 있어야 한다. 예를 들어 최소한의 정보가 담긴 사진은 텅 빈 흑백 사진이다. 책이라면 한 가지 글자만 계속 찍혀 있어야 한다. 안에 담긴 정보로 보면 둘 다 전혀 흥미롭지 않다. 그러나 최대한의 정보가 담긴 사진은 아무렇게나 찍힌 점과 같을 것이고, 책은 아무렇게나 글자가 뒤섞여 있을 것이다. 이번에도 둘 다 우리에게는 의미가 없다. 우리에게 필요한 건, 그리고 우리에게 가장 유용한 건 둘 사이의 어딘가에 있는 것이다. 일반적인 사진은 정보를 전달한다. 하지만 그 형태와 양은 우리가 이해할 수 있다. 만약 어떤 점 하나가 어떤 색깔이라면, 바로 옆에 있는 점도 아주 비슷할 가능성이 크다. 우리는 이 사실을 알고 있으며, 이를 이용해서 정보를 잃지 않고 사진을 압축할 수 있다. 지금 여러분이 읽고 있는 책은 대부분이 글자와 공백, 구두점으로 이루어져 있다. 기호가 뒤죽박죽이거나 한 가지 기호만 있는 극단적인 책과 달리 여기에 실린 글자는 우리가 단어로 인식하는 구조적인 패턴을 이룬다. 어떤 단어는 가끔 나타나며, 자주 나타나는 단어도 있다. 게다가 이런 단어는 문법이라는 규칙에 따라 문장을 이루고, 궁극적으로 독자는 책이 전달하는 정보를 이해할 수 있다. 무작위한 잡탕 속에서는 이런 일이 결코 생기지 않는다.

아르헨티나의 작가 호르헤 루이스 보르헤스Jorge Luis Borges의 단편소설 「바벨의 도서관」은 규모가 방대해서 거의 무한한, 현기증이 날 정도로 많은 책을 갖고 있는 도서관에 관한 이야기다. 모든 책은 형식이 똑같다. "각 책은 400쪽이고, 각 쪽에는 40행이 있고, 각 행에는 약 80개의 검정색 글자가 있다". 알 수 없는 언어의 알파벳 22개와 쉼표, 마침표, 공백이 끝까지 적혀 있는데, 공통의 형식을 따르는 이들 문자의 가능한 모든 조합이 도서관의 책에 담겨 있다. 대부분의 책은 아무런 의미 없는 문자의 나열로 보인다. 어떤 책은 꽤 정돈되어 보이지만, 여전히 제대로 된 의미는 없다. 예를 들어 어떤 책은 M자만 계속해서 나타난다. 또 다른 어떤 책은 두 번째 글자만 N이라는 점을 빼면 완전히 똑같다. 어떤 책은 단어와 문장, 전체 문단이 어떤 언어의 문법에 정확히 들어맞지만, 여전히 논리적이지 않은 말이다. 어떤 책은 진짜 역사다. 어떤 책은 진짜 역사를 칭하지만, 사실은 허구다. 어떤 책에는 아직 발명되지 않왔거나 발견되지 않은 장치에 관한 설명이 있다. 도서관 어딘가에는 상상할 수 있거나 정해진 형식으로 적을 수 있는 25가지 기본 기호의 모든 조합이 담긴 책도 있다. 물론 그 모든 건 아무 쓸모가 없다. 무엇이 진실이고 거짓인지, 사실이고 허구인지, 유의미하고 무의미한지를 미리 알 수 없으면, 그런 모든 기호의 조합도 아무 가치가 없기 때문이다. 원숭이들이 무작위로 타자기를 두드릴 때 시간이 충분하면 언젠가 셰익스피어의 작품을 칠 수 있다는 오래된 생각과 똑같다. 엉겁의 시간이 지나면 원숭이들은 과학의 주요 문제를 푸는 해결 방법도 만들 수 있을 것이다. 문제는 해결 방법이 아닌 모든 것과 진짜 해결책에 대한 그럴듯한 반박, 그리고 무엇보다도 아득할 정도로 많은 순수한 헛소리도 모두 만들 수 있다는 점이다. 정답을 쓰는 데 사용한 기호의 가능한 모든 조합이 눈앞에 있다면 그중에 정답이 있다고 해도 쓸모가 없다. 어떤 것이 옳은지 알아낼 방법이 전혀 없다.

어떻게 보면, 방대한 지식과 함께 그보다 훨씬 더 많은 뜬소문, 일부만 진실인 내용, 순수한 헛소리가 있는 월드 와이드 웹WWW은 점점 더 보르헤스의 도서관(심오한 것에서 말도 안 되는 것까지 모든 것이 모인 저장소)이 되어 가고 있다. 심지어 바벨의 도서관을 시뮬레이션하는 웹사이트도 있다. 즉석에서 무작위한 문자열을 만들어 주는데, 그 안에는 진짜 단어나 의미 있는 정보가 있을 수도 있고 없을 수도 있다. 우리 손끝에 이렇게나 많은 데이터가 있는 상황에서 누구 혹은 무엇을 이성과 사실의 심판자로 신뢰할 수 있을까? 정보가 전자 프로세서와 메모리 안에서 수의 집합으로 존재하기 때문에 궁극적으로 그 대답은 수학 속에 있을 수밖에 없다.

진정한 무작위

좀 더 가까운 미래의 수학자는 겉보기에 아주 다른 두 과학적 현상인 브라운 운동과 끈 이론을 모두 아우를 수 있는 무작위 이론을 개발하고 있을 것이다. MIT의 스콧 쉐필드Scott Sheffield와 케임브리지대학교의 제이슨 밀러Jason Miller는 무작위한 과정으로 만들 수 있는 2차원 도형이나 경로의 상당수가 각각 특징이 뚜렷한 집단으로 나뉜다는 사실을 알아냈다. 이 분류는 표면상 완전히 동떨어져 있는 것 같았던 무작위한 대상들 사이에서 예상치 못했던 연결고리를 발견하게 해 주었다.

수학적으로 탐구한 첫 번째 무작위 도형은 이른바 '랜덤 워크Random Walk'다. 주정뱅이 한 명이 가로등 아래에서 출발해 비틀거리며 다른 곳으로 걸어간다고 상상해 보자. 한 걸음씩(보폭은 모두 똑같다고 가정한다)은 무작위한 방향으로 내디딘다. 임의의 횟수만큼 걸음을 내디딘 뒤에 이 사람이 가로등에서 얼마나 멀리까지 갔을지를 알아내는 게 문제다. 한 걸음 걸을 때마다 동전을 던져 왼쪽으로 갈지 오른쪽으로 갈지 결정한다면 이 문제를 1차원으로 환원할 수 있다. 즉, 직선 위를 따라 앞뒤로만 걷는 것이다. 이 문제가 현실 세계에 처음 적용된 건 1827년 영국의 식물학자 로버트 브라운Robert Brown이 브라운 운동으로 불리게 된 현상에 주의를 환기했을 때였다. 현미경으로 봤을 때 물속의 꽃가루 알갱이들이 마구잡이로 흔들리는 현상이었다. 훗날 그런 흔들림은 개별 물 분자가 무작위하게 서로 다른 방향에서 꽃가루 알갱이를 때려 각각의 꽃가루 알갱이가 처음에 들었던 사례의 주정뱅이처럼 행동했기 때문이라는 사실이 드러났다. 1920년대가 되어서야 미국의 수학자이자 철학자인 노버트 위너Norbert Wiener가 브라운 운동의 수학적 원리를 완전히 밝혔다. 비결은 보폭과 걷는 간격을 점점 더 줄여갈 때 랜덤 워크 문제가 어떻게 되는지를 알아내는 데 있다. 그 결과로 생기는 무작위한 경로의 모습은 브라운 운동과 아주 비슷하다.

좀 더 최근에 물리학자들은 다른 종류의 무작위한 움직임에 흥미를 느꼈다. 1차원 곡선을 따르는 입자가 아니라 움직임을 2차원 곡면으로 나타낼 수 있는 놀랍도록 작고 꿈틀거리는 '끈'의 움직임이다. 바로 모든 물질을 이루는 근본 입자에 관한, 유력하지만 아직 증명은 되지 않은 이론인 끈 이론의 그 끈이다. 스콧 쉐필드의 표현에 따르면, "끈에 관한 양자역학을 이해할 수 있으려면 곡면에 대한 브라운 운동 같은 게 필요하다". 그런 이론의 시작은 1980년대부터였다. 현재 프린스턴대학교에 있는 물리학자 알렉산드르 폴랴코프Alexander Polyakov 덕분이었다. 폴랴코프는 이런 곡면을 설명하는 방법을 생각해냈고, 이는 오늘날 리우빌 양자 중력LQG이라고 불린다. 독자적으로 발전한 브라운 모형 역시 무작위한 2차원 표면을 설명하지만, 얻을 수 있는 정보가 LQG와는 달라 서로 보충이 된다. 쉐필드와 밀러가 이룬 혁신은 LQG와 브라운 모형이라는 두 가지 이론적 접근법이 동등하다는 사실을 보인 것이었다. 물리학 문제에 직접 적용하기까지는 아직 해야 할 연구가 많지만, 그 이론은 궁극적으로 끈이라는 말도 안 될 정도로 작은 것에서 눈송이의 성장이나 광물 퇴적 같은 일상적인 크기의 현상에 이르기까지 다양한 규모에서 작동하는 강력한 통합 원리가 될지도 모른다. 이미 분명해진 것은 무작위성이 물리적인 세계의 핵심에 놓여 있으며, 무작위성의 핵심은 수학이라는 사실이다.

진정한 무작위는 예측 불가능하다. 난수열에서 다음에 나올 숫자가 무엇인지 알아낼 방법은 없다. 물리학에서 방사능 핵종의 붕괴 같은 무작위적인 사건이 언제 일어날지 알아낼 방법은 없다. 만약 어떤 것이 무작위적이라면, 그건 비결정적이라고 말한다. 이미 일어난 일을 바탕으로 다음에 일어날 일을, 설령 이론상으로도, 알아낼 수 없기 때문이다. 평소에 우리는 흔히 어떤 것이 무작위적이라면 혼돈이라고 부른다. 일반적인 언어에서 쓰이는 '무작위성'과 '혼돈'이라는 단어는 대부분 바꾸어도 무방하다. 하지만 수학에서는 둘 사이에 큰 차이가 있다. 그 차이를 우리가 이해하려면 분수차원이라는 기묘한 영역으로 들어가야 한다.

4장

혼돈
그리고 패턴

수학에는 아름다움과 로맨스가 있다. 수학이라는 세계는 지루한 곳이 아니다. 그곳은 놀라운 세계다. 그곳에서 시간을 보낼 가치가 있다.

_마커스 드 사토이

♣

사전에서 '혼돈chaos'을 찾아보자. 비슷한 단어로 '혼란', '무법', '무질서' 같은 것이 보일 것이다. 하지만 카오스 이론chaos theory이라는 비교적 새로운 분야에서 수학자와 과학자가 다루는 혼돈은 매우 다른 종류다. 제멋대로 무질서한 것과는 전혀 다르다. 혼돈은 규칙을 따른다. 시작을 미리 알 수 있고, 그 행동은 절묘하게 아름다운 패턴으로 드러난다. 디지털 통신, 신경 세포의 전기화학적 모형, 유체역학은 카오스 이론의 실용적인 적용 사례다. 하지만 우리는 아주 편안하고 간단한 질문을 던지며 이 주제에 더욱 생생하게 접근해 볼 것이다.

'영국의 해안선 길이는 얼마일까?' 이 질문은 폴란드 태생의 프랑스-미국 수학자로, IBM 토머스 J. 왓슨 연구소에서 연구했던 브누아 망델브로Benoît Mandelbrot가 1967년 학술지 『사이언스Science』에 발표한 논문 제목의 일부다. 간단히 풀 수 있을 것 같은 문제다. 그저 해안선을 따라 정확히 길이를 재기만 하면 그만이다.

그러나 실제로는 측정하는 길이가 사용하는 단위에 따라 달라지는데, 그 길이는 무한정 늘어날 수 있다(어느 정해진 값으로 수렴하는 게 아니다). 적어도 단위가 원자 수준이 될 때까지는 그렇다. 섬이든 나라든 대륙이든 해안선의 길이가 정해져 있지 않다는 이 당혹스러운 결과를 처음 이야기한 건 영국의 수학자이자 물리학자인 루이스 프라이 리처드슨Lewis Fry Richardson이었다. 그리고 몇 년 뒤 망델브로가 그 아이디어를 확장했다.

국제 분쟁의 이론적 근원에 관심이 있었던 평화주의자 리처드슨은 두 나라가 전쟁을 벌일 가능성과 그 둘이 접하고 있는 국경의 길이 사이에 연관성이 있는지를 알고 싶었다. 이 문제를 연구하는 과정에서 리처드슨은 출처에 따라 그 수치가 제각각이라는 사실에 주목했다. 예를 들어 스페인과 포르투갈의 국경의 길이를 스페인 정부는 불과 987km라고 봤지만, 포르투갈은 1,214km로 본 적이 있었다. 리처드슨은 측정값이 이렇게 제각각인 게 누군가가 틀렸기 때문이 아니라 각자 다른 '척도' 혹은 최소 단위를 써서 계산했기 때문이라는 사실을 깨달았다. 구불구불한 해안선이나 국경 위에 있는 두 점 사이의 거리를 거대한 가상의 100km짜리 자로 측정한다고 생각해 보자. 그러면 길이가 절반인 자를 썼을 때보다 더 작은 값을 얻을 것이다. 자가 더 짧을수록 더 작은 굴곡도 측정할 수 있고, 최종 결과에 포함이 된다. 리처드슨은 구불구불한 해안이나 국경의 길이를 측정한 값이 척도나 측정 단위가 점점 줄어들수록 무한히 커진다는 사실을 보였다. 스페인과 포르투갈 국경의 경우 포르투갈이 더 짧은 단위로 측정한 게 분명했다.

리처드슨이 이 사실을 발표했던 1961년에는 누구도 이 놀라운

2012년 3월 26일 NASA의 위성 테라에서 찍은 영국과 아일랜드 사진.

발견(지금은 리처드슨 효과 또는 해안선의 역설이라고 불린다)에 별 관심을 보이지 않았다. 하지만 돌이켜보면 그 발견은 수학의 특별하고 새로운 분야, 그것을 유명하게 만든 망델브로가 종국에는 '아름답고, 빌어먹게 어렵고, 갈수록 쓸모가 없어진다'고 표현했던 분야가 발전하는 데 크게 이바지했다고 볼 수 있다.

복잡하고 기묘한 존재

1975년 망델브로는 이 진기한 연구 분야의 핵심에 있는 기묘한 것들을 지칭하는 용어를 만들기도 했다. 바로 프랙털fractal이다. 프랙털은 분수 차원이 있는 존재로, 곡선도 공간도 될 수 있다. 어떤 도형이 프랙털이 되기 위해서는 모든 규모에서, 아무리 작은 규모에서라도 복잡한 구조만 있으면 된다. 우리가 수학에서 접하는 곡선이나 기하학 도형의 대다수는 프랙털이 아니다. 예를 들어 원은 프랙털이 아니다. 원주의 한 부분을 계속해서 확대하면 갈수록 직선과 비슷해지고, 그 뒤로는 더 확대한다고 해도 새로운 모습이 나타나지 않기 때문이다. 정사각형도 프랙털이 아니다. 정사각형은 네 꼭짓점의 구조가 똑같고, 다른 모든 곳은 확대해도 직선과 똑같을 뿐이다. 어느 한 점, 혹은 유한한 다수의 점에 복잡한 구조가 있다고 해도 프랙털이 되기에는 충분하지 않다. 3차원 이상의 도형의 경우에도 마찬가지다. 예를 들어 구와 정육면체는 프랙털이 아니다. 하지만 프랙털이라 할 수 있는 많은 도형이 여러 다른 차원에 존재한다.

다시 영국의 해안선으로 돌아가자. 소축척 지도는 커다란 만, 후미, 반도 정도만 보여준다. 그러나 해변에 가면 작은 만이나 곶 등 그보다 훨씬 작은 지형을 볼 수 있다. 돋보기나 현미경을 가지고 더욱 자세히 보면, 바닷가에 있는 모든 바위 가장자리의 세세한 구조를 계속해서 작은 부분까지 분간할 수 있다. 현실 세계에서는 확대하는 데 한계가 있다. 원자와 분자 수준보다 작아지면, 아마도 그보다 훨씬 전부터는 세부 모양과 해안선 길이의 관계를 이야기하는 게 의미가 없어진다. 어차피 침식과 조수간만 때문에 길이는 시시

각각 변한다. 그렇지만 영국의 해안선, 그리고 다른 나라와 섬의 외곽선은 프랙털과 상당히 비슷한 대상이며, 출처에 따라 국경의 길이가 달라졌던 이유를 설명해준다. 영국 전체를 나타낸 지도에서는 실제로 해안을 따라 걸을 때 볼 수 있는 온갖 작은 굴곡을 볼 수 없을 것이다. 해변을 그냥 걷기만 해서는 바위의 세세한 구조를 놓칠 것이며, 30cm짜리 자나 그보다 더 정밀한 도구로 들어가고 나온 곳을 훨씬 더 정확하게 측정했을 때보다 더 짧은 길이를 얻을 것이다. 더 정밀하게 측정할수록 길이는 궁극의 정답에 더 가까이 다가가는 게 아니라 오히려 지수적으로 증가한다. 다시 말해, 해상도가 충분히 높은 도구로 측정한다면 원하는 대로 얼마든지 큰 길이를 얻을 수 있다(물론 물질을 이루는 원자의 성질이 허락하는 한에서다).

해안선 같은 자연 프랙털뿐만 아니라 순수한 수학적 프랙털도 많다. 프랙털을 만드는 간단한 방법 하나는 이렇다. 선분 한 개를 3등분한 뒤 가운데 부분을 아랫변으로 하고 바깥을 향하는 정삼각형을 그린다. 그리고 아랫변을 지운다. 그 결과 생긴 선분 네 개에 대해 똑같은 작업을 처음부터 반복한다. 그리고 그 결과로 생긴 더 짧은 선분들에 대해 똑같은 과정을 원하는 만큼 혹은 영원히 반복한다. 최종 결과는 1904년에 그에 관한 논문을 쓴 스웨덴의 수학자 헬게 본 코흐Helge von Koch의 이름을 따서 코흐 곡선이라고 불린다. 이와 같은 코흐 곡선 중 세 종류는 함께 묶어서 코흐 눈송이라고 부른다. 코흐 곡선은 아주 초기에 만들어진 프랙털 도형 중 하나다. 지금은 익숙해진 다른 몇몇 프랙털 도형도 20세기 초에 폴란드의 수학자 바츠와프 시에르핀스키Wacław Sierpiński가 수학적으로 나타냈다. 바로 시에르핀스키 체(혹은 개스킷)과 시에르핀스키 카펫이

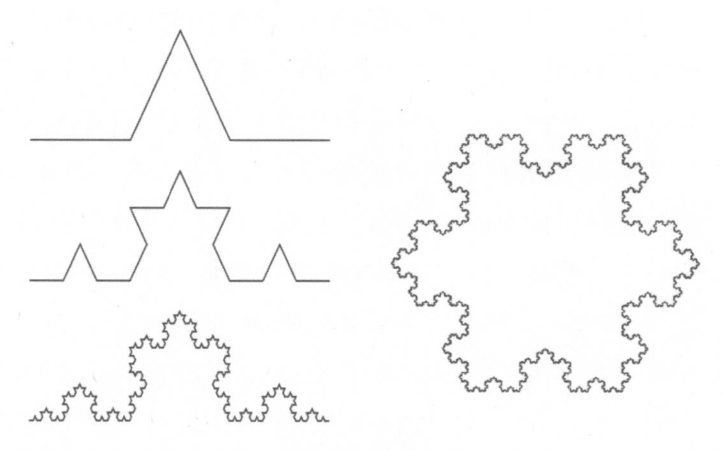

한 번, 두 번, 네 번 반복한 코흐 곡선(왼쪽)과 코흐 눈송이(오른쪽).

다. 체를 만들기 위해 시에르핀스키는 정삼각형을 가지고 시작했다. 정삼각형을 각각이 원래의 절반 크기인 네 정삼각형으로 나누었다. 그리고 가운데 정삼각형을 없애고 정삼각형 세 개를 남긴 뒤 각각의 새로운 삼각형에 대해 같은 과정을 계속해서 반복했다. 그런 도형이 진지한 수학 연구의 주제가 된 건 기껏해야 1세기 정도지만, 예술가들은 아주 오래전부터 그에 관해 알고 있었다. 예를 들어 시에르핀스키 체는 13세기까지 거슬러 올라가는 아나니 성당의 모자이크 같은 이탈리아 예술에 등장했다.

프랙털과 차원

가장 흥미롭고 반직관적인 프랙털의 성질 중 하나는 차원이다. '차원'이라는 말을 들으면 흔히 몇 가지 생각이 머리에 떠오를 것이다. 어떤 것의 수준을 이르는 말('차원이 다르다' 같은 표현)로도 쓰이고, 그리고 다른 하나는 우리가 2장에서 다루었던 것처럼 어느 유일한 공간의 방향을 나타낼 때도 '차원'이라는 표현을 쓴다. 우리는 정육면체가 3차원이라고 말한다. 각 변이 서로 직각을 이루며 서로 다른 세 방향으로 놓여 있기 때문이다. 따라 움직일 수 있으면서 서로 수직인 방향의 수와 관련이 있는 이 두 번째 의미는 차원에 대한 직관적인 이해로, 수학에서 위상차원이라고 부르는 것과 대략 같다. 구의 위상차원은 2다. 구를 따라 북쪽이나 남쪽 혹은 동쪽이나 서쪽 방향으로 움직일 수 있기 때문이다. 반면, 공은 위상차원이 3이다. 공에는 위와 아래도 있기 때문이다. 여기서 아래는 지구처럼 공의 중심 방향이고, 위는 중심에서 멀어지는 방향이다. 2장에서 보았듯이 위상차원은 4 이상이 될 수도 있지만(예를 들어 테서랙트는 위상차원이 4다), 언제나 정수다. 그러나 분수 차원은 이와 다르며, 대략적으로 설명해 곡선이 면을 얼마나 잘 채우는지, 면이 공간을 얼마나 잘 채우는지를 나타낸다. 프랙털 차원에는 여러 다른 형태가 있지만, 가장 이해하기 쉬운 건 민코프스키-볼리강Minkowski-Bouligand 차원으로도 불리는 '상자 세기' 차원이다. 영국 해안선의 차원을 계산한다면, 해안선 지도를 투명하고 작은 정사각형 격자로 덮은 뒤 해안선과 겹치는 상자의 수를 센다. 그리고 상자의 크기를 절반으로 줄인 뒤 다시 센다. 만약 직선에 대해서 이런 작업을 한다면, 상자의 수는 단순히 곱절, 혹은 2^1배로 커진다. 이때 지수인 1이 상자 세기 차원이다. 만약 정사각형에 대해서였다면 상자의 수는 2^2배로 커졌을 것이고, 정육면체에 대해서였다면(3차원 격자를 이용해), 상자의 수는 2^3=8배로 커졌을 것이다. 정육면체는 3차원이기 때문이다.

우리가 흔히 생각하는 도형은 대부분 차원이 1, 2, 3 등으로 정수다. 하지만 프랙털은 다르다. 코흐 눈송이의 경우를 보자. 코흐 곡선의 각 요소가 더 작은 코흐 곡선 4개로 이루어져 있다는 사실을 이용해 이야기를 단순화할 수 있다. 만약 격자의 상자 크기를 3분의 1로 줄이면, 우리는 코흐 곡선을 4개의 더 작은 복제본으로 나눌 수 있다. 각각의 크기는 3분이 1이 된다. 더 작은 복제본 각각을 덮고 있는 작은 상자의 수는 나누기 전의 곡선을 덮고 있던 원래 상자의 수와 같다. 따라서 상자의 총합은 4배로 늘어난다. 여기서 우리는 코흐 곡선(그리고 코흐 곡선으로 이루어진 코흐 눈송이)의 차원인 d값을 얻을 수 있다. $3^d=4$라는 관계를 통해서다. 이 방정식을 풀면 d가 약 1.26이라는 결과가 나온다. 따라서 코흐 눈송이는 약 1.26차원이다. 이 수치는 우리가 선택하는 어떤 규모에서든 코흐 눈송이가 직선보다 얼마나 더 구불구불한지를 알려준다고 할 수 있다. 다르게 생각하면, 코흐 눈송이가 자신이 속한 (2차원) 평면을 채우는 정도를 알려준다고 할 수 있다. 1차원이라기에는 너무 복잡하고, 2차원이라기에는 너무 단순한 것이다. 직선 하나는 절대 평면을 채울 수 없다. 폭이 무한히 얇을 뿐만 아니라 형태가 단순하기 때문이다. 코흐 곡선과 같은 프랙털은 무한히 얇지만, 아주 구불거리기 때문에 축소했을 때는 아무리 가까워 보이는 두 점이라고 해도 그 사이의 거리가 무한히 크다.

시에르핀스키 체에 상자 세기 방법을 적용하면 우리는 약 1.58이라는 d값을 얻는다. 물체의 차원이 정수가 아닐 수 있다는 현상은 아주 이상해 보인다. 그리고 그 이상함은 순수하게 수학적인 것에서 물리적 세계로까지 흘러넘친다.

코흐 눈송이와 시에르핀스키 체와 같은 프랙털은 자기유사성이 있다. 잇따라 자기 자신과 똑같이 생긴 더 작은 복제본이 모여서 이루어진다는 뜻이다. 사실 대부분의 프랙털은 그다지 자기유사성이 없다. 그러나 통계적으로는 자기유사성이 있으므로 여전히 우리는 전과 같이 상자 방법을 적용해 프랙털 차원을 구할 수 있다. 이렇게 하면 영국 해안선의 프랙털 차원은 약 1.25가 나온다. 코흐 눈송이와 놀라울 정도로 비슷하다. 쉽게 설명하면, 영국 해안이 직선 또는 다른 단순한 곡선과 비교해 어느 규모에서 봐도 1.25배 더 구불거리거나 울퉁불퉁하다는 뜻이다. 이와 비교해 남아프리카의 해안선은 훨씬 더 매끄럽고, 그에 따라 프랙털 차원도 더 낮은 1.05다. 깊숙이 파고 들어가 있는 복잡한 피요르드가 많기로 유명한 노르웨이는 프랙털 차원이 1.52다. 이 개념은 다른 자연계의 프랙털에도 적용할 수 있다. 한 가지 유명한 사례가 사람의 허파다. 허파 자체는 분명히 3차원이지만, 그 표면은 2차원이라고 예측할 수 있다. 그러나 허파는 가능한 한 빠른 속도로 기체를 교환하기 위해 엄청난 표면적(80~100m^{2}로, 테니스 코트 면적의 절반 정도)을 갖도록 진화했다. 허파의 표면은 수많은 주름과 허파꽈리라고 하는 조그만 공기주머니로 아주 복잡해 내부 공간이 거의 가득 차 있다. 허파의 상자 차원은 약 2.97로, 이 방법으로 측정하면 거의 3차원에 가깝다.

현실 세계에는 세 가지 공간 차원밖에 없지만, 때로는 시간을 '네 번째 차원'으로 여기기도 한다. 그러니 프랙털이 공간에서뿐만 아니라 시간에서도 존재할 수 있다는 건 전혀 놀라운 일이 아니다. 경제 분야에서 찾을 수 있는 사례가 주식 시장이다. 시간이 흐름에 따라 주가는 큰 폭으로 오르기도 하고 내리기도 한다. 어떨 때는 몇 년에 걸쳐 변동이 생기기도 하고, 불황 같은 때에는 아주 빨리 변할 수도 있다. 그뿐만 아니라 개별 주식이 조금씩 오르거나 떨어지면서 전체적인 경향과 무관한 듯이 주가가 조금씩 오르내리기도 하고, 그보다 더 미미하게는 하루에도 몇 번씩 오르내릴 수 있다. 주식 시장이 전산화되면서 이런 경향을 아주 작은 시간 단위로, 분 단위는 물론 초 단위로까지 추적할 수 있게 되었다.

또 다른 시간 기반의 프랙털 사례는 우리가 이미 만나 본 것이다. 바로 영국과 같은 섬의 해안선 길이 변화다. 어느 특정 시점에서 해안선은 순수한 공간 프랙털로, 측정 길이는 얼마나 확대했는지에 달려 있다. 하지만 앞서 언급했듯이 시간이 지나면, 끊임없는 침식(그리고 퇴적)과 조수간만, 심지어는 파도 하나하나와 지각 활동으로 인해 땅 전체가 거의 인지할 수 없을 정도로 미세하게 오르내리는 현상이라는 추가 변수가 있다.

수학에서 가장 복잡한 대상

수학자들이 알고 있는 모든 프랙털 중에서 놀라울 정도의 복잡함 때문에 유독 두드러지는 것이 있다. 이 환상적인 도형은 모든 규모에서 구조를 가질 뿐만 아니라 다른 규모에서 다른 점을 보면 서로 완전히 다른 두 개의 프랙털로 보일 수도 있다! 바로 미국의 작가 제임스 글릭James Gleick이 저서 『카오스』에서, 논란의 여지는 있겠지만, '수학에서 가장 복잡한 대상'이라고 표현했던 그 유명한 망델브로 집합이다. 비록 브누아 망델브로의 이름이 붙어 있지만, 실제로 발견한 사람이 누구인지에 관해서는 약간의 논란이 있었다. 수학자 두 사람이 거의 같은 시기에 독자적으로 발견했다고 주장하기도 했고, 또 다른 사람인 코넬대학교의 존 허버드John Hubbard가 언급하기로는, 1979년 초에 IBM에 갔다가 망델브로에게 그것의 일부분을 출력하는 컴퓨터 프로그램을 짜는 방법을 보여주었는데, 그다음 해에 망델브로가 관련한 논문을 출간한 뒤 망델브로 집합으로 불리게 되었다고 했다. 망델브로가 프랙털 분야를 훌륭하게 대중화했고 프랙털 이미지를 보여주는 영리한 방법을 개발했지만, 자격이 있는 다른 수학자들의 공로를 인정하는 데는 별로 너그럽지 못했다는 생각이 든다.

비록 미궁처럼 복잡하게 얽히고설킨 모습이지만, 망델브로 집합은 아주 간단한 규칙을 단순히 계속해서 반복해 적용하면 만들 수 있다. 그 규칙이란 사실 이렇다. 수 하나를 고른다. 그 수를 제곱한 뒤 상수 하나를 더한다. 그리고 그 결과를 다시 공식에 집어넣고 같은 방식으로 몇 번이고 되풀이한다. 문제의 그 수들은 복소수다. 복

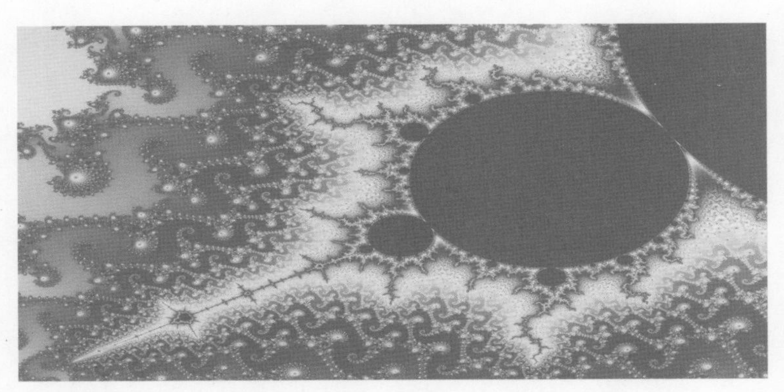

망델브로 집합의 일부.

소수란 실수 부분과 '허수'(제곱해서 음수가 나오는 수) 부분으로 이루어져 있다는 뜻이다. 실수 부분과 허수 부분을 그래프에 그리면 망델브로 집합이 나타난다.

좀 더 자세히 설명하자면, 복소수 z와 역시 복소수인 상수 c가 있다고 하자. 임의의 z값에 대해 위의 z^2+c, 즉 'z를 제곱한 뒤 c를 더한다'는 규칙을 적용한다. 그러면 새로운 z값이 나오고, 여기에 다시 똑같은 규칙을 적용해 다음 z값을 얻는다. 어떤 경우에는 z값이 계속 똑같이 유지될 것이고, 어떤 경우에는 주기적으로 반복되다가 원래 값으로 돌아올 것이다. 이렇게 같은 값이 계속 나오거나 주기적으로 반복되는 경우 우리가 z값을 살짝 바꾸었을 때 새로운 값이 따르는 경로가 원래의 경로와 아주 가깝다면, 안정적이라고 말한다. 계곡 위에 놓인 공과 같은 상황이다. 만약 공을 살짝 움직이면, 공은 다시 원래 위치로 되돌아올 것이다. 따라서 안정적이다. 반대로 산꼭대기에 있는 공을 살짝 밀면, 산을 따라 굴러 내려가며 완전히 다른 경로를 따른다. 따라서 산꼭대기라는 위치는 불안정하다.

똑같은 값이 나오거나 주기적으로 반복되는 경우 중에서 안정적인 점을 끌개라고 부른다. 게다가 처음에는 반드시 끌개와 아주 가깝지는 않아도 과정을 되풀이하는 동안 점점 더 가까워지는 점도 있다. 이런 점들은 c에 대한 '끌림 유역'을 형성한다. 다른 점은 점점 더 멀어지며 무한으로 발산할 수 있다. 끌림 유역의 경계를 c에 대한 쥘리아 집합이라고 부른다. 쥘리아 집합은 1900년대 초 동료인 피에르 파투Pierre Fatou와 함께 복소동역학complex dynamics을 연구했던 프랑스 수학자 가스통 쥘리아Gaston Julia의 이름을 딴 것이다. 만약 쥘리아 집합 위의 어느 한 점에서 시작해 계속 되풀이한다면,

그 결과로 나오는 점은 여전히 쥘리아 집합 위에 있겠지만 반복되는 패턴을 만들지 않고 이리저리 돌아다닐 수 있다.

생길 수 있는 가장 단순한 쥘리아 집합은 $c = 0$일 때다. 그러면 새로운 z값을 얻는 규칙이 단순히 'z값을 제곱한다'가 되기 때문이다. 이런 식으로 반복한다면 복소수 z는 어떻게 될까? 만약 z가 0이 중심인 단위원(반지름이 1인 원) 안쪽에서 시작한다면, 빠른 속도로 나선을 그리며 0을 향할 것이다. 만약 z가 이 원 밖에서 시작한다면, 빠른 속도로 나선을 그리며 무한으로 발산할 것이다. 따라서 쥘리아 집합은 단위원의 경계선이 된다. 끌림 유역은 단위원의 내부 전체고, 끌림은 점 0이다. c=0인 쥘리아 집합이 정확히 자석 두 개의 가운데에 놓여 있는 강철 공이라고 상상해 보자. 공은 제자리에 가만히 있을 것이다(쥘리아 집합의 위에 있는 것이다. 하지만 실제로는 쥘리아 집합의 위에 있는 한 z는 예측 불가능하게 움직여 다닐 수 있다). 그러나 공이 어느 한쪽으로 조금만 치우쳐도 금세 자석에 끌려갈 것이다. 이 경우에 한 자석은 0을 나타내고, 다른 자석은 무한을 나타낸다.

이 쥘리아 집합은 그다지 흥미롭지 않다. 그리고 당연히 프랙털도 아니다. 그러나 c=0일 때를 제외하면 쥘리아 집합은 정말로 프랙털을 형성하며 여러 가지 다른 모양으로 나타날 수 있다. 연결된 모양일 때도 있고, 그렇지 않을 때도 있다. 그렇지 않을 때는 파투 먼지Fatou dust라는 형태를 취한다. 이름에서 알 수 있듯이 연결되어 있지 않은 점이 구름처럼 모여 있는 것이다. 파투 먼지는 사실 차원이 1보다 작은 프랙털이다.

망델브로 집합은 쥘리아 집합이 연결되는 모든 c값의 집합이다. 가장 쉽게 알아볼 수 있지만 반직관적인 프랙털이다. 비록 연결되어 있다고 해도 망델브로 집합을 보면 전혀 붙어 있지 않은 것처럼 보이는 조그만 점들이 있는데, 사실은 대단히 가느다란 선으로 이어져 있다. 확대하면, 그런 점이 망델브로 집합 전체와 똑같이 생겼다는 사실을 알 수 있다. 일견 놀라워 보일 수 있지만, 우리가 아는 프랙털의 성질과 잘 맞아떨어진다. 그러나 이런 곁가지는 불완전한 복제품이다. 어느 둘도 완전히 똑같지는 않다. 그리고 아주 훌륭한 이유로, 그건 망델브로 집합에 관한 가장 심오한 사실임이 드러났다. 망델브로 집합의 경계선에 있는 어느 점을 확대하면, 갈수록 그 점에 있는 쥘리아 집합과 비슷해 보이기 시작한다. 단 한 개의 프랙털인 망델브로 집합에는 경계선을 따라 매우 다양한 쥘리아 집합의 형태를 한 서로 완전히 다른 프랙털이 무한히 담겨 있다. 실제로 망델브로 집합은 쥘리아 집합의 카탈로그라고 불렸다. 망델브로 집합의 경계선은 놀라울 정도로 복잡해, 면적을 가질 수 없을 것이라는 추측에도 불구하고, 2차원이라는 사실이 드러났다.

프랙털은 분명하지만 반직관적인 원리의 좋은 사례가 된다. 대단히 단순한 규칙으로 믿을 수 없을 정도로 복잡한 구조와 패턴을 만드는 게 가능하기 때문이다. 코흐 눈송이는 어린아이도 이해할 수 있는 규칙에 따라 만들어지지만, 질서정연하면서도 정교한 구조를 지닌다. 망델브로 집합은 훨씬 더 복잡하지만, 역시 어이없을 정도로 간단한 지시에 따라 만들 수 있다. z^2+c라는 함수로 시작해 성질을 조사하고 질문을 던지다 보면 어느 점에서 보아도 완전히 다른 모양이 나오는 놀랍도록 복잡한 프랙털에 이를 수 있다. 컴퓨터를 현미경으로 활용하면 망델브로 집합의 어느 부분이든 확대해서 패턴 안에 패턴이 있으며 결코 똑같이 반복되지 않고 결코 끝이 없다는 사실을 알 수 있다.

프랙털에는 또 한 가지 흥미로운 성질이 있다. 앞서 살펴보았듯이, 코흐 눈송이의 프랙털 차원은 1.26이다. 이는 그게 얼마나 '울퉁불퉁'한지 혹은 평면을 얼마나 잘 채우는지를 알려준다. 만약 코흐 눈송이와 교차하는 임의의 선이 있다고 하면, 교차점 자체는 거의 항상 0.26차원의 프랙털이다(더 작아지는 경우도 좀 있다. 가령 선대칭이 될 경우 그 결과는 서로 떨어진 두 점이 되어 프랙털 차원이 0이다). 이는 차원이 1 이상 2 이하인 모든 프랙털에 대해 참이다. 예를 들어 망델브로 집합의 경계선과 교차하는 거의 모든 직선은 연결되어 있지 않은 점으로 이루어져 있어 길이가 0임에도 불구하고 1차원 프랙털을 형성한다.

1보다 작은 차원의 프랙털에 대해서도 똑같이 생각하면, 다른 일이 벌어진다. 이런 프랙털은 모두 서로 떨어진 점이 모여 이루어진다. 파투 먼지가 그 예다. 놀라운 결과는 파투 먼지와 교차하는 거의 모든 직선이 단 한 점에서만 교차해 프랙털 차원이 0이 된다는 사실이다. 한편 거의 모든 일반 직선은, 설령 파투 먼지를 통과하는 직선이라고 해도 절대 교차하지 않는다.

이런 프랙털은 모두 2차원 공간에 존재한다. 1차원 공간까지 내려가도 우리는 연결되지 않은 점의 무리로 이루어져 있어 차원이 1 이하인 프랙털을 찾을 수 있다. 가장 유명한 사례는 칸토어 집합이다. 선분 하나가 있다고 하자. 이 선분의 가운데 3분의 1을 제거해 선분 두 개를 남기고 똑같은 일을 반복한다. 결국 모든 선분은 서로 연결되지 않은 점이 되고, 이는 차원이 약 0.63인 프랙털을 만든다.

나비가 날개짓을 하면

프랙털은 혼돈이라고 하는 수학의 다른 현상과도 관련이 있다. 둘 다 반복함수 혹은 주기적으로 계속 반복되는 규칙으로부터 생긴다. 매번 반복할 때마다 이전의 상태를 입력해 다음번 상태를 만들어낸다. 프랙털의 경우 이런 반복은 아무리 확대해도 끝이 없이 되풀이되는, 혹은 어느 정도 되풀이되는 패턴을 만든다. 이와 구분되는 혼돈의 특징은 되풀이되는 패턴이 없는 복잡성과 초기 조건, 혹은 시스템의 처음 상태에 극도로 민감하다는 점이다.

'혼돈'을 뜻하는 단어 카오스chaos는 그리스어로, 원래 형태는 '공허' 또는 '텅 빔'을 뜻한다. 고전적이고 신화적인 창조 개념에서 혼돈은 우주가 생겨나기 전의 형태가 없는 상태였다. 수학과 물리학에서 혼돈 또는 혼돈 상태는 무작위 또는 패턴의 부재와 같다. 그러나 카오스 이론은 이 모든 것과 달리 특정 조건에 따른 비선형적 동역학 시스템의 행동을 뜻한다. 흔히 드는 사례로 날씨의 변화가 있다. 오늘날 우리는 단기간, 즉 며칠이나 일주일 동안의 날씨는 쉽게 예측하고, 대부분을 맞힌다. 하지만 더 긴 시간, 가령 한 달 동안의 날씨는 확실하게 예측하지 못한다. 혼돈 때문이다.

어느 특정 초기 조건에서 시작하는 날씨를 생각해 보자. 우리는 그런 조건을 바탕으로 미래의 날씨를 계산할 수 있다. 그러나 만약 초기 조건을 아주 조금이라도 바꾸면 순식간에 날씨는 알아볼 수 없는 수준으로 바뀐다. 이 사실은 미국의 수학자이자 기상학자인 에드워드 로렌츠Edward Lorenz가 처음에 혼돈을 발견한 계기가 되었다. 1950년대에 로렌츠는 수학적으로 단순화된 날씨 모형을 연구하고 있었다. 컴퓨터에 수치를 입력해 그래프를 생성했는데, 연산 도중에 중단되는 바람에 프로그램을 재실행해야 했다. 로렌츠는 다시 처음으로 돌아가지 않고(그랬다가는 시간이 너무 오래 걸릴 테니까) 중간부터 다시 시작하기로 하며 그때까지 나온 결과를 입력했다. 로렌츠가 얻은 그래프는 처음에는 이전과 비슷해 보였지만, 곧 빠르게 달라져 마치 완전히 다른 그래프처럼 바뀌었다. 컴퓨터가 반올림에 쓸 목적으로 출력하는 것보다 몇 자리 수를 더 저장하고 있었던 게 이유였다. 로렌츠가 프로그램을 재실행했을 때는 그 몇 자리 수가 없어졌고, 입력값이 그 시점에 나온 당초 결과와 미미하게 달랐다. 프로그램은 그 차이를 증폭했고 급기야 빠르게 달라졌다. 이 일은 로렌츠가 나비 효과라 부른 원리의 탄생으로 이어졌다. 오늘 나비가 날개를 펄럭이면 다음 달에 허리케인이 발생할 수 있다는 이야기다.

날씨를 예측하는 데 사용한 것보다 단순한 방정식도 패턴과 예측 가능성이 무너지면서 혼돈에게 자리를 내어주기 시작하는 지점을 드러내 똑같은 효과를 보여줄 수 있다. 가령 0 이상 1 이하의 어떤 값이든 가질 수 있는 x가 있다고 하자. x에 $(1-x)$를 곱하고, 이어서 상수 k를 곱한다. 이때 k는 1 이상 4 이하의 수다. 이렇게 얻은 x값을 다시 공식에 넣고 계속해서 반복한다. 수학 용어로 나타내다면, 다음과 같이 요약할 수 있다.

$0 \le x \le 1$이고, $1 \le k \le 4$일 때, $x \rightarrow kx(1-x)$

그러면 k가 3 이하일 때는 점 하나로 이루어진 끌개가 있고, 모든 x값은(0과 1은 제외) 그 곳으로 수렴한다. k가 3에서 3.45 사이일 때는 끌개가 엇갈려 나타나는 점 2개로 이루어진다. k가 3.45와 3.54 사이일 때는 끌개가 점 4개로 이루어지고, 그다음에는 8개 등으로 점점 더 빨리 두 배로 늘어난다. k가 약 3.57일 때 큰 변화가 생기면서 두 배로 늘어나는 게 점점 빨라지는 수준에서 무한히 많아지는 수준이 된다. 이 시점에서 시스템은 결코 안정적인 패턴으로 자리 잡지 못하고 완전한 혼돈이 된다. 혼돈은 예측 가능한 시스템이 완전히 예측 불가능해질 때 생긴다. 예를 들어 이 사례에서 k가 3보다 작으면 100회 정도 반복했다고 했을 때 점 하나가 한 개 있는 끌개에 아주 가까워지게 된다는 사실을 쉽게 예측할 수 있다. k가 3.57보다 크면 우리가 장기간에 걸친 어떤 점의 행동을 예측할 방법은 없다.

위의 사례에서 k값이 3을 초과할 때 끌개의 수가 점 1개에서 2개로, 4개로 등등 두 배씩 늘어나는 현상은 파이겐바움 상수로 불리는 중요한 수학 상수에 좌우된다. 혼돈으로 이어지는 길목에서 이 중요한 수가 어떻게 등장하는지 살펴볼 수 있다. 점이 1개인 첫 번째 단계의 길이는 2다. k=1일 때부터 k=3일 때까지 지속되기 때문이다. 점이 2개인 두 번째 단계의 길이는 약 0.45다. k=3일 때부터 k=3.45일 때까지이기 때문이다. 2와 0.45의 비율은 약 4.45다. 세 번째 단계의 길이는 약 0.095다. 0.45와 0.095의 비율은 약 4.74다. 이렇게 계속 나아가면 궁극적으로 비율은 약 4.669인 파이겐바움 상수에 수렴한다. 각 단계는 이전 단계와 비교해 지수적으로 짧아지고, k=3.57일 때에 이르면 주기가 무한히 많이 순환한다.

파이겐바움 상수는 우리가 방금 생각해 본 과정에서 모습을 드러냈다. 하지만 이것이 카오스 이론에서 중요한 이유는 다른 모든 비슷한 혼돈계에서도 찾을 수 있다는 점이다. 어떤 방정식이든 간에 몇 가지 기본적인 조건만 만족하면, 파이겐바움 상수에 따라 길이가 두 배씩 늘어나는 주기가 생긴다.

무질서한 과정이 어떻게 프랙털을 만드는지 살펴보려면 위의 반복 과정을 이용해 각 k에 대한 끌개를 그려볼 수 있다. k=3.57 이후에 나타나는 대부분은 순수한 혼돈이다. 하지만 끌개의 수가 유한한 k값도 몇 개 있다. 이들은 안정성의 섬이라고 불린다. 그런 섬의 하나는 k가 약 3.82일 때 생기며, 이때 우리는 단 3가지 값으로 이루어진 끌개를 갖는다. 이 3가지 값 중에서 어느 하나를 확대해도 우리는 전체 그래프와 비슷한, 하지만 완전히 똑같지는 않은 모습을 보게 된다.

혼돈에 관한 선구적인 연구 과정에서 로렌츠는 이상한 끌개strange attractor라고 불리는 새로운 종류의 프랙털을 발견하기도 했다. 평범한 끌개는 점들이 그쪽으로 수렴하며 그 뒤로는 끌개 사이를 일정한 주기로 순환한다는 점에서 간단하다. 하지만 앞으로 볼 수 있듯이, 이상한 끌개는 다르게 행동한다. 로렌츠는 미분방정식으로 이루어진 시스템을 이용해 이상한 끌개의 첫 번째 사례를 만들었다. 그 위에 있는 어느 한 점에서 확대하니 무한히 많은 평행선의 모습이 나타났다. 끌개 위에 있는 모든 점은 끌개를 따라 무질서한 경로를 따랐고, 결코 원래 위치 그대로 돌아가지 않았다. 그리고 서로 가까운 곳에서 출발한 두 점은 빠른 속도로 멀어져 매우 다른 경로를 따랐다. 물리 현상에 비유하려면, 탁구공과 바다를 상상해 보자. 만약 바다 위쪽에 놓으면 탁구공은 물에 닿을 때까지 빠른 속도로 떨어질 것이다. 만약 수면 아래에 놓으면 빠른 속도로 떠오를

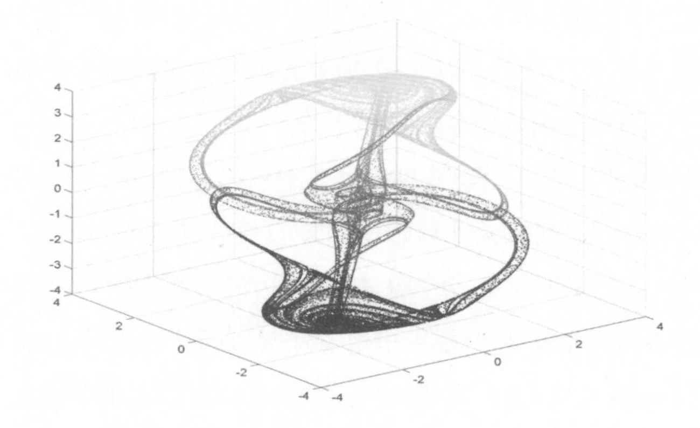

'토머스의 순환하는 대칭 끌개'로 불리는 이상한 끌개.

것이다. 하지만 일단 수면에 도착하면, 탁구공의 움직임은 예측 불가능하고 무질서해진다. 마찬가지로 이상한 끌개 위에 있지 않은 어떤 점은 빠른 속도로 그쪽을 향해 움직일 것이다. 하지만 일단 이상한 끌개 위에 오고 나면, 무질서하게 돌아다닌다.

프랙털로 할 수 있는 일

프랙털은 매력적인 탐구 주제이며, 수학에서 시각적으로 가장 멋진 대상의 하나다. 하지만 물리적 세상에서도 대단히 중요하다. 자연에서 무질서하고 불규칙하게 보이는 게 있다면, 그건 프랙털일 수 있다. 사실 적어도 원자 수준까지는 어떤 것이든 모든 규모에서 모종의 구조를 가지니 존재하는 모든 것이 프랙털이라고 주장할 수도 있다. 구름, 우리 손의 정맥, 나뭇가지처럼 갈라지는 기관지, 나뭇잎 등 모두 프랙털 구조를 보인다. 우주론에서 보면, 우주에 퍼져 있는 물질의 분포가 프랙털과 같다. 그리고 그 구조는 어쩌면 원자와 원자핵 수준을 넘어 물리학적으로 의미가 있는 최소 단위인 1.6×10^{-35}m 혹은 양성자의 1해(10^{20}) 분의 1에 불과한 이른바 플랑크 길이까지 내려갈지도 모른다.

프랙털은 공간 패턴으로만이 아니라 시간 패턴으로도 나타난다. 드럼이 좋은 예다. 리듬이 있는 드럼 패턴을 만드는 컴퓨터 프로그램을 짜거나 로봇을 움직여 드럼을 연주하게 하는 건 쉽다. 하지만 전문 드러머가 내는 소리에는 프로그램이나 로봇이 완벽하게 안정적이고 더할 나위 없이 정확한 박자로 만드는 소리와는 다른 무언가가 있다. 그 '무엇'은 타이밍과 크기의 미묘한, 완벽에서 살짝 벗어난 변동이며, 연구에 따르면 그건 본래 프랙털이다.

과학자로 이루어진 한 국제연구진은 하이햇 심벌즈 속주와 복잡한 한 손 연주로 유명한, 밴드 토토의 드러머 제프 포카로Jeff Porcaro의 드럼 연주를 분석했다. 그리고 포카로가 하이햇을 칠 때 리듬과 크기 두 가지 모든 면에서 장시간에 걸친 구조가 단시간에 걸친 구조를 되풀이하는 자기유사성 패턴을 발견했다. 서로 다른 길이 규모에서 자기유사성을 드러내는 포카로의 연주는 소리 형식의 해안선 프랙털과 같다. 게다가 연구진은 청자들이 정확한 연주나 더 무작위한 소리를 내는 연주가 아니라 정확하게 이와 같은 유형의 변동을 선호한다는 사실도 알아냈다. 프랙털 패턴은 드러머에 따라 다르며, 이는 각자의 연주를 독특하게 만드는 이유가 되기도 한다. 음악가가 다른 악기를 연주할 때도 비슷하다. 비록 미묘할지라도 인간과 기계를 구분하는 건 사소한 불완전성이다.

우리 주변 세상에는 프랙털 혹은 그와 비슷한 것이 많기 때문에 컴퓨터를 이용하면 금세 나무와 같은 자연물을 아주 닮은 그림을 그릴 수 있다. 작업용 공식과 초기 데이터만 있으면 컴퓨터는 눈 깜짝할 사이에 실물을 닮은 놀라운 그림을 만들어낸다. 빠른 속도로 구름과 움직이는 물, 풍경, 바위, 식물, 행성 등 온갖 배경을 그려내는 이 기술이 컴퓨터그래픽 영화나 애니메이션, 비행 시뮬레이션, 컴퓨터 게임을 만드는 사람들에게 인기 있는 건 놀라운 일이 아니다. 간단한 규칙 몇 개를 빠른 속도로 돌리기만 하면 그 자리에서 계산할 수 있는데 현실적인 영화 장면을 만드는 데 필요한 온갖 물체와 배경을 담은 방대한 데이터베이스를 굳이 가지고 있을 필요가 없다. 이런 접근법은 실제 사물과 구분이 불가능한 3차원 이미지를 실시간으로 만드는 게 목표인 미래의 가상현실이나 다른 몰입형 기술에서 중요한 역할을 할 것이다.

5장

환상적인 기계

계산 가능한 모든 시퀀스를 계산하는 데 사용할 수 있는 단일 기계를 발명하는 건 가능한 일이다.

_ 앨런 튜링

♣

컴퓨터는 수학보다는 공학과 더 공통점이 있는 듯이 보인다. 그리고 하드웨어나 어플리케이션 프로그램 같은 것을 보면 확실히 그렇다. 하지만 계산 이론(이론 컴퓨터 과학)은 거의 수학의 영역에 속한다고 할 수 있다. 계산 가능한 대상의 바깥쪽 한계를 탐구하기 위해 기묘한 컴퓨터의 수학으로 떠나는 우리 여행의 시작은 거의 한 세기 전이다. 최초의 전자두뇌가 태어나기도 한참 전이다.

동료들에게 미해결 난제를 제시하는 것으로 명성이 높았던 독일의 수학자 다비트 힐베르트는 1928년 자신이 '결정 문제'라고 부른 문제를 내놓았다. 어떤 수학적 명제가 참인지 아닌지를 유한 시간 안에 결정할 수 있는 단계별 과정을 찾는 것이 언제나 가능한지를 묻는 문제였다. 힐베르트는 답이 '그렇다'로 밝혀지리라고 생각했지만, 그 희망은 10년도 되지 않아 무너졌다.

첫 번째 타격은 1931년 오스트리아 출신의 논리학자 쿠르트 괴델이 발표한 논문이었다. 마지막 장에서 더 자세히 살펴보겠지만,

괴델의 연구는 정리를 끌어내는 데 쓸 수 있는 공리 체계(규칙 혹은 자명하게 참으로 여겨지는 공리의 집합)와 관련이 있었다. 괴델은 논리적으로 일관적이며 산술의 규칙을 모두 아우를 수 있을 정도로 큰 임의의 공리 체계에서 어떤 것은 참이지만 그 체계 안에서는 참이라는 사실을 증명할 수 없다는 사실을 보였다. 괴델의 불완전성 정리라고 불리게 된 이 정리는 증명 불가능한 수학적 진리가 언제나 존재한다는 뜻이다. 이 발견은 많은 수학자에게 지독한 충격으로 다가왔지만, 수학 명제의 결정 가능성, 다시 말해 임의의 명제가 증명 가능한지 아닌지를 확실히 결정할 수 있는 일련의 단계 또는 알고리즘을 발견할 수 있는지 그리고 만약 증명 가능하다면 그게 참인지 거짓인지를 묻는 질문에 관해서는 아직 문이 열려 있었다. 그러나 얼마 지나지 않아 그 문도 닫히게 된다. 이 결정 문제에 최후의 판결을 내리는 데 일조한 인물은 앨런 튜링Alan Turing이라는 젊은 영국인이었다.

환상적인 기계를 떠올리다

튜링의 삶은 성공과 비극이 뒤섞여 있었다. 컴퓨터 과학의 탄생에 기여하고 제2차 세계대전의 끝을 앞당긴 천재라는 점에서는 성공이었지만, 동성애자인 그가 당시 사회에서 좋은 취급을 받지 못했다는 점에서는 비극이었다. 어린 시절부터 튜링이 수학과 과학에 놀라운 재능이 있다는 건 분명했다. 1923년 13살의 나이로 입학했던 도싯의 셔본 스쿨에서도 두드러졌다. 이곳에서 튜링은 동창이자 또 다른 뛰어난 학생이었던 크리스토퍼 모컴Christopher

Morcom과 깊은 우정을 맺었다. 1930년에 모컴이 갑작스레 세상을 떠난 일은 튜링에게 깊은 영향을 남겼다. 튜링은 전보다 더 수학 공부에 열중했고, 친구를 잃은 일로 인해 양자역학에서 해답을 찾을 수 있을지도 모른다고 생각했던 정신의 성질과 죽음 이후에 영혼이 남아있을 가능성에 강한 흥미를 느꼈다.

케임브리지대학교의 학부생이던 시절 튜링은 논리학 수업을 수강하며 결정 문제에 관해 배웠다. 힐베르트가 틀렸다고 확신한 튜링은 졸업 연구의 일환으로 그 문제에 집중하기로 했다. 어떤 구체적인 수학적 주장이 증명될 수 있는지 없는지를 결정하는 알고리즘이 항상 존재할 수는 없다고 생각했다. 결정 문제에 도전하려면 튜링은 일반적인 알고리즘을 실행할 방법이 필요했다. 튜링이 떠올린 건 어떤 임의의 논리적 명령이라도 수행할 수 있는 이상적인 장치, 순수하게 추상적인 기계였다. 튜링은 그것을 a-기계(a는 자동automatic의 a다)라고 불렀지만, 곧 튜링 기계로 불리게 되었다. 실제로 만들 의도로 생각한 기계는 전혀 아니었다. 튜링 기계의 설계는 의도적으로 아주 기초적이었고, 작동하는 속도는 괴로울 정도로 느렸을 터였다. 애초에 계산하는 기계의 수학적 모형을 의도했기 때문에, 그보다 간단할 수는 없었다.

튜링 기계는 무한히 긴 종이테이프와 읽고 쓰는 헤드로 이루어져 있다. 테이프는 사각형 모양으로 나뉘어 있고, 각 칸에는 0 또는 1이 쓰여 있거나 비어 있다. 헤드는 한 번에 사각형을 한 칸씩 읽고 헤드의 내부 상태, 사각형 안의 내용, 그리고 행동표 혹은 프로그램에 적혀 있는 현재 명령에 따라 행동을 수행한다. 예를 들어 명령은 다음과 같을 수 있다. '만약 18번 상태에 놓여 있고 네가 보고 있는

앨런 튜링이 고안한 원래 형태의 튜링 기계. 마이크 데이비 제작.

사각형 안에 0이 있다면, 그것을 1로 바꾸어라. 그리고 테이프를 한 칸 왼쪽으로 옮기고 25번 상태로 전환하라.'

튜링 기계의 테이프의 첫 부분에는 입력 내용이 1과 0이 유한한 패턴을 이루며 적혀 있다. 읽기/쓰기 헤드는 첫 번째(이를테면, 가장 왼쪽 사각형 위)에 자리하며, 처음 받은 명령에 따른다. 튜링 기계는 서서히 명령 목록 혹은 프로그램에 따라 작동하며, 테이프에 적혀 있던 초기의 1과 0의 수열을 다른 수열로 바꾸다가 마침내 정지한다. 기계가 이 마지막 상태에 도달하면, 테이프에 남아 있는 내용이 결과가 된다.

아주 간단한 예로는 n개의 1로 이루어진 열에 1을 한 번 더 더하는 것을 들 수 있다. 즉 n을 n+1로 만드는 것이다. 입력 내용은 1로 이루어진 수열 뒤에 빈 사각형 한 칸, 혹은 n=0인 특별한 경우에는 빈 사각형만 있게 된다. 첫 번째 명령에 따라 읽기/쓰기 헤드는 빈 칸이 아닌 첫 번째 사각형, 혹은 테이프 전체가 비어 있을 때는 아무 사각형에서나 시작해 그곳에 있는 내용을 읽는다. 만약 그곳에 1이 있다면, 명령에 따라 똑같은 상태를 유지하면서 그대로 둔 채 오른쪽 사각형으로 이동한다. 만약 빈칸이라면, 명령에 따라 그 사각형 안에 1을 써넣고 멈춘다. 수열에 1을 더한 뒤에 헤드는 그 자리에서 멈추거나 처음으로 돌아가라는, 어쩌면 전체 과정을 다시 반복해 총합에 1을 한 번 더 더하라는 명령을 받을 수도 있다. 아니면, 읽기/쓰기 헤드가 마지막 1 위치에 있을 때 다른 상태를 도입해 그곳에서부터 새로운 행동 프로그램을 계속하게 할 수도 있다. 어떤 튜링 기계는 결코 멈추지 않을 수도 있다. 혹은 어떤 입력을 받으면 결코 멈추지 않을 수도 있다. 예를 들어 사각형에서 무엇을 읽더라도 언제나 오른쪽으로 움직이라는 명령을 받은 튜링 기계는 결코 멈추지 않을 것이다. 이를 예측하는 건 쉬운 일이다.

튜링은 오늘날 보편 튜링 기계라고 불리는 특정한 튜링 기계를 구상했다. 이론상으로 이 기계는 가능한 어떤 프로그램도 실행할 수 있다. 테이프는 두 부분으로 뚜렷이 나뉜다. 한 부분은 프로그램을 부호화하고 다른 한 부분은 입력 내용을 갖는다. 보편 튜링 기계의 읽기/쓰기 헤드는 이 두 부분을 오가며 입력에 대한 프로그램의 명령을 수행한다. 이것은 실행해야 할 프로그램과 입력/출력, 그리고 읽기/쓰기 헤드로 이루어진 아주 간단한 장치다. 이 기계는 여섯 가지 작업만을 수행할 수 있다. 읽기, 쓰기, 왼쪽으로 움직이기, 오른쪽으로 움직이기, 상태 바꾸기, 그리고 정지다. 그러나 이렇게 간단함에도 불구하고 보편 튜링 기계는 놀라울 정도로 능력이 많다.

여러분도 아마 컴퓨터를 적어도 한 대는 갖고 있을 것이다. 운영체제는 버전이 다를 수 있어도 아마 윈도우즈나 맥, 안드로이드, 혹은 리눅스 같은 다른 시스템일 것이다. 제작사는 각자 자신의 운영체제에 경쟁사의 것과 완연히 다른 장점과 특수 기능이 있다고 선전한다. 그러나 충분한 돈과 시간이 있다고 했을 때, 수학적인 관점에서 모든 운영체제는 동일하다. 게다가 모두가 보편 튜링 기계와 동등하다. 보편 튜링 기계는 일견 너무나 단순해 보이지만, 비록 효율적이지는 않더라도 능력이라는 면에서 보면 현존하는 어떤 컴퓨터만큼이나 강력하다.

보편 튜링 기계는 에뮬레이션이라는 개념으로 이어졌다. 어느 한 컴퓨터에서 자신을 효과적으로 다른 컴퓨터로 바꾸어 주는 프로그램(에뮬레이터)을 실행할 수 있다면 그 다른 컴퓨터를 에뮬레이션할 수 있다고 한다. 예를 들어 맥 운영체제 컴퓨터를 윈도우즈로 돌아가는 것처럼 만들어 주는 프로그램을 실행할 수 있다(메모리가 많이 필요하고 처리 속도는 느려지겠지만). 만약 그런 에뮬레이션이 가능하다면, 두 컴퓨터는 수학적으로 동등하다.

또한, 프로그래머는 어떤 컴퓨터가 보편 튜링 기계를 포함하여(물론 메모리가 무제한 있다고 가정할 때) 특정한 튜링 기계를 에뮬레이션할 수 있게 해 주는 프로그램을 상당히 쉽게 짤 수 있다. 마찬가지로 보편 튜링 기계는 적절한 에뮬레이터를 실행해 다른 어떤 컴퓨터도 에뮬레이션할 수 있다. 요는 메모리만 충분하다면(비록 어떤 시스템이냐에 따라 특정 언어로 코드를 짜야겠지만) 모든 컴퓨터가 똑같은 프로그램을 돌릴 수 있다는 것이다.

튜링의 원래 설계안을 물리적으로 구현한 다양한 사례도 있다. 주로 공학적 훈련이나 간단한 계산이 작동하는 원리를 설명하기 위한 목적으로 이루어졌다. 레고 세트(마인드스톰 NXT)의 구성품을 이용해 만든 것 등 레고를 이용해 만든 것이 상당히 많다. 이와 달리 위스콘신의 발명가 마이크 데이비Mike Davey가 만든 작동 모형은 "튜링의 논문에 나온 기계의 고전적인 모습과 느낌을 구현하고 있다". 이 모형은 캘리포니아 마운틴뷰에 있는 컴퓨터 역사 박물관에 장기간 전시되어 있다.

앞서 언급했듯이, 튜링이 이 영리한 장치를 떠올린 실제 목적은 힐베르트의 결정 문제를 풀기 위해서였다. 그리고 1936년에 발표한 논문 「계산 가능한 수와 결정 문제에 관한 적용에 관하여」에서 그렇게 해냈다. 보편 튜링 기계는 어떤 입력에 대해 멈출 수도 있고 아닐 수도 있다. 튜링은 이렇게 물었다. 기계가 멈출지 아닐지 결정하는 게 가능할까? 기계를 끝도 없이 돌리면서 어떻게 되는지 관찰할 수도 있다. 그러나 한참 동안 기계가 돌아가는 와중에 관찰을 포기한다면, 그 튜링 기계가 그 직후 혹은 나중에 멈출지, 아니면 영원히 돌아갈지는 결코 알 수 없다. 물론 어떤 간단한 튜링 기계가 정지하는지를 알아낼 수 있는 것처럼 각각의 경우마다 결과를 평가하는 건 가능하다. 하지만 튜링이 알고 싶었던 건 모든 입력에 대해 결과(기계가 멈추는지 아닌지)를 정할 수 있는 일반적인 알고리즘의 유무였다. 이를 정지 문제라고 부르며, 튜링은 그런 알고리즘이 존재하지 않는다는 사실을 증명했다. 나아가 논문의 마지막 부분에서는 이것이 결정 문제를 해결할 수 없음을 암시한다는 점을 보였다. 아무리 뛰어난 프로그램이라고 해도 항상 다른 프로그램이 정지할지를 알아낼 수는 없다는 사실을 우리는 확신할 수 있다.

튜링의 기념비적인 논문이 출판되기 한 달 전에 튜링의 박사학

위 지도교수인 미국의 논리학자 알론조 처치Alonzo Church는 독자적으로 같은 결론에 도달했지만 람다 대수라는 완전히 다른 접근법을 사용한 논문을 발표했다. 튜링 기계처럼 람다 대수도 보편적인 계산 모형을 제공하지만, 하드웨어보다는 프로그래밍 언어의 관점에 더 치우쳐 있다. 람다 대수는 본질적으로 다른 함수에 작용하는 함수인 '조합자combinators'를 다룬다. 처치와 튜링 모두 서로 다른 방법을 사용해 본질적으로 똑같은 결론에 도달했고, 이는 처치-튜링 논제라고 불리게 되었다. 이 논제의 요지는 어떤 것이 튜링 기계나 혹은 그에 상당하는 장치로 계산 가능할 때만(자원의 한계라는 사소한 문제는 무시하고) 인간이 계산하거나 평가할 수 있다는 점이다. 어떤 것이 계산 가능하다는 건, 이진수로 부호화된 프로그램을 입력받은 튜링 기계가 돌아가다가 궁극적으로는 부호화된 답을 출력으로 내놓으며 정지할 수 있다는 뜻이다. 처치-튜링 논제가 내포하는 핵심적 의미는 결정 문제에 대한 일반적인 해법을 찾는 게 불가능하다는 사실이다.

비록 튜링은 수학 문제를 풀기 위해 기계를 발명했지만, 디지털 컴퓨터가 발전할 수 있도록 청사진을 제대로 깔아놓았다. 현대의 모든 컴퓨터는 기본적으로 튜링 기계와 같은 일을 한다. 그리고 이 개념은 컴퓨터 명령 집합과 프로그래밍 언어의 힘을 측정하는 데도 쓰인다. 만약 모든 단일 테이프 튜링 기계를 시뮬레이션하는 데 쓸 수 있다면(튜링 완전), 컴퓨터 프로그램의 힘이 정점에 이른 것이다. 아직 아무도 튜링 기계보다 더 많은 일을 할 수 있는 계산 방법을 찾아내지 못했다. 양자 컴퓨터 분야의 최근 발전은 튜링 기계의 힘을 초월할 방법을 제공해 줄 것처럼 보인다. 하지만 사실 아무리 양자 컴퓨터라고 해도 시간만 충분하다면 여타 평범한(고전적인) 컴퓨터가 에뮬레이션할 수 있다. 어떤 유형의 문제에 관해서는 양자 컴퓨터가 고전적인 컴퓨터보다 훨씬 더 효율적일지도 모른다. 하지만 결국 양자 컴퓨터가 할 수 있는 모든 일은 튜링이 구상한 간단한 기계로도 할 수 있다. 이는 우리가 계산을 통해 정확성이 보장되는 일반적인 해답을 얻을 수 없는(비록 각각의 경우에 개별적으로 할 수는 있을지 몰라도) 경우가 있다는 사실을 보여준다.

세포들의 삶과 죽음이 펼쳐지는 게임

수학에는 겉보기에는 튜링 기계와 전혀 다르지만 에뮬레이션으로 동등해지는 것들도 있다. 한 가지 예가 영국의 수학자 존 콘웨이가 고안한 생명 게임이다. 이 게임은 1940년대에 미국의 수학자이자 컴퓨터 분야의 선구자인 존 폰 노이만John von Neumann이 연구했던 문제에 대한 콘웨이의 관심에서 나왔다. 자기 자신의 정확한 복제본을 만들 수 있는 가상의 기계를 설계할 수 있을까? 폰 노이만은 사각형 격자 위에서 아주 복잡한 규칙을 이용해 그런 기계의 수학적 모형을 만들면 그렇게 할 수 있다는 사실을 알아냈다. 콘웨이는 똑같은 결과를 내놓는 훨씬 더 간단한 방법이 있는지를 고민하다가 생명 게임에 이르렀다. 콘웨이의 게임은 (이론상으로는)무한한 정사각형 격자 위에서 이루어지며, 각 칸은 검은색 또는 하얀색으로 칠할 수 있다. 검은 칸으로 시작 패턴을 만들고 난 뒤 두 가지 규칙에 따라 진화하게 한다.

1. 검은 칸은 만약 주위의 8칸 중에서 정확히 2칸 또는 3칸이 검은색일 경우에 그대로 검은색을 유지한다.
2. 하얀 칸은 만약 주위의 8칸 중에서 정확히 3칸이 검은색일 경우 검은색으로 변한다.

이게 전부다. 어린아이도 할 수 있을 정도지만, 생명 게임은 보편 튜링 기계과 같은, 따라서 현존하는 모든 컴퓨터와 같은 능력을 갖고 있다. 콘웨이가 만든 이 놀라운 게임은 사이언티픽 아메리칸 1970년 10월호에 실린 마틴 가드너Martin Gardner의 수학 게임 칼럼을 통해 처음으로 폭넓게 주목을 받았다. 가드너는 독자에게 생명 게임의 몇 가지 기본적인 패턴을 소개했다. 가령 가로 2칸 세로 2칸의 검은 사각형 모양인 '블록'은 게임의 규칙에 따르면 결코 변하지 않는다. 그리고 가로 1칸 세로 3칸의 검은 직사각형 모양인 '블링커'는 중심점은 그대로인 채 한 번은 가로로 길게 한 번은 세로로 길게 두 가지 상태를 왔다 갔다 한다. '글라이더'는 5칸으로 이루어진 도형으로 4번째 단계마다 대각선으로 1칸씩 움직인다.

원래 콘웨이는 처음 시작할 때 어떤 패턴을 골라도 무한정 자라나지 않을 것이며, 모든 패턴은 결국 안정적인 상태 혹은 반복되는 상태가 되거나 죽어 없어질 것으로 생각했다. 가드너의 1970년 칼럼에서 콘웨이는 이런 추측을 처음으로 입증하거나 반증하는 사람에게 50달러의 상금을 주겠다고 밝혔다. 몇 주가 지나지 않아 해커 공동체의 창립자 중 한 명인 빌 고스퍼Bill Gosper라는 수학자 겸 프로그래머가 이끄는 MIT팀이 상금을 요구하고 나섰다. 이른바 고스퍼 글라이더 건은 무한히 반복적으로 움직이면서 30세대당 한

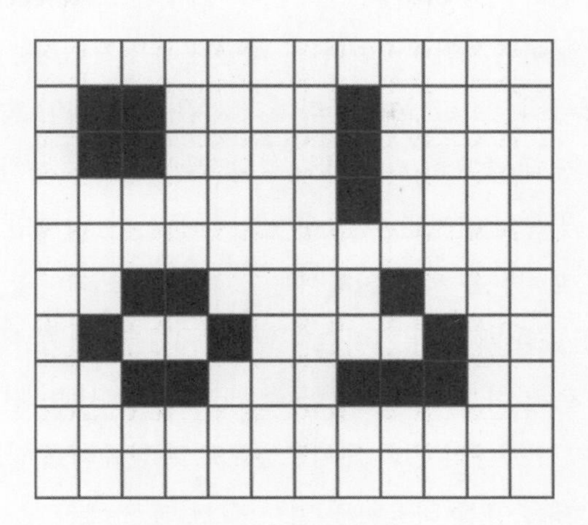

네 가지 흔한 생명 패턴. 왼쪽 위는 '블록', 왼쪽 아래는 '비하이브'다. 이들은 둘 다 '정지한 생명'으로, 각 세대마다 변화가 없다. 오른쪽 위는 '블링커'로 진동하는 종류에서 가장 흔하다. 몇 세대 뒤에 원래 상태로 돌아온다는 뜻이다. 이 경우 수직과 수평 모양을 왔다 갔다 한다. 오른쪽 아래는 '글라이더'다.

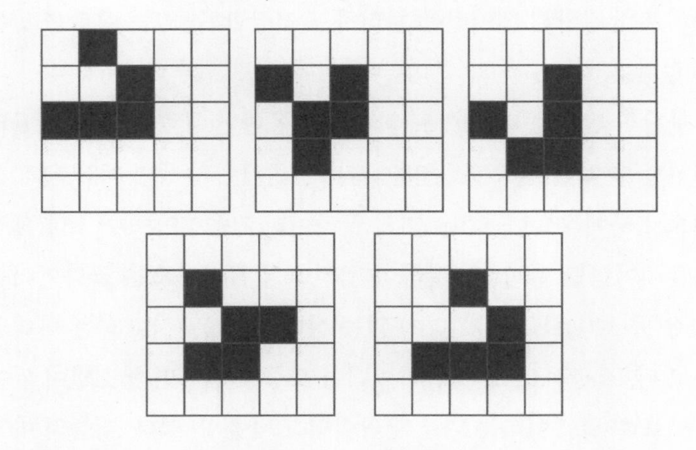

네 세대에 걸친 글라이더. 대각선으로 한 칸씩 이동한다.

번꼴로 꾸준히 글라이더를 발사한다. 이것은 보기에도 매혹적일 뿐만 아니라 이론적인 측면에서도 대단한 흥밋거리라는 사실이 드러났다. 궁극적으로 고스퍼 글라이더 건은 생명 게임 속에서 컴퓨터를 만드는 데 중요한 요소가 되었다. 끊임없이 발사하는 글라이더를 컴퓨터 속의 전자로 여길 수 있기 때문이다. 하지만 진짜 컴퓨터가 실제로 계산을 하기 위해서는 그런 흐름을 제어할 필요가 있다. 이때 필요한 게 논리 게이트다. 논리 게이트는 1개 이상의 신호를 입력으로 받아들이고 신호를 출력으로 내보내는 전자 부품이다. 단 한 가지 종류의 논리 게이트만으로도 컴퓨터를 만드는 게 가능하지만, 세 종류를 사용하면 일이 훨씬 더 편해진다. 그 셋이 바로 NOT과 AND, OR다. NOT 게이트는 오로지 낮은 신호를 입력받았을 때만 높은 신호를 출력한다. 그리고 AND 게이트는 두 입력이 모두 높은 신호일 때만 높은 신호를 출력한다. OR 게이트는 적어도 한 가지 입력이 높은 신호이면, 높은 신호를 출력한다. 이들 게이트를 결합해 데이터를 처리하고 저장할 수 있는 회로를 만들 수 있다.

무한히 많은 논리 게이트 회로를 이용하면 튜링 기계를 시뮬레이션할 수 있다. 역으로 논리 게이트는 콘웨이의 생명 게임 속의 패턴으로,구체적으로는 고스퍼의 글라이더 건을 다양하게 조합해서 시뮬레이션할 수 있다. 글라이더 건에서 흘러나오는 글라이더는 '높은' 신호(1)를, 글라이더가 없는 상태는 '낮은' 신호(0)를 나타낼 수 있다. 결정적으로, 두 글라이더가 도중에 만나면 쌍소멸이 일어나므로 한 글라이더는 다른 글라이더를 막을 수 있다. 퍼즐의 마지막 조각은 '포식자'라는 것으로, 검은 칸 일곱 개로 단순하게 이루어져 있다. 포식자는 여분의 글라이더가 패턴의 다른 부분을 교란하지 못하도록 흡수하면서도 자기 자신은 변하지 않고 그대로 남는다. 고스퍼 글라이더 건과 포식자만 조합하면 다양한 논리 게이트를 시뮬레이션할 수 있고, 이를 모아서 완전한 튜링 기계를 시뮬레이션할 수 있다. 놀랍게도, 세상에서 가장 강력한 컴퓨터가 할 수 있는 일 중에서 생명 게임을 이용해 계산할 수 없는 건 없다는 것이다. 시간이 충분할 때의 이야기긴 하지만 말이다. 또, 임의의 생명 패턴의 운명을 예측하는 프로그램을 짜는 건 불가능하다. 그런 프로그램이 있다면, 정지 문제를 풀 수 있을 것이다. 생명 그 자체와 마찬가지로 생명 게임은 예측 불가능하며, 놀라움으로 가득하다.

효율적으로 문제 풀기

현대의 계산 이론 분야는 튜링의 아이디어에 기초하고 있다. 하지만 오늘날에는 튜링이 고려하지 않았던 다른 개념도 포용하고 있다. 유명한 1936년 논문에서 튜링은 알고리즘의 존재에만 관심이 있었지, 효율성에는 관심이 없었다. 하지만 실질적으로 우리는 알고리즘이 빨라서 컴퓨터가 가능한 한 문제를 빠르게 풀 수 있기를 원하기도 한다. 두 알고리즘이 동등할 수는(즉, 둘 다 똑같은 문제를 풀 수는) 있어도 한 알고리즘은 1초 만에 풀고 다른 건 100만 년이 걸린다면, 우리는 당연히 전자를 선택할 것이다.

알고리즘의 속도를 정량화하는 데 있어 문제는 속도가 하드웨어와 소프트웨어 양쪽 모두와 관련이 있는 수많은 요소에 달려 있다는 점이다. 예를 들어 똑같은 명령 집합에 대해서도 서로 다른 프로

그래밍 언어는 서로 다른 실행 속도를 보일 수 있다. 컴퓨터 과학자들은 보통 '대문자 O 표기법'(O는 차수order의 머릿문자)을 써서 입력 크기(n)에 대한 속도를 정량화한다. 만약 어떤 프로그램이 선형 혹은 $O(n)$ 시간 동안 돌아간다면, 프로그램이 돌아가는 데 걸리는 시간이 대략 입력 크기에 비례한다는 뜻이다. 예를 들어 10진법 표기법을 사용해 두 수를 더할 때가 여기에 해당한다. 그러나 곱셈은 더 오래, 즉 $O(n^2)$ 시간이 걸린다.

만약 어떤 프로그램이 다항식 시간만큼 돌아간다고 하면, 그건 걸리는 시간이 입력 크기의 몇 차식보다 크지 않다는 뜻이다. 일반적으로는 이 정도만 되어도 대부분의 용도에 충분히 빠르다고 여긴다. 물론 차수가 대단히 크다면(가령 100차 정도) 프로그램이 돌아가는 데는 시간이 너무 오래 걸릴 것이다. 하지만 이런 일은 거의 일어나지 않는다. 차수가 적당히 높은 알고리즘의 한 사례는 아그라왈-카얄-삭세자AKS 알고리즘으로, 어떤 수가 소수인지 아닌지를 판별하는 데 쓰일 수 있다. 이 알고리즘은 $O(n^{12})$ 시간 안에 돌아간다. 그래서 대부분의 경우에는 여러 가지 실용성 때문에 다항식 시간보다는 느리지만, AKS보다는 빠른 다른 알고리즘을 사용한다. 그러나 새로운, 아주 큰 소수를 찾는 데서는 AKS 알고리즘이 활약한다.

어떤 n자리 수가 소수인지 아닌지를 판별하기 위해 아주 단순한 방법을 쓴다고 생각해 보자. 2에서 시작해 그 수의 제곱근에 이를 때까지 하나씩 약수인지를 확인해 보면 된다. 짝수는 건너뛰는 식으로 몇 가지 지름길을 택할 수는 있지만, 그래도 이런 방법으로 소수인지를 판별하는 데 걸리는 시간은 $O(\sqrt{10^n})$, 혹은 약 $O(3^n)$가 된다. 이것은 지수 시간으로, *n*이 상당히 작아야 컴퓨터가 감당할 수 있다. 이 방법을 이용해 1자리 수가 소수인지를 판별하는 데는 3단계가 필요하다. 1초에 1,000조 단계를 수행할 수 있다고 가정하면, 3펨토초(1,000조 분의 3초)가 걸린다. 10자리 수라면 확인하는 데 60피코초가 걸리고, 20자리 수는 약 3.5마이크로초가 걸린다. 하지만 지수 시간이 걸리는 프로그램은 결국 하염없이 늦어진다. 아까의 그 원시적인 방법을 쓰면 70자리 수는 소수인지 확인하는 데 약 250경 초가 걸린다. 현재 우주의 나이보다 긴 시간이다. 그런 상황에서는 빠른 알고리즘이 진가를 발휘한다. AKS 알고리즘을 사용하면, 걸리는 시간이 입력 크기의 12제곱이라고 가정할 때 70자리 수가 소수인지 판별하는 데는 '고작' 1,400만 초, 즉 160일이 걸린다. 빠른 컴퓨터로 돌리는 것치고는 여전히 긴 시간이지만, 지수 알고리즘이 필요로 하는 우주적 시간 규모와 비교하면 눈 깜짝할 새와 같다. 다항식 알고리즘은 현실에서 실용적일 수도 있고 아닐 수도 있다. 하지만 지수 알고리즘은 큰 입력을 다룰 때는 확실히 비실용적이다. 다행히 이 둘 사이에도 다양한 알고리즘이 있고, 다항식에 가까운 알고리즘이 실제로는 충분히 잘 돌아가는 경우가 많다.

지금까지 이야기한 튜링 기계는 모두 한 가지 중요한 공통점이 있다. 무엇을 해야 하는지 알려주는 규칙 목록(알고리즘)이 언제나 어떤 상황에서 수행해야 하는 행동을 단 한 가지만 지시한다는 점이다. 그런 튜링 기계를 결정적 튜링 기계DTM, Deterministic Turing Machine라고 한다. DTM은 명령을 받으면 기계적으로 명령에 따른다. 두 가지 다른 명령 중에서 하나를 '선택'할 수는 없는 것이다. 그러나 비결정적 튜링 기계NTM로 불리는 다른 유형을 고안하는 것도 가능하다. NTM은 어떤 읽기/쓰기 헤드와 입력의 상태에 대해 1가지 이상의 명령을 수행할 수 있다. NTM은 사고 실험에 불과하다. 실제로 만든다는 건 불가능하다. 예를 들어 NTM의 프로그램에는 '만약 19번 상태에 있으며 1을 보았을 때는 1을 0으로 바꾸고 오른쪽으로 한 칸 움직여라'와 '만약 19번 상태에 있으며 1을 보았을 때는 1을 그대로 두고 왼쪽으로 한 칸 움직여라'가 둘 다 있을 수 있다. 이 경우에 기계의 내부 상태와 테이프에 쓰여 있는 기호는 어떤 특정 행동을 명시하지 않는다. 그러면 문제는 이렇다. 기계는 어떤 행동을 취해야 할지를 어떻게 알 수 있을까?

NTM은 문제를 풀기 위한 모든 가능성을 탐구한다. 그리고 마지막으로, 올바른 답을 선택한다(그 답이 만약 있다면 말이다). 이 문제를 생각하는 한 가지 방법은 기계가 운이 대단히 좋아서 언제나 올바른 해법을 고를 수 있다는 것이다. NTM을 상상하는, 아마도 이보다 합리적일, 다른 방법은 시간이 흐를수록 계산력이 늘어나 각 단계를 계산을 처리하는 데 걸리는 시간이 이전 단계보다 늘어나지 않는 장치로 생각하는 것이다. 예를 들어 이진 트리binary tree(각각의 점 또는 분기점에서 두 가지 이상의 선택지로 갈라지도록 데이터를 배열해 놓은 것)를 검색하는 작업을 진행 중이라고 하자. 이진 트리에서 특정 수, 가령 358을 찾는 게 목적이다. 기계는 이 값을 마주칠 때까지 가능한 모든 경로를 따라 내려가야 한다. 평범한 튜링 기계인 DTM이라면 목표를 찾아낼 때까지 나무를 따라 움직일 수 있는 가능한 모든 경로를 하나씩 차례대로 따라갈 수밖에 없다. 가지의 수는 지수적으로, 나무의 각 단계마다 두 배씩 늘어나기 때문에 358이 있는 분기점을 찾는 데 걸리는 시간은 운이 좋아 나무 위쪽에 있지 않는 한 하염없이 늘어난다. 그러나 NTM이 가능해지면, 상황은 극적으로 바뀐다. 이진 트리의 각 단계에 도달할 때마다 NTM의 처리 속도가 두 배로 늘어난다고 생각하면, 분기점이 아무리 많다고 해도 나무의 각 단계를 검색하는 데 모두 똑같은 시간이 걸린다.

외판원 순회 문제

이론상으로는 NTM이 할 수 있는 모든 일을 DTM도 할 수 있다. 시간만 충분하다면 말이다. 하지만 '충분한 시간'에는 함정이 있다. NTM이 다항식 시간 안에 할 수 있는 일에 DTM은 지수 시간이 걸린다. 우리가 NTM을 실제로 만들 수 없다는 사실이 너무나 안타까울 뿐이다. 그러나 이런 가상의 컴퓨터 덕분에 우리는 컴퓨터 과학과 수학 전체에서 중요한 미해결 문제 하나와 맞설 수 있게 되었다. 이른바 P-NP 문제다. 클레이 수학 연구소가 약속한 상금 100만 달러가 이 문제의 증명 가능한 올바른 풀이를 내놓을 첫 번째 연구자를 기다리고 있다.

P와 NP는 서로 다른 복잡도를 지닌 두 문제의 집합에 붙인 이름이다. P(다항식polynomial)집합의 문제는 평범한 (결정적)튜링 기계로 다항식 시간 안에 돌아가는 알고리즘으로 풀 수 있는 문제다. NP(비결정적 다항식non-deterministic polynomial) 집합의 문제는 우리 손에 NTM이 있다면 다항식 시간 안에 푸는 방법을 아는 문제다(큰 수를 인수분해하는 게 그런 문제다. NTM은 이진 트리에서 '올바른' 인수를 금세 찾아낼 수 있지만, DTM은 모든 가지를 전부 검색해야 해서 지수 시간이 걸린다). 이는 P집합의 모든 문제가 NP집합에도 속한다는 뜻

이다. NTM은 평범한 튜링 기계가 할 수 있는 모든 일을 똑같은 시간 안에 할 수 있기 때문이다. NP에는 운이 엄청나게 좋거나 말도 안 될 정도로 빠른 초강력 튜링 기계로만 다룰 수 있는 문제가 들어 있기 때문이다. 그러나 비록 가능성은 거의 없어 보여도 아직은 NTM이 할 수 있는 모든 일을 DTM이 하지 못한다는 증거가 없다. 하지만 수학자에게 합리적인 추측과 확실함 사이에는 건널 수 없는 차이가 있다. 입증이 되기 전까진 누군가가 P집합과 NP집합이 똑같다는 사실을 증명할 가능성이 남아 있다. 그래서 P-NP 문제라고 불리는 것이다. 100만 달러는 꽤 큰 상금이지만, 모든 NP문제가 P라는 사실을 증명(혹은 반증)하는 일은 과연 그 누가 할 수 있을까? 일말의 희망이 NP-완전이라 불리는 NP집합의 몇몇 문제에서 보이고 있다. 만약 일반적인 튜링 기계에서 돌아가며 이런 문제 중 하나를 풀 수 있는 다항식 알고리즘을 찾을 수 있다면, 자연히 NP집합의 모든 문제에 대한 다항식 알고리즘이 있게 된다는 점에서 NP-완전 문제는 주목할 만하다. 이 경우에 P=NP가 참이 된다.

첫 번째 NP-완전 문제는 1971년 미국 · 캐나다의 컴퓨터 과학자이자 수학자인 스티븐 쿡Stephen Cook이 발견했다. 불 충족 가능성 문제Boolean satisfiability problem 혹은 SAT라고 불리는 이 문제는 논리 게이트로 나타낼 수 있다. 임의의 수많은 논리 게이트와 입력(하지만 피드백은 없다), 그리고 정확히 한 개의 출력에서 출발한다. 그리고 출력을 켜는 입력의 조합이 있는지를 묻는다. 이론상으로는 전체 시스템의 가능한 모든 입력 조합을 시험하는 방식으로 언제나 답을 찾을 수 있다. 하지만 그러면 지수 알고리즘과 똑같아진다. P=NP임을 보이려면 답을 얻을 수 있는 더 빠른 다항식 방법이 있다는 사실이 드러나야 한다.

SAT가 최초로 확인된 NP-완전 문제지만, 가장 유명한 건 아니다. 그 영예는 19세기 중반에 기원을 둔 '외판원 순회 문제'에게 돌아간다. 1832년에 출판된 외판원을 위한 매뉴얼에는 독일과 스위스의 여러 지역을 가장 효율적으로 돌아다니는 방법에 관한 내용이 담겨 있다. 그로부터 10~20년이 지나자 아일랜드의 물리학자 겸 수학자 윌리엄 해밀턴과 잉글랜드 성공회 목사이자 수학자인 토머스 커크맨Thomas Kirkman이 처음으로 이 문제를 학문적으로 다루었다. 외판원이 여러 도시를 돌아다녀야 하며, 굳이 직선거리가 아니어도 각 도시 사이의 거리를 모두 알고 있다고 하자. 모든 도시를 방문한 뒤 출발지로 돌아오는 가장 짧은 경로를 찾는 게 문제다. 1972년이 되어서야 외판원 순회 문제가 NP-완전이라는 사실(이 문제를 푸는 다항식 알고리즘이 있다면 P=NP가 증명된다는 뜻이다)이 드러났다. 수 세대에 걸쳐, 심지어 후대에는 컴퓨터까지 사용해 가면서도 복잡한 경로를 다니는 최적의 해답을 찾아내는 게 어려웠던 이유가 이것이다.

외판원 순회 문제는 이해하기에는 쉬울지 몰라도 다른 어떤 NP-완전 문제보다 푸는 게 쉽지 않다. 사실 NP-완전 문제는 전부 비슷하게 어렵다. 수학자들은 어느 것이든 NP-완전 문제에 대한 다항식 알고리즘을 찾아내면 P=NP를 증명할 수 있다는 생각에 안달복달한다. 그런 증명은 중요한 의미를 가진다. 나중에 설명하겠지만, 우리가 은행 업무를 위해 일상적으로 의존하는 암호화 방법인 RSA암호를 깨뜨리는 다항식 알고리즘이 생긴다는 사실도 그중 하나다.

양자 컴퓨터가 만들 변화

비결정적 튜링 기계는 우리 마음속에만 있지만, 성능도 매우 뛰어날 가능성이 있는 양자 컴퓨터는 개발 초기 단계에 있다. 이름을 보면 알 수 있듯이, 양자 컴퓨터는 양자역학의 영역에서 일어나는 아주 이상한 현상을 이용하며, 일반적인 비트bit(이진수)가 아니라 퀀텀비트 혹은 '큐비트Qubit'로 작동한다. 간단히 스핀이 알려지지 않은 전자라고 할 수 있는 큐비트는 양자효과로 인해 컴퓨터의 일반 비트에는 없는 두 가지 성질이 있다. 첫째, 큐비트는 상태의 중첩이 가능하다. 큐비트가 동시에 1과 0이 될 수도 있으며, 관측이 이루어질 때만 하나로 정해진다는 뜻이다. 이를 다르게 해석한다면, 양자 컴퓨터는 우주의 나머지 부분과 함께 두 가지 복제본으로 나뉜다. 하나는 비트가 1이고, 다른 하나는 비트가 0이다. 오로지 큐비트를 측정할 때만 주변 우주와 함께 특정 값으로 정해진다. 양자 컴퓨터가 의존하고 있는 다른 흥미로운 성질은 양자 얽힘이다. 얽혀 있는 두 큐비트는 공간적으로는 떨어져 있지만 '먼 거리에서 일어나는 귀신 같은 작용'으로 이어져 있다. 따라서 하나를 측정하는 행위가 즉시 다른 것의 측정에 영향을 끼친다.

계산이라는 측면에서 양자 컴퓨터는 튜링 기계와 동등하다. 그러나 앞서 살펴보았듯이 (시간이 충분할 때에)무언가를 계산할 수 있다는 것과 효율적으로 계산할 수 있다는 것은 다르다. 만약 우리가 기꺼이 몇 번의 지질학적 시대를 기다릴 의향이 있다면, 종이테이프를 이용하는 고전적인 튜링 기계로도 양자 컴퓨터가 할 수 있는 (혹은 앞으로 할 수 있을) 일은 무엇이든 할 수 있다. 효율성은 전혀 다른 문제다. 어떤 문제를 풀 때 양자 컴퓨터는 오늘날의 통상적인 컴

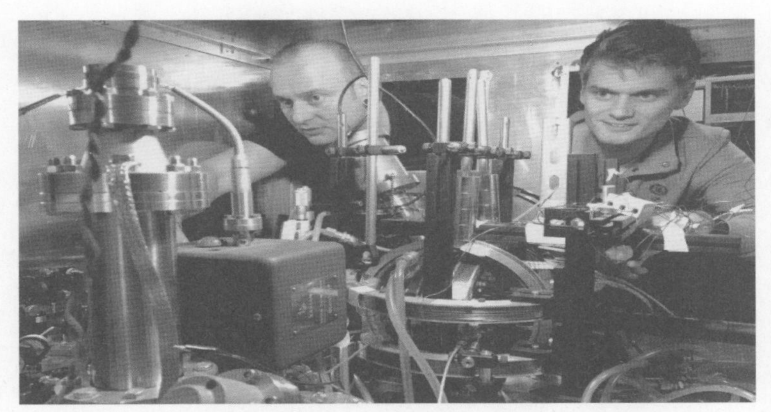

프로토타입 양자 컴퓨터를 연구하는 윈프리드 헨싱어 교수(왼쪽)와 세바스티안 바이트 박사(오른쪽).

퓨터보다 훨씬 더 빠를 가능성이 크다. 하지만 계산 가능성이라는 면에서 볼 때는 모두 튜링의 원래 설계와 완전히 똑같은 능력을 갖고 있다.

양자 컴퓨터가 비결정적 튜링 기계와 똑같다고 생각하고 싶은 유혹을 느끼지만, 그렇지는 않다. 계산이라는 면에서 볼 때 둘은 동등하다(DTM으로 둘을 시뮬레이션하는 프로그램을 짤 수 있다). 계산이 가능한지를 놓고 볼 때 비결정적 튜링 기계는 결정적 튜링 기계를 능가할 수 없기 때문이다. 그러나 효율성을 놓고 보면, 양자 컴퓨터는 NTM보다 떨어질 공산이 크다. NTM은 완전히 상상 속의 장치니 놀라운 일은 아니다. 특히, 앞으로 두고 보아야겠지만, 양자 컴퓨터가 다항식 시간에 NP-완전 문제를 풀 가능성은 작다. 양자 컴퓨터로 다항식 시간에 풀어낸 문제 중 하나는 큰 수의 인수분해로, 그 이전에는 그런 해법이 없다고(P=NP가 거짓이라고 가정하면) 생각했다. 1994년 미국의 응용수학자 피터 쇼어Peter Shor는 그 문제의 특별한 성질을 이용하는 양자 알고리즘을 발견했다. 안타깝게도, NP-완전으로 알려진 문제와 같은 다른 문제에는 비슷한 기법을 적용할 수 없었다. 만약 양자 컴퓨터로 NP-완전 문제를 푸는 다항식 알고리즘을 찾으려면 역시 그 상황의 구체적인 특징을 활용해야 할 것이다.

대부분의 최신 기술처럼 양자 컴퓨터도 희망과 두통을 모두 가져다준다. 두통을 일으키는 이유 중에 하나는 지난 수십 년 동안 아무도 다항식 시간에 풀 수 있는 방법을 찾지 못해 대단히 안전하다고 생각했던 암호가 풀릴 가능성이 있다는 점이다. 현대의 암호화 기법은 RSA로 불리는 알고리즘에 기초하고 있다. RSA를 만든 론 라이베스트Ron Rivest, 아디 샤미르Adi Shamir, 레너드 애들먼Leonard Adleman의 이름 머릿글자를 딴 것이다. 이 알고리즘으로 데이터를 신속하게 암호화할 수 있으며, 이는 온라인으로 데이터를 주고받는 과정에서 매일같이 1초에 수없이 많이 일어나는 일이다. 그러나 RSA를 거꾸로 적용해 암호를 푸는 과정은 특별한 정보가 없다면 대단히 느려 지수 시간이 필요하다. 이런 속도의 비대칭과 특별한 정보의 필요성은 RSA가 어째서 그토록 효율적인지를 알려준다.

RSA가 작동하는 방식은 이렇다. 시스템을 이용하는 각 개인은 두 가지 키를 갖는다. 공개키와 개인키다. 공개키는 암호화에 쓰이며 누구나 알 수 있다. 반면, 개인키는 해독에 쓰이며 키의 주인만이 알 수 있다. 메시지를 보내는 건 공개키를 이용한 알고리즘만 적용하면 되는 것이라 쉽다. 그러나 메시지는 의도한 상태, 즉 개인키를 갖고 있는 사람만이 읽을 수 있다. 공개키를 갖고 있으면 개인키를 알아내는 게 이론적으로 가능하지만, 수백 자리에 달하는 엄청나게 큰 수를 인수분해할 수 있어야 한다. 만약 키가 충분히 크다면, 전 세계의 컴퓨터를 모두 동원해도 우리가 인터넷 뱅킹이나 은밀한 거래를 위해 일상적으로 보내는 메시지를 해독하는 데 현재 우주의 나이보다 긴 시간이 걸린다. 그러나 양자 컴퓨터는 이 모든 것을 바꾸어 놓겠다고 위협한다.

2001년 다항식 시간에 수를 인수분해하는 방법인 쇼어 알고리즘은 7큐비트 컴퓨터로 15를 3×5로 인수분해하는 데 쓰였다. 10여 년 뒤 똑같은 방법으로 21을 인수분해하는 데도 성공했다. 구구단만 아는 어린이라면 누구라도 금세 할 수 있는 일이니 이 성과들이 우스울 정도로 보잘것없어 보일 수는 있다. 2014년에는 다른 양자 컴퓨팅 기법을 사용해 훨씬 더 큰 수를 소인수분해했다. 그중에서 가장 큰 수는 56,153이었다. 이조차도 수백 자리 수의 소인수분해에 갖다 대면 그다지 인상적으로 보이지 않는다. 하지만 양자 컴퓨터의 큐비트 수가 점점 많아짐에 따라 RSA 암호를 모두 효율적으로 해독하는 게 가능하게 되는 건 시간 문제다. 그렇게 된다면 온라인 거래를 처리하는 현재 방법은 더 이상 안전하지 않게 될 것이고, 은행 업계는 안전한 데이터 전송에 의존하는 현대 생활의 다른 모든 측면과 함께 혼란에 빠질 것이다. 어쩌면 NP난해 문제, 다시 말해 적어도 NP-완전 문제만큼 어렵지만 반드시 NP집합에 속하지는 않는 문제에 기반한 새로운 암호 체계를 개발하는 게 가능할지도 모른다. NP-완전 문제는 최악의 경우에는 대단히 풀기 어렵지만, 좀 더 전형적인 문제의 경우 괜찮은 알고리즘을 찾을 수도 있다. 그러면 일반적으로는 풀기 쉽지만, 드물게 대단히 어려워질 수 있는 암호화 방법을 얻을 수 있다. 그런데 필요한 건 거의 언제나 대단히 어려워 푸는 데 지수 기간이 걸리는 방법이다. 가능성은 여전히 남아 있지만, 아직 이런 암호화 방법은 발견되지 않았다. 만약 양자 컴퓨터가 NP-완전(그리고 따라서 NP난해) 문제를 풀 수 없다면 그리고 그런 문제가 하나라도 발견된다면, 우리는 다시 안전해질 것이다. 적어도 당분간은.

대부분의 컴퓨터 과학자는 P≠NP라고 추측한다. 지난 수십 년 동안 3,000개가 넘는 중요한 NP-완전 문제 중에서 어느 하나라도 풀 수 있는 다항식 시간 알고리즘을 찾아내지 못했기 때문에 심증이 굳어졌다. 그러나 지금까지 찾아내지 못했기 때문이라는 주장은 별로 설득력이 있지 않다. 특히 페르마의 마지막 정리가 예상치 못하게 증명된 사실을 생각하면 더욱 그렇다. 페르마의 마지막 정리는 문제 자체는 간단하지만 해결하는 데 엄청난 노력과 최첨단 기법이 필요했다. 순전히 철학적인 근거로 P≠NP라고 믿는 것도 설득력이 없기는 마찬가지다. MIT의 이론 컴퓨터 과학자 스콧 애런슨Scott Aaronson은 이렇게 말했다.

> 만약 P=NP라면, 세상은 우리의 평소 생각과 근본적으로 다른 곳이 될 것이다. "창조적 도약"에는 아무 특별한 가치가 없을 것이고, 문제의 답을 구하는 것과 일단 답이 있을 때 답을 확인하는 것 사이에 아무런 근본적 차이가 없게 된다.

그러나 수학과 과학은 모두 허를 찔러 우리의 지적 세계관을 한 순간에 뒤바꿔 놓을 수 있는 존재다. 만약 P=NP임이 드러난다면,

일단 실질적인 영향은 거의 없을 수 있다. 증명이 존재한다고 해도 그 증명이 건설적일 가능성이 별로 없기 때문이다. 다시 말해, NP-완전 문제를 푸는 다항식 시간 알고리즘이 존재한다는 증명이 있어도 실제로는 거기서 알아낼 수 있는 게 별로 없다는 소리다. 적어도 당분간은 암호화된 우리 데이터를 안전하게 보존할 수 있을 것이다. 물론 그런 알고리즘을 찾는 수학계의 커다란 노력이 시작된다면 얼마나 오래 갈지는 모르겠지만.

어쨌든 P-NP 문제 혹은 더 효율적인 알고리즘의 발전으로 우리 데이터의 안전이 위협받기 전에 양자역학이 우리를 구원할지도 모른다. 양자 암호학은 어떤 해독 기법을 들이대도 절대 깨지지 않는 암호를 만들 수도 있다. 정말로 깨지지 않는 암호의 사례는 무려 1886년에 등장한 바 있는 1회용 암호표다. 키는 메시지와 길이가 같은 무작위 문자열이다. 메시지를 키와 조합해 문자를 숫자로 바꾸고(A=1, B=2와 같은 식으로), 메시지와 키의 각 문자에 상응하는 수를 더한 뒤, 만약 그 합이 26보다 크면 26을 빼고 다시 문자로 바꾸는 방식이다. 이 방법은 절대 깨지지 않는다는 사실이 증명되어 있다. 충분한 시간을 들여 모든 조합을 시도한다고 해도 나올 수 있는 모든 틀린 메시지와 올바른 메시지를 절대 구분할 수 없다. 그러나 그 모든 건 키를 사용한 뒤에 파괴해야 한다는 데 달려 있다. 만약 재사용한다면, 암호화된 메시지 두 개를 모두 손에 넣은 사람이 재사용 사실을 알게 될 경우 해독이 가능해진다. 또, 키는 반드시 은밀하게 교환해야 한다. 누구라도 키를 손에 넣으면 안전해야 할 메시지를 곧바로 해독할 수 있다. 소련의 스파이들은 1회용 암호표를 사용했으며, 안전하게 파괴하기 편하도록 매우 불에 잘 타는 작은 책 속에 넣어서 가지고 다녔다. 그리고 키는 미국과 러시아 대통령 사이의 핫라인에 여전히 쓰이고 있다. 하지만 은밀하고 안전하게 키를 교환해야 한다는 게 큰 단점으로, 온라인 거래 같은 대부분의 용도에는 비실용적인 방법이다.

양자역학은 이 모든 것을 바꿀 전망이다. 편광이라고 하는 빛 알갱이, 즉 광자의 특정한 성질을 측정하는 행위가 편광(광자와 연관된 파동이 진행 방향에 수직으로 진동하는 현상)에 영향을 끼친다는 사실 덕분이다. 핵심적인 사실은 만약 편광을 똑같은 방향에서 두 번 측정하면 같은 결과가 나온다는 것이다. 편광 측정의 한 가지 방법은 직교 필터라는 도구를 이용하는 것이다. 만약 빛이 수직 또는 수평으로 편광되어 있다면, 직교 필터를 통과하고 편광 상태를 유지한다. 만약 그 외의 다른 방향으로 편광되어 있다면, 빛은 필터를 통과하되 수직 또는 수평 편광으로 바뀐다. 편광을 측정하는 또 다른 방법은 대각선 필터를 사용하는 것이다. 비슷한 방식이지만, 빛이 수평과 수직의 중간으로 편광되어 있다. 암호 체계의 마지막 부품으로 필터가 두 개 더 있다. 그중 하나는 직교 필터를 통과한 빛이 수평으로 편광되었는지 수직으로 편광되었는지를 확인한다. 다른 필터는 대각선 필터를 통과한 빛을 대상으로 똑같이 어느 대각선 방향으로 편광되어 있는지를 확인한다.

1회용 암호표에 쓸 무작위 비트를 보내고 싶다고 하자. 우리는 직교 또는 대각선 필터 중 하나를 무작위로 골라 광자를 보낸다. 그리고 그게 수직으로 편광되었는지 수평으로 편광되었는지를 기록한다. 수신자에게도 똑같이 해 달라고 요청한다. 수신자는 자신이 어떤 필터를 썼는지 알려줄 테고, 우리도 어떤 필터를 썼는지를 확인해준다. 만약 둘이 똑같다면, 이 비트를 저장했다가 나중에 1회용 암호표에 쓸 수 있다. 만약 다르다면, 이 비트를 폐기하고 과정을 반복한다. 도청하는 사람은 빛이 시스템을 통과해서 더는 측정할 수 없게 될 때까지는 어떤 필터가 쓰였는지 알 수 없다. 게다가 도청자의 편광 측정으로 비트가 변할 수 있으므로 비트를 충분히 교환한 뒤에는 일부를 가져다 비교해 보고 폐기할 수 있다. 만약 전부 일치한다면, 우리의 통신은 안전하다고 볼 수 있으므로 나머지 비트를 1회용 암호표에 안전하게 쓸 수 있다. 그렇지 않다면, 도청자가 있다는 뜻이므로 모든 비트를 쓸모없는 것으로 폐기한다. 따라서 양자 암호는 1회용 암호표를 도청자로부터 보호할 뿐만 아니라 도청 시도가 있었다는 사실도 감지할 수 있다. 이는 통상적인 암호 체계로는 불가능한 일이다.

현재 양자 컴퓨터의 발전은 매우 빠르다. 2017년 서섹스대학교의 물리학자들은 미래의 대규모 양자 컴퓨터 설계안을 발표하고 누구나 자유롭게 볼 수 있도록 공개했다. 그 안은 10 혹은 15큐비트 이상의 양자 컴퓨터를 만들려는 이전 시도를 좌절시켰던 결어긋남이라는 문제를 회피하는 방법을 보여준다. 큐비트가 훨씬 많은 강력한 양자 컴퓨터를 현실로 만드는 데 필요한 몇 가지 구체적인 기술도 설명하고 있다. 상온의 이온(대전된 원자)를 포획하여 큐비트로 이용하는 기술, 전기장으로 이온을 시스템의 한 모듈에서 다른 모듈로 보내는 기술, 마이크로파와 전압의 변동으로 제어하는 논리 게이트 등이다. 서섹스대 연구팀은 앞으로 작은 프로토타입 양자 컴퓨터를 만들어볼 계획이다. 한편, 구글과 마이크로소프트 뿐만 아니라 아이온큐IonQ를 비롯한 여러 스타트업 기업도 포획 이온이나 초전도, (마이크로소프트의 경우) 위상학적 양자 컴퓨터 기술을 기반으로 각자 계획을 추진하고 있다. IBM은 '향후 몇 년 안에' 50큐비트 양자 컴퓨터를 시장에 내놓을 계획이라고 발표했다(2021년 IBM은 127큐비트 양자 프로세서를 공개했다 – 역주). 그리고 과학자들은 이미 큐비트가 수백만 혹은 수십억 개인 양자 컴퓨터가 현실이 될 날을 내다보고 있다.

만약 오늘날 튜링이 살아 돌아온다면, 당연히 계산 과학의 최신 성과에 관여했을 테고, 높은 확률로 양자 컴퓨터에 관한 이론적인 연구를 하고 있을 것이다. 그의 이른 죽음을 초래했던, 당시의 미성숙한 성 관념에서도 벗어날 수 있을 것이다. 하지만 그 자신의 놀라운, 그리고 놀랍도록 간단한 기계로 개발에 크게 이바지한 알고리즘과 보편적인 계산이라는 개념 한 가지만은 변하지 않았다는 것을 알게 될 것이다.

6장

외계인은 우리 음악을 어떻게 들을까?

음악을 감각의 수학으로, 수학을 이성의 음악으로 표현할 수 있을까? 음악가는 수학을 느끼고, 수학자는 음악을 생각한다. 음악은 꿈이고, 수학은 일하는 삶이다.

_ 제임스 조지프 실베스터

음악의 핵심은 수학적이다. 흔히 수학은 외계의 다른 지적 종족을 만났을 때 처음으로 사용할 수 있는 보편적인 언어라고 한다. 하지만 보편성이라고 하면 음악도 마찬가지다. 사실 우리는 이미 별을 향해 음악을 보낸 적이 있다. 저 바깥의 누군가가 듣고 그 음악을 만든 존재를 이해할 수 있으리라는 희망에서였다.

1977년 9월 5일에 발사된 보이저 1호는 최근 성간 공간에 진입한 최초의 인공 물체가 되었다. 목성과 토성을 지나 태양계 밖을 향한 보이저 1호는 2012년에 태양의 자기장이 은하계의 자기장에게 자리를 내어주기 시작하는 태양권의 경계를 지나갔다. 같은 해에 발사된 자매선 보이저 2호도 다른 방향으로 별 사이의 공간을 향하고 있다. 둘 다 지구와 연락을 유지하며 점점 줄어드는 전력을 공급받아 작동하는 몇몇 실험 장치에서 나온 데이터를 보내고 있다. 하지만 둘 다 가까운 미래에 다른 항성계에 가까이 다가갈 운명은 아니다. 두 우주선의 속도는 광대한 성간 공간에 비해 너무 느려서 가장 가까운 별인 프록시마 센타우리가 있는 방향으로 가고 있다고 가정한다면(실제로 그렇지는 않다) 가는 데만도 수만 년이 걸린다.

NASA의 현재 추정에 따르면, 지금으로부터 약 4만 년 뒤에 보이저 1호는 글리제 445라는 별로부터 1.6광년 안쪽에, 보이저 2호는 로스 248로부터 1.7광년 안쪽에 들어가게 된다. 아주 멀리서 별을 스쳐 가게 되는 그때쯤이면 두 탐사선 모두 수명을 다한 지 오래일 것이다. 하지만 보이저호의 구조물은 수백만 년 동안 그대로 남아 은하계를 떠다닐 것이다. 그리고 누가 알랴. 탐사선의 기원과 창조자에게 호기심을 느낄 고도의 종족이 발견하게 될지. 그런 가능성이 희박한 일이 일어났을 때를 대비해 각 탐사선에는 금도금한 구리 음반의 형태로 만든 메시지를 실었는데, 여기에는 지구의 다양한 생명과 환경, 인간의 문화를 묘사하기 위한 소리와 이미지가 담겨 있다. 사진 116장과 다양한 자연의 소리, 57가지 언어로 된 인사말뿐만 아니라 스트라빈스키의 〈봄의 제전〉, 인도네시아의 가믈란 Gamelan 연주, 바흐의 〈브란덴부르크 협주곡〉 2번, 척 베리의 〈조니 B. 굿〉 등 여러 시대와 여러 지역의 음악을 발췌해 만든 90분짜리 곡도 있다. 친절하게도 음반을 재생하는 데 필요한 바늘과 부호화된 안내도 제공했다. 하지만 외계인이 보이저호의 골든 레코드를 발견하고 의도에 맞게 음악을 재생한다고 해도 그게 무엇인지 알아들을 수 있겠냐는 의문이 남는다. 그리고 마찬가지로 외계인의 음악이 우리 귀에 들어온다고 할 때 우리는 그것을 음악으로 인식할 수 있을까?

우리 중 한 사람(데이비드)은 《우주의 노래》라는 앨범에서 '암흑 에너지'와 같은 곡으로 과학과 음악을 융합한 가수이자 작곡가다.

보이저호에 실린 골든 레코드

이렇게 과학의 풍미가 느껴지는 노래가 있듯이 음악을 만드는 데도 과학이 있다. 그리고 음과 음계의 구성 사이의 관계 속에는 수학이 깊숙이 뿌리를 내리고 있다.

수학의 선율, 선율의 수학

음악과 수학이 밀접한 관련이 있다는 사실을 처음 발견한 건 고대 그리스인이었다. 기원전 6세기에 피타고라스와 그 추종자들은 '만물은 수'이며 자연수가 특히 중요하다는 믿음을 바탕으로 밀교를 만들었다. 이들은 1에서 10까지의 수에 각각 독특한 중요성과 의미가 있다고 생각했다. 예컨대 1은 모든 수의 기원이고, 2는 견해, 3은 조화를 뜻한다는 것이다. 이렇게 삼각수이자 첫 네 수인 1, 2, 3, 4의 합으로 테르락티스라 불린 가장 중요한 수 10까지 이어졌다. 짝수는 여성으로 여겼고, 홀수는 남성으로 여겼다. 음악에서 피타고라스 학파는 가장 조화롭게 들리는 음정이 정수비에 해당한다는 사실을 발견하고 기뻐했다. 이들이 지적으로 높게 평가하는 바로 그 수들이 간단한 분수 형태를 이루며 어떤 음의 집합이 귀에 가장 만족스럽게 들리는지를 좌우했다. 현의 중간을 짚고 울리면 그냥 울렸을 때보다(2:1) 한 옥타브 높은 음이 난다. 현의 전체 길이와 진동하는 현의 길이 비가 3:2가 되도록 짚고 울리면 완전5도(음계에서 5번째 음이고 으뜸음과 가장 조화를 잘 이루기 때문에 이렇게 부른다)가 된다. 마찬가지로 4:3은 완전4도, 5:4는 장3도가 된다. 주파수는 현의 길이에 반비례하므로 이런 비율은 음의 주파수 사이의 관계를 나타내기도 한다.

가장 간단한(옥타브를 빼고) 비율인 완전5도는 피타고라스 음률의 근간이다. 현대의 음악학자들이 완전5도의 기원을 피타고라스와 그 추종자들로 보고 있기 때문이다. D음에서 시작해 완전5도를 올리고 완전5도를 내리면 그 음계의 다른 음, 각각 A와 G가 나온다. 이제 A에서 완전5도를 올리고, G에서 완전5도를 내려 다른 음을 만들고, 계속 반복하자. 궁극적으로 다음처럼 D가 가운데 오는 11음 음계가 나온다.

E♭-B♭-F-C-G-D-A-E-B-F♯-C♯-G♯

약간 조정을 하지 않으면 이 음계는 넓은 주파수 범위, 피아노로 77음에 걸치게 된다. 음계를 더욱 촘촘하게 만들기 위해 낮은 음의 주파수를 두 배 혹은 네 배로 키워 더 높은 옥타브로 옮기고, 높은 음은 비슷하게 한두 옥타브를 내린다. 이런 식으로 음을 서로 가깝게 모아 놓은 결과가 우리가 기본 옥타브라고 부르는 것이다. 피타고라스 음률은 더 폭넓은 작품을 연주하기 어렵다는 한계가 명확해진 약 15세기 말까지 서양의 음악가들에게 쓰였다.

진동하는 현의 간단한 비가 조화로운 음정이라는 발견과 우주가 자연수로 이루어져 있다는 믿음에 푹 빠진 피타고라스 학파는 천상계에 음악과 수학의 완벽한 결합이 있다고 보았다. 이들의 우주론에 따르면, 물리적 우주의 중심에는 거대한 불이 있었다. 이 주위로 투명한 천구天球에 박힌 천체 10개가 원을 그리며 움직였다. 중심부터 순서대로, 반대쪽 지구(태양을 중심으로 지구의 반대쪽에 있다는 가상의 천체 – 역주), 지구, 달, 태양, '떠돌이 별'로 불리던 다섯 행성(수성, 금성, 화성, 목성, 토성), 그리고 마지막으로 항성이 있었다. 피타고라스 학파는 천구 사이의 간격이 조화로운 현의 길이에 대응하므로 천구의 움직임이 사람은 듣지 못하는 '천구의 화음'으로 불리는 소리를 낸다고 가르쳤다.

그리스어인 하르모니아Harmonia('이음' 또는 '동의'라는 뜻)와 아리스모스('수')는 둘 다 아리ari라는 같은 인도-유럽어 단어에서 유래했다. 이는 리듬rhythm이나 라이트rite라는 영어 단어에도 나타난다. 하르모니아는 그리스 신화에서 평화와 조화의 여신이기도 하다. 부모가 아프로디테(사랑의 여신)와 아레스(전쟁의 신)이니 잘 어울린다고 할 수 있다. 천체 사이의 간격에 음악적 조화가 내재하고 있다는 피타고라스식 생각은 중세 내내 이어졌다. 우주의 음악은 중세 유럽 대학의 학문 체계인 사과四科(산술, 기하, 음악, 천문)에도 들어갔다. 사과는 삼학(문법, 논리, 수사)을 수료한 뒤에 배우는 내용으로, 고등 교육을 위한 플라톤의 교과과정에 바탕을 두고 있었다.

순수한 수(산술), 추상 공간 속의 수(기하학), 시간 속의 수(음악), 시공간 속의 수(천문학) 등 다양한 형태의 수에 관한 학습은 사과의 핵심이었다. 피타고라스의 뒤를 이어 플라톤은 음악과 천문학이 긴밀하게 이어져 있다고 보았다. 간단한 수의 비례가 지닌 아름다움을 귀로 들을 수 있게 표현하는 음악과 눈으로 볼 수 있게 하는 천문학. 둘은 서로 다른 감각을 통해 수학에 바탕을 둔 똑같은 조화를 표현했다.

2,000년이 넘는 시간이 지나고 독일의 천문학자 요하네스 케플러는 음악적 우주라는 개념을 한 발 더 나가 기본 도형과 천상계의 선율을 연결했다. 케플러는 당시의 많은 지식인들과 다를 바 없이 점성술을 믿는 동시에 독실한 신자였지만, 르네상스 과학 혁명의 핵심 인물이기도 했다. 가장 널리 알려진 케플러의 업적은 덴마크의 천문학자 튀코 브라헤Tycho Brahe의 정확한 행성 관측을 바탕으로 만든 행성 운동의 3법칙이다. 케플러는 활동 초기에 행성 사이의 간격에 기하학적인 근거가 있을지도 모른다는 생각에 사로잡혔다. 케플러는 1596년에 발표한 『우주 구조의 신비』에서 폴란드의 천문학자 니콜라우스 코페르니쿠스Nicolaus Copernicus가 앞서 제시한 천동설에 플라톤 다면체(단 5종류만 존재하는 3차원 공간의 볼록 정다면체)가 행성 사이의 간격을 설명하는 열쇠를 쥐고 있다는 아이디어를 덧붙였다. 천구와 플라톤 다면체가 특정 순서로 서로 내접하고 외접하게 만들면 당시에 알고 있던 여섯 행성(수성, 금성, 지구, 화성, 목성, 토성)이 움직이는 궤도를 만들 수 있다고 생각했다. 신은 피타고라스의 생각과 달리 수비학자numerologist(수비학은 수에 신비로운 의미가 있다고 믿는 신비학의 하나다 – 역주)가 아니라 기하학자인 것 같았다.

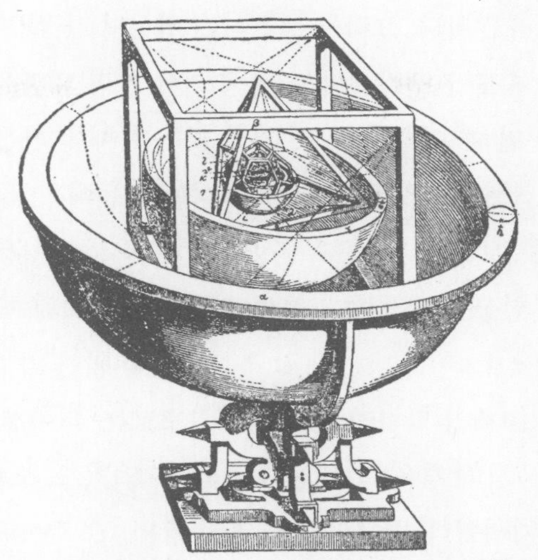

Fig. 37 —KEPLER'S ANALOGY OF THE FIVE SOLIDS AND THE FIVE WORLDS.

케플러는 당시에 알고 있던 행성의 궤도가 플라톤 다면체를 끼워 넣은 것에 맞게 놓여 있다고 생각했다.

아이디어를 실제로 시험한다는 개념을 아직 학계에 보기 힘들었던 17세기 초 케플러는 단순한 추측에서 그치지 않고 음향에 관해 실험했다. 일현금을 사용해 서로 다른 길이로 짚었을 때 나는 소리를 확인하고, 현이 어떻게 나뉘었을 때 가장 듣기 좋은 소리가 나는지 결정했다. 그리고 피타고라스 학파가 강박적으로 중요하게 여겼던 5도 음정뿐 아니라 3도, 4도, 6도 등 다른 다양한 음정 역시 협화음이라는 데 주목했다. 케플러는 만약 이런 조화로운 비가 천상계에도 반영되어 있는지, 그렇다면 천구의 화음이라는 오래된 개념이 다시 살아나 최신 관측 결과와 더욱 잘 맞아떨어지게 될지 궁금했다. 어쩌면 자신이 찾아낸 협화음과 행성과 태양 사이의 가장 먼 거리와 가장 가까운 거리의 비가 일치하는 게 있을지도 몰랐다.

하지만 그렇지 않았다. 그러자 케플러는 행성이 가장 멀 때와 가장 가까운 때의 속도를 생각했다. 관측 결과에 따라 태양을 기준으로 행성이 가장 멀 때 가장 빠르고, 가장 가까운 때에 가장 느리다는 사실은 알고 있었다. 케플러는 거리보다는 진동이 현의 진동과 더 비슷하리라고 보았고, 실제로 행성의 이런 특징을 이용해 관련이 있어 보이는 현상을 발견했다. 화성의 경우 가장 느릴 때와 빠를 때의 속도(하늘에서 보이는 각 운동으로 측정했을 때) 비가 약 2:3으로, 완전5도, 혹은 19세기 말까지 부르던 이름으로는 '디아펜테Diapente'와 같았다. 목성의 경우 그 비는 약 5:6(단3도)였고, 토성은 4:5(장3도)에 매우 가까웠다. 지구와 금성은 각각 15:16(미와 파 사이의 차이 정도)과 24:25였다.

비록 우연으로 드러났지만, 이런 대응 관계에 고무된 케플러는 더욱 미묘한 우주의 조화를 찾아 나섰다. 이웃한 행성들의 속도 비율을 살펴보고는 조화로운 비율이 행성 각각의 움직임뿐만 아니라 서로 간의 상대적인 움직임의 바탕이 된다고 확신했다. 케플러는 이에 관한 생각을 모두 음악의 협화음이 천상계의 움직임과 관련이 있다는 장대한 통합 이론 속에 담아 1619년 자신의 대표 저서인 『세계의 조화』를 출간했다.

얼마 지나지 않아 케플러는 오늘날 행성 운동의 3법칙으로 불리는 발견을 해냈다. 행성이 태양 주위를 한 번 도는 데 걸리는 시간과 태양으로부터의 거리 사이의 정확한 관계를 찾아냈다. 즉, 행성 공전주기의 제곱은 궤도의 긴반지름의 세제곱에 비례한다. 이는 오늘날 물리학 수업에서도 가르치는 내용이다. 하지만 원래는 케플러가 우주의 조화로운 구조에 관한 신비주의적인 연구를 하는 과정에서 드러난 것이다.

케플러는 고대인의 생각과 달리 행성의 궤도가 원이 아니라 타원이라는 결정적인 통찰을 제공함으로써 천문학의 근대화에 일조했다. 이는 뉴턴의 만유인력 이론으로 이어지는 길을 닦았다. 하지만 그 정도로 뚜렷하게는 아니어도 혁신적이고 더욱 유연한 음악의 음률 시스템을 위한 무대 역시 마련했다. 청각 분야의 경험을 바탕으로 케플러는 다른 모든 협화음을 만들 수 있는 가장 작은 음정(가장 낮은 공통 요소)가 있는지 궁금해 했다. 하지만 행성의 궤도가 완벽한 원이 아닌 것처럼, 한 가지 근본적인 음정으로 음악적 조화를 이룰 수 있는 깔끔하고 간단한 방법은 없었다. 이 사실은 어떤 음악의 조를 바꾸려고 할 때 가장 분명해졌다.

5도를 쌓아 만든 피타고라스 음률은 순정률의 한 가지 예로, 순정률에서는 음의 주파수가 적당히 작은 자연수의 비를 따른다. 예를 들어 우리가 다 장조를 가지고 8가지 음높이(CDEFGABC)로 나눈 뒤 으뜸음 C를 1:1로, 완전5도인 G를 3:2로 하자. 피타고라스 음률에서 C 위의 음은 C와 다음과 같은 주파수 비를 이룬다. C:D는 9:8, C와 E는 81:64, C와 F는 4:3, C와 G는 3:2, C:A는 27:16, C:B는 243:128, C:C(1옥타브 위)는 2:1이다. 이런 배열은 똑같은 조로만 연주하거나, 사람의 목소리처럼 즉석에서 음조에 맞게 미세하게 조정할 수 있는 유연한 악기를 이용할 때는 충분히 쓸만하다. 하지만 어떤 순정률이든 일단 조율하고 나면 특정 주파수의 소리만 낼 수 있는 피아노 같은 악기에서는 문제에 부딪힌다.

케플러 이전부터 작곡가와 음악가들은 피타고라스 음률의 경직된 틀을 벗어나기 시작했다. 하지만 유럽에서나마 처음으로 순정률이라는 개념에서 완전히 벗어나려는 중요한 움직임이 나타난 건 케플러 시기였다. 새로운 경향의 선구자는 갈릴레오의 아버지인 빈센초 갈릴레이Vincenzo Galilei로, 오늘날 평균율로 알려진 12음계를 주장했다. 평균율에서는 이웃한 두 음이 모두 똑같은 간격, 혹은 주파수의 비를 갖는다. 12개의 반음은 매번 주파수가 $2^{1/12}$, 혹은 1.059463배씩 증가한다. 예를 들어 현대 관현악 음률에서 주파수가 440Hz(초당 진동수)인 가온다(가운데 C) 위의 A음으로 시작하는 음계를 생각해 보자. 다음 음은 A#로 주파수가 440×1.059463, 약 466.2Hz다. 시작음으로부터 12단계 올라가면 $440 \times 1.059463^{12} = 880$Hz로 처음 주파수의 두 배인 옥타브가 된다.

이런 식으로 정하면, 비록 4도와 5도는 거의 분간하기 어려울 정도로 비슷하지만, 12평균율의 음 중에서 으뜸음과 옥타브를 제외하면 어느 것도 주파수가 순정률과 일치하지 않게 된다. 평균율은 타협의 결과다. 평균율은 순정률처럼 순수한 소리가 아니다. 하지만 조율을 다시 할 필요 없이 어떤 조로든 썩 조화로운 음악을 연주할 수 있다는 엄청난 장점이 있다. 덕분에 피아노와 같은 건반악기는 실용적이고 음악적으로 유연해졌고, 작곡과 관현악에 새로운 지평이 넓게 펼쳐졌다.

12평균율은 오늘날 서양 음악에 보편적으로 쓰이고 있다. 하지만 다른 지역에서는 다른 음률이 발전했다. 동양과 중동의 음악이 서양인의 귀에 이국적으로 들리는 데는 이런 이유도 있다. 예를 들어, 아라비아 음악은 24평균율을 사용해 4분음 사용이 자유롭다. 그러나 어떤 연주에서든 24의 음 중에서 일부만 나타나며, 이는 마캄이라 부르는 선율의 유형에 따라 정해진다. 서양 음악에서 조에 따라 12음 중 으레 7개만 나타나는 것과 비교할 수 있다. 인도의 라가Raga나 다른 나라의 전통음악에서도 그렇듯이 아무리 절묘하고 긴 즉흥 연주라고 해도 음과 음들 사이의 관계 선택, 그와 함께 음의 패턴과 선율의 진행을 좌우하는 엄격한 규칙이 있다.

어린 시절부터 우리의 뇌는 그 지역의 언어와 음식의 맛, 함께 지내는 사람들의 행동에 적응하는 것과 마찬가지로 주위 어디서나 들을 수 있는 음악에 익숙해진다. 다른 문화권의 음악이 색다르고 놀랍게 들릴 수는 있지만, 대부분의 경우에는 여전히 듣기에 좋다. 다른 지역 음악의 음계나 음정, 리듬, 구조에 익숙해져야 할 필요가 있을 때도 있지만, 우리는 거의 언제나 그걸 음악으로 인식한다. 바탕이 되는 음향 패턴 역시 선율과 화성, 박자와 같은 요소를 좌우하는 비교적 간단한 수학적 관계로 환원할 수 있기 때문이다.

다른 존재의 음악

음악이라는 개념이 보편적인지 아닌지는 논쟁의 대상이다. 서양에서도 특히 지난 한 세기 정도에 걸쳐 무엇을 음악이라고 부를 수 있는지 그 한계를 시험하고자 청각에 관한 여러 가지 탐구와 발전이 이루어졌다. 그중에는 특이하게도 중심이 되는 음이 없는 무조음악과 전통적인 작곡과 음률, 악기 편성의 규칙을 고의적으로 깨뜨리는 실험 음악이 있다. 실험 음악의 선구자는 미국의 작곡가이자 철학자인 존 케이지John Cage다. 케이지의 〈4분 33초〉는 3악장짜리 작품으로, 연주자(예컨대 피아니스트) 혹은 연주자들(관현악단 전체)이 아무런 연주를 하지 않게 되어 있다. 청중이 들을 수 있는 유일한 소리는 그냥 그때 들리는 소리다. 누군가의 기침 소리, 의자가 삐걱거리는 소리, 바깥에서 들리는 소리 등. 이 작품의 영감은 케이지가 하버드대학교의 무반향실에 방문했던 경험에서 나왔다. 완벽하게 반향이 없는 방에서 감명을 받은 케이지는 다음과 같이 썼다. "텅 빈 공간이나 텅 빈 시간 같은 것은 없다. 들을 것이나 볼 것은 언제나 있다. 사실 아무리 침묵을 이루고자 해도 우리는 그럴 수 없다". 케이지는 그 작품이 진지하게 받아들여지기를 의도했지만, 아무래도 다른 사람들은 가벼운 면만을 보았다. 마틴 가드너는 「아무것도 아님Nothing」이라는 칼럼에서 이렇게 썼다. "나는 〈4분 33초〉의 연주를 들어보지 못했다. 하지만 들어본 친구가 내게 말하길 그건 케이지의 작곡 중에서 최고라고 했다".

우리가 어떻게 정의하기로 하든 음악은 인간만이 향유하지 않는다. 다른 많은 종도 우리에게 종종 음악적으로 들리는 소리를 낸다. 그중에서도 새와 고래가 두드러진다. 동물 세계에서 가장 아름다운 연주를 들려주는 건 명금류다. 명금류는 4,000종 이상이 알려져 있으며, 종다리, 개개비, 개똥지빠귀, 흉내지빠귀 등이 있다. 보통 수컷이 노래를 부르는데, 짝짓기 상대를 유혹하거나 영역을 주장하기 위해서다. 혹은 많은 경우에 그 둘 다가 목적이다. 사하라 사막에서 겨울을 나고 봄에 유럽으로 돌아가는 수컷 풀쇠개개비는 암컷보다 며칠 먼저 와서 영역을 감시하고 보호하며 밤낮으로 노래를 부른다. 장래의 짝이 언제 도착할지 모르기 때문이다. 그리고 짝을 찾으면 돌연히 조용해진다. 각각의 종은 고유의 노래가 있다. 이 노래는 바뀌지 않지만, 각 개체는 서로의 소리를 구분할 수 있다. 똑같은 노래를 부르는 사람의 목소리가 우리에게 제각기 다르게 들리는 것과 마찬가지다. 푸른머리되새와 같은 몇몇 종의 각 개체는 똑같이 되풀이하는 레퍼토리가 있다. 만약 어떤 푸른머리되새가 특정 소절을 부르면, 이웃이 비슷한 소절로 화답하며 일종의 반향을 만든다. 그 목적에 대한 한 가지 가설에 따르면, 두 새가 그런 방식으로 서로의 거리를 판단할 수 있다고 한다.

명금류의 노랫소리가 듣기 좋은 건 분명해 보인다. 비발디와 베토벤 같은 작곡가는 새들의 노래에서 영감을 찾기도 했다. 하지만 새의 노래가 사람이 음악에 사용하는 것과 똑같은 체계적인 규칙에 따르는지는 불명확하다. 음향학의 법칙과 목과 입에서 소리를 만드는 방식 때문에 어느 정도는 비슷한 면이 있게 마련이다. 예를 들어 우리와 조류는 둘 다 대체로 높이가 많이 차이 나지 않는 이웃한 음을 사용하는 경향이 있다. 그리고 소절의 끝에는 긴 음을 사용한다. 문제는 새가 우리처럼 특정한 음 사이의 관계(일정한 음계)와 노래 안의 질서 있는 다른 패턴을 선호하는지다. 여기에 관해서는 연구가 그다지 많지 않다. 한 연구는 코스타리카와 멕시코 남부에 사는 나이팅게일 굴뚝새라는 특정 명금류에 초점을 맞춰 노랫소리에 온음계와 5음계, 반음계와 일치하는 음정이 있는지를 찾아보았는데, 우연으로 보이는 것 말고는 아무것도 찾아내지 못했다. 그렇다고 해서 새의 노래에 아무런 뜻이 없다는 뜻은 아니다. 몇몇 새의 노래에는 뜻이 있으니까. 단지 새들이 서양의 음계를 따르지 않는다는 뜻일 뿐이다. 우리가 새 소리를 듣기 좋다고 여기고 패턴을 찾는다는 사실은 그게 비록 우리의 음악과는 달라도 모종의 음악이라는 사실을 시사한다.

고래와 돌고래의 발성은 새가 내는 소리보다 훨씬 더 정교하며 의사소통과 반향정위(입이나 콧구멍으로부터 음파를 발하여, 그 음파가 물체에 부딪쳐 되돌아오는 메아리를 듣고, 물체와 자기와의 거리를 측정하거나 그 물체의 형태 등을 구별하는 것을 말한다 - 역주)에 모두 쓰인다. 그중에서도 혹등고래의 노래는 동물계에서 가장 복잡하다고 한다. 하지만 그 노래는 통상적인 의미에서 음악 작품도 아니고 대화도 아니다. 각 노래는 몇 초 정도 이어지며 주파수가 치솟거나 급강하하거나 그대로 유지되는 소리 혹은 '음'의 폭발로 이루어진다. 주파수의 범위는 우리가 들을 수 있는 가장 낮은 소리에서 가장 높은 소리의 약간 위를 아우른다. 게다가 소리의 크기는 소리가 울리는 동안에도 달라질 수 있다. 이런 음 몇 개가 모여 10초 정도 이어지는 작은 소절을 이룬다. 그리고 작은 소절 두 개가 결합해 악절을 이루고, 고래는 이 악절을 '주선율'로 몇 분 동안 반복한다. 그런 주선율이 모이면 30분 정도 이어지는 노래가 되며, 이 노래는 몇 시간 혹은 며칠 동안 계속해서 반복된다. 어느 정도 시간이 지나면 특정 지역의 혹등고래는 모두 똑같은 노래를 부르지만, 시간이 지나면서 서서히 리듬이나 높이, 지속 시간에 약간의 변화가 생긴다. 비록 바탕이 되는 구조는 똑같지만, 같은 지역에 사는 고래 집단은 비슷한 노래를 부르는 반면 멀리 떨어진 혹은 아예 다른 바다에 사는 고래 집단은 완전히 다른 노래를 부른다. 지금까지 알려진 바에 따르면 일단 노래가 바뀌고 나면 다시는 원래 패턴으로 돌아가지 않는다.

여기에 정보 이론을 적용한 수학자들은 고래의 노래에서 지금까지 인간의 언어 외에는 볼 수 없었던 문법과 계층 구조의 복잡성을 관찰하고 있다. 하지만 고래가 무엇을 하는지는 몰라도 평범한 대화를 나누고 있는 건 아니다. 계속해서 미묘하게 바뀌고 있지만 노

물위로 솟아오르는 혹등고래.

래가 너무 반복적이기 때문이다. 고래의 노래를 명확한 지침 안에서긴 해도 반복과 즉흥 연주가 허용되고 심지어 권장되기도 하는 재즈나 블루스 같은 음악이라고 생각해 보자. 그 기능에 관한 실마리 하나는 오로지 수컷만 노래하며 새로운 변주를 만들어내는 점에서 가장 창의적인 개체가 짝짓기 대상인 암컷을 유혹하는 데 가장 성공적인 편이라는 사실이다. 고래들이 다함께 모여 합동 공연을 즐기고 있다는 추측도 매우 그럴듯하다.

우리가 듣기에 고래의 노래에는 아름다움과 이세계적인 느낌이 있다. 그래서 CD에 담아 긴장 완화와 치유에 쓰기도 한다. 해양생물학자 로저 페인Roger Payne이 1970년대에 수중청음기를 사용해 버뮤다 연안에서 녹음한 고래 노래의 일부는 보이저 1호와 2호에 실린 골든 레코드에 담겨 별들을 향해 날아가고 있다. 이 음반을 제작하는 데 참여한 미국의 과학저술가 티모시 페리스Timothy Ferris가 똑똑한 외계인이 우리보다 고래의 노래를 더 잘 알아들을지 모른다고 제안하면서 긴 분량이 다양한 인간 언어로 된 인사말과 중첩되도록 들어가게 된 것이다. 페리스는 이렇게 말했다. "인사말과 겹쳐도 방해가 되지 않아요. 고래의 노래에 관심이 있다면, 따로 추출할 수 있으니까요."

사랑이나 인생과 마찬가지로 음악을 정의하는 건 어렵다. 들으면 알 수 있다고 할지도 모르지만, 그러면 개인이나 집단의 취향을 근거로 정의하게 된다. 그건 순전히 주관적이다. 베토벤이나 비틀스의 곡이 음악이 아니라고 진심으로 주장할 사람은 아무도 없다. 하지만 새의 노래는 어떨까? 존 케이지와 현대 서양의 음계와 화음이라는 정통에 도전하는 악기를 만든 해리 파치Harry Partch 같은 아방가르드 예술가의 작품은 어떨까? 음악의 객관적인 정의를 원한다면 우리는 음향학과 수학의 법칙을 찾아야 하고, 궁극적으로는 소리와 소리의 조합을 수로 환원해야 한다. 다시 말하지만, 이걸 어떻게 할지는 우리에게 달려 있다. 하지만 우리가 어떤 선택을 하든 적어도 선율, 화음, 리듬, 박자, 음색 등 음악에 필수적인 몇몇 요소의 조합을 다루어야 한다. 일단 기준을 정하고 컴퓨터 프로그램을 만들면, 소리를 분석하고 그 소리가 선택한 규칙에 따라 음악이 될 자격이 있는지를 결정할 수 있을 것이다. 기준은 우리가 원하는 만큼 포용적이거나 배타적일 수 있다. 우리가 그물을 얼마나 넓게 던지냐에 달린 것이다. 하지만 너무 느슨해서 모든 소리, 심지어는 일상적인 소리까지 모두 포함해서는 안 된다. 바닷가에 파도가 부딪치는 소리는 기분 좋고 편안한 소리에 일정한 박자도 있지만, 대부분은 그걸 음악이라고 할 수는 없다는 데 동의할 것이다.

외계인에게 들려주는 음악

알고 있다시피 모든 음악의 바탕에는 모종의 지성이 있다. 몇몇 자연물이 피보나치 나선처럼 아름다운 공간 형태를 나타내는 것과 마찬가지로 정말 음악적인 소리를 내는 자연 현상이 있을지도 모른다고 상상할 수는 있다. 하지만 아직까지 그런 건 발견되지 않았다. 우리가 아는 한 음악이라고 할 수 있을 만한 음향 패턴을 만드는 데는 인간이든 고래든 새든 컴퓨터든 어떤 형태의 두뇌가 필요해 보인다. 음악은 근본적으로 수학이고, 우리가 아는 한 수학은 보편적이기 때문에 만약 은하계 저편에 다른 지성 종족이 진화했다면 그들 역시 어떤 형태로든 음악을 만들어 냈을 가능성이 높다. 그 다양성이란 아마도 엄청날 것이다. 지구에서도 마찬가지다. 그레고리오 성가와 플라멩코, 블루글래스, 가믈란, 노能, 퓨전, 사이키델릭 록, 로맨틱 클래식 등 세계 여러 지역의 여러 시대에서 나온 수많은 음악 장르를 아우르는 폭을 생각해 보라. 이제 여기에 인간이 생각해내지 못했던 새로운 장르가 있을 가능성을 더하면 우주 전체에서 음악이 될 수 있는 것의 범위가 명확해진다. 게다가 우리의 해부학적 구조, 특히 대략 들을 수 있는 주파수 범위가 20Hz에서 20,000Hz까지인 우리의 귀는 음악 감상을 제한한다. 다른 동물은 이 범위 밖의 소리도 들을 수 있다. 코끼리의 경우 저음을 16Hz까지 들을 수 있고, 일부 박쥐는 200,000Hz까지 들을 수 있다. 이론상으로는, 주파수나 진폭, 높낮이와 박자 등의 여타 물리적 요소를 구분할 수 있는 능력 면에서 어떤 유형의 소리든지 다룰 수 있는 외계인의 해부학적 구조를 상상할 수 있다. 어떤 외계지성체의 경우 처리 능력이 우리 두뇌나 우리가 가진 가장 빠른 컴퓨터보다도 강력해 우리 머리로는 도저히 감당할 수 없는 복잡한 소리도 음악으로 인지할 수 있을지도 모른다.

현재 성간 공간을 향해 끝없는 여행을 하고 있는 보이저호의 골든 레코드에 넣을 음악을 고를 때 어떤 음악이 외계인의 귀에 가장 음악적으로 들릴지를 놓고 많은 논의가 이루어졌다. 어떤 사람들은 가장 수학적인 작곡가인 바흐의 작품이라고 생각했다. 실제로 음반에 들어간 총 90분짜리 27작품 모음 중에서 세 작품이 바흐의 것이다. 〈브란덴부르크 협주곡〉 2번 F장조와 바이올린을 위한 파르티타 〈가보테 앙 론도〉 3번 E장조, 『평균율 클라비아 곡집』 2권의 〈전주곡과 푸가〉 1번 C장조에서 발췌했다. 바흐의 기여량은 12분 23초로, 전체 음반 재생 시간의 약 7분의 1에 달한다. 바흐 작품이 다수의 선율을 엮기 위해 사용한 영리하고 복잡한 대위법을 비롯해 고도로 구조화된 특징을 지니고 있기 때문에, 보이저호를 만날 고등 지적 종족의 지성과 심미안을 움직일 수 있을 것이라는 음반 기획자들의 믿음을 반영한 것이다.

과학자와 작가들은 모두 외계의 음악이 과연 어떨지 궁리해 왔다. 영화 〈미지와의 조우〉에서 외계인은 장음계의 다섯 음 '레 미 도 (옥타브 내려서) 도 솔'을 인사말로 들려주었다. 그 영화 속에서 외계인은 어쩌면 우리 음악을 듣고 우리에게 익숙한 소리를 내려고 그렇게 했을 수도 있다. 혹은 지구에서든 40,000광년 떨어진 별의 네 번째 행성에서든 수학적으로 가장 단순하며, 매력적인 선율과 화음을 만들기에 최선이기 때문에 은하계의 다른 종족들도 우리와 똑같은 음계를 만들 수도 있다. 만약 수학이 보편적이라면, 음악의 근본 역시 다양함 속에서도 보편적일지 모른다. 음계와 조율 방법도 비슷할 수 있다. 예를 들어 평균율의 발전에는 불가피한 면이 있어 어느 곳의 지성체라도 다양한 악기를 다양한 조로 조화롭게 연주하려면 우리와 같은 과정을 반복할지도 모른다.

혹시 언젠가 인간이 우주에서 다른 지성 종족과 접촉하게 된다면, 음악을 매개로 할 가능성이 크다. 이건 새로운 생각이 아니다. 17세기 영국의 성직자로, 헤리퍼드의 주교였던 프랜시스 고드윈 Francis Godwin은 『달의 인간』(작가 사후인 1638년에 출간되었다)이라는 소설을 썼다. 이 이야기에서 대담무쌍한 우주비행사 도밍고 곤살레스는 음악적인 언어로 의사소통하는 종족인 루나리안을 만난다. 고드윈은 유럽으로 돌아온 지 얼마 안 된 예수회 선교사가 성조가 있는 중국어를 설명하는 것을 듣고 그런 아이디어를 떠올렸다. 고드윈의 이야기에서 루나리안은 서로 다른 음을 이용해 알파벳을 나타냈다.

1960년대에 독일의 전파천문학자 제바스티안 폰 회르너는 외계지적생명체탐사SETI를 자세히 다룬 글에서 항성간 통신 수단으로 음악이 유리하다는 견해를 밝혔다. 그리고 외계인의 음악과 우리 음악에 공통적인 특징이 있을 가능성이 크다고 주장했다. 어디서든 동시에 두 가지 이상의 음을 연주하는 다성 음악이 생겨났다면, 조화로운 소리를 낼 수 있는 실질적인 방법의 수는 한정될 수밖에 없다. 한 조에서 다른 조로 조바꿈을 할 수 있으려면, 한 옥타브를 똑같이 나누어야 하며 그에 대응하는 음은 다른 음과 특정한 수학적 비를 이루는 주파수여야 한다. 서양 음악에서 나타난 타협안이 12음계다. 폰 회르너는 12음계와 함께 5음계와 31음계 등 다른 몇 가지 음계가 다성 음악에 쓸 수 있는 괜찮은 방법이라고 말했다. 31음계의 경우 17세기에 천문학자 크리스티안 하위헌스Christiaan Huygens를 비롯한 많은 학자가 다루었으며, 우리보다 청각 기관이 민감한 생명체가 선택할 음계일 수도 있다. 우리와 생물학적으로 가까운, 음을 구분하기 어려운 외계인이라면 아마도 5음계를 쓸 가능성이 더 큰 것이다.

우리가 '저 바깥에서' 받게 될 최초의 메시지는 과학이나 수학에 관한 내용일 것으로 흔히 추측하곤 한다. 하지만 논리적인 근거가 있을 뿐만 아니라 만든 이의 열정과 감정이 가득한, 정말 좋은 음악을 보내 인사하는 것보다 나은 방법이 또 어디 있을까.

7장

소수의 수수께끼

오늘날에 이르기까지 수학자들은 소수의 배열에서 질서를 찾기 위해 노력했지만 허사였다. 이제 우리는 그게 인간의 정신이 영원히 꿰뚫어 보지 못할 수수께끼라고 믿을 만한 이유가 있다.

_ 레온하르트 오일러

오늘날 수학의 가장 위대한 문제는 아마도 리만 가설일 것이다.

_ 앤드루 와일스

♣

소수는 오로지 자기 자신과 1로만 나머지 없이 나눌 수 있는 자연수에 불과하다. 이렇게 보면 별로 특별할 것도 없다. 하지만 소수는 수학에서 가장 중요한 자리를 차지하고 있다. 가장 어려운 미해결 난제의 일부가 소수와 관련 있으며, 실용적인 면에서 이런 소수가 일상생활에서 중요한 역할을 하고 있다는 건 과장이 아니다. 예를 들어 현금 카드를 사용할 때마다 은행의 컴퓨터는 아주 큰 수를 알려진 두 소수의 곱으로 나타내는 단 한 가지 경우를 찾는 알고리즘을 이용해 여러분이 카드의 주인인지를 확인한다. 우리 금융 보안의 상당 부분은 결국 이 별난 수에 의존하고 있다.

소수를 앞에서부터 몇 개 늘어놓으면, 2, 3, 5, 7, 11, 13, 17, 19, 23, 29 등이 있다. 소수가 아닌 모든 수는 합성수라고 부른다. 1도 소수라 할 수는 있지만, 소수로 간주하지는 않는다. 그랬다가는 일부 유용한 정리가 복잡해지기 때문이다. 너무나도 중요해서 산술의 기본 정리라고 부르는 것도 여기에 포함된다. 산술의 기본 정리는 모든 수는 한 개 이상의 소수의 곱으로 나타내는 방법이 정확히 하나씩이라는 내용이다. 예를 들어, 10=2×5이고 12=2×2×3이다. 만약 1을 소수라고 한다면, 1을 수도 없이 계속 곱해도 상관없어서 가능한 방법의 수가 무한히 많아지게 된다.

소수는 아주 예상하기 어렵고 놀라운 방식으로 나타나는 특성이 있다. 매미의 한 종인 17년매미*Magicicada*는 생애주기가 17년이다. 이 매미의 모든 개체는 정확히 17년 동안 애벌레 상태로 지내다가 모두 동시에 성체가 되어 짝짓기를 한다. 다른 종인 13년매미*Magicicada tredecim*도 비슷하지만, 주기가 13년이다. 이 두 매미의 생애주기가 특정 소수가 되도록 진화한 이유에 관해서는 다양한 이론이 있다. 대표적으로는 정기적으로 몇 년에 한 번씩 등장하는 포식자가 있다는 이론이 있다. 만약 두 매미와 포식자가 같은 해에 성체가 된다면, 해당 매미들이 싹 쓸려나갈 가능성이 크다. 매미의 생존이 포식자와 가능한 한 가장 겹치지 않는 생애주기를 갖도록 진화하는 데 달린 것이다. 예를 들어 15년 주기로 살아가는 매미가 있고 포식자는 3년이나 5년마다 나올 수 있다면, 포식자는 나타날 때마다 매미를 잡아먹을 것이다. 혹은 포식자가 6년이나 10년마다 나올 수 있다면, 매미는 두 번 나타날 때마다 한 번은 잡아먹히게 된다. 따라서 매미는 금세 멸종할 것이다. 그러나 만약 매미의 생애주기가 17년이고 포식자의 생애주기는 17년보다 작다면(증거에 따르면 이 가상의 포식자는 매미보다 생애주기가 짧을 가능성이 크다), 포식자는 16번을 연속으로 매미를 먹는 데 실패할 테니 아마 굶주려 죽을 것이다. 이런 포식자는 오래전에 죽어 없어지고 오늘날 우리가 볼 수 있듯이 생애주기가 소수인 매미가 살아남았을 것이다.

끝없이 이어지는 소수

소수의 수는 무한한 게 분명하다는 사실, 그리고 똑같은 이야기지만 가장 큰 소수 같은 건 없다는 사실은 잘 알려져 있다. 2,000여 년 전에 유클리드가 이 사실을 증명했다. 그와는 다르지만 간단한 증명 방법은 다음과 같다. 소수의 수가 무한하지 않다고 가정하자. 그러면 소수를 모두 곱할 수 있다. 2×3×5×7×…처럼 목록에서 가장 큰 소수까지 쭉 곱하는 것이다. 이렇게 해서 얻을 수 있는 매우 큰 수를 P라고 하고 여기에 1을 더하자. 그러면 두 가지 가능성밖에 없다. P+1이 소수거나 더 작은 소수로 나누어 떨어질 가능성이다. 하지만 소수 전체가 담겨 있을 목록에 있는 어떤 소수로 P+1을 나누어도 항상 1이 남는다. 결국 우리는 P+1 역시 소수이거나 목록에 없는 소수 인수를 가지고 있다는 결론을 내릴 수밖에 없다. 가장 큰 소수가 존재한다는 가정에서 시작한 우리는 모순에 직면한다. 논리학과 수학에서는 이런 방법을 귀류법이라고 부른다. 다시 말해, 말이 안 되는 결과가 나온다는 사실을 보여줌으로써 주장을 반증하는 방법이다. 처음 가정이 틀린 게 틀림없고 따라서 그 반대가 참이 되므로 소수의 수는 무한하다. 이게 바로 유클리드의 정리로 불리는 결과다.

고대의 수학자들에게는 큰 소수를 쉽게 계산하는 방법이 없었다. 고대 그리스에서 127이 소수라는 사실은 분명히 알았을 것이다. 유클리드의 『원론Elements』에 나오는 한 결과로 미루어 짐작할 수 있었다. 그리고 아마 세 자리나 네 자리 소수도 알고 있었을 것이다. 상당히 큰 소수는 르네상스 시대에 발견되었는데, 이를 테면 볼로냐의 유명한 소수 사냥꾼 피에트로 카탈디Pietro Cataldi가 발견한 524,287이 있다. 새로운 소수를 찾는 노력은 2^n-1(n은 정수) 형태로 나타나는 수에 집중되기 시작했는데, 오늘날 이런 수는 17세기에 소수 연구에 헌신했던 프랑스 수도사 마랭 메르센Marin Mersenne의 이름을 따 메르센 수로 불린다. 메르센 수는 유용한 '소수 용의자'다. 무작위로 골랐을 때 비슷한 크기의 다른 홀수보다 소수일 가능성이 훨씬 더 크기 때문이다(물론 모든 메르센 수가 소수인 건 아니다). 앞에서부터 메르센 소수(소수인 메르센 수) 몇 개를 늘어놓자면 3, 7, 31, 127이 된다. 카탈디가 찾은 큰 소수는 19번째 메르센 수(M_{19})고, 7번째 메르센 소수다. 스위스의 수학자 레온하르트 오일러Leonhard Euler가 1732년에 그보다 더 큰 소수를 찾기까지는 거의 한 세기 반이 걸렸다. 그로부터 다시 거의 한 세기 반이 지난 1876년에는 기록 보유자가 에두아르 뤼카Édouard Lucas로 바뀌었다. 뤼카는 약 170조의 1조 배의 1조 배인 127번째 메르센 수(M_{127})도 소수라는 사실을 보였다.

메르센 수의 상당수가 실제로 소수이긴 했지만, 메르센 자신은 M_{67}이 소수라고 생각하는 등 몇 차례 오류를 범했다. M_{67}의 인수는 1903년에 프랭크 넬슨 콜Frank Nelson Cole이 처음 발견했다. 10월 31일 콜은 미국 수학회AMS의 초청을 받아 한 시간짜리 강연을 했다. 한 마디 말도 없이 칠판으로 다가간 콜은 손으로 $2^{67}-1$을 계산했다. 이어서 139,707,721×761,838,257,287을 계산해 둘이 똑같다는 사실을 보인 뒤 자리로 돌아와 기립박수를 받았다. 콜은 $2^{67}-1$의 인수를 찾아내는 데 "3년치 일요일"이 걸렸다고 밝혔다.

1951년 이후 새로운 소수 탐색은 전적으로 컴퓨터와 점점 더 큰 메르센 소수를 찾는 더 빠른 알고리즘의 발전에 의존했다. 이 글을 쓰는 시점까지 발견된 가장 큰 소수는 $M_{74207281}$로, 22,338,618자리 수다(2021년 10월 현재 가장 큰 메르센 소수는 2018년에 발견된 $M_{82589933}$이다 – 역주). 2015년 9월 17일 센트럴미주리대학교의 커티스 쿠퍼Curtis Cooper가 대규모 인터넷 메르센 소수 탐색GIMPS을 통해 찾아낸 것이다. GIMPS는 자발적으로 참여한 사람들이 공동으로 분산 컴퓨팅 기법을 이용해 소수를 찾는 계획으로, 지금까지 20여 년 동안 가장 큰 메르센 소수를 15차례 계산해 냈다. 그리고 발견자가 샴페인을 따며 발견을 기념하는 행사도 전통이 되었다.

우리가 아직 모르는 소수 이야기

자, 이제 우리는 소수가 무엇인지도 알고, 소수가 끝없이 이어진다는 것도 안다. 현대 사회에서 유용하게 쓰일 수 있다는 것도 안다. 그리고 자연에서 모습을 드러낸다는 사실도. 하지만 몇몇 유명한 가설이 참인지 아닌지를 포함해 우리가 소수에 관해 모르는 것도 많다. 그중에서도 유명한 사례가 독일의 수학자 크리스티안 골드바흐Christian Goldbach의 이름을 딴 골드바흐 추측이다. 2보다 큰 모든 짝수는 두 소수의 합으로 나타낼 수 있다는 것이다. 작은 수의 경우 4=2+2, 6=3+3, 8=3+5, 10=3+7과 같다. 이를 확인하는 건 쉽다. 이보다 훨씬 더 큰 수에 관해서도 컴퓨터를 사용해 확인했고, 규칙이 틀린 적은 한 번도 없다. 그러나 모든 경우에도 참인지는 아무도 모른다.

다른 미해결 추측은 3과 5, 11과 13처럼 2 차이가 나는 두 소수의 쌍에 관련된 것이다. 이를 쌍둥이 소수라고 부르며, 이게 무한히 많다는 게 쌍둥이 소수 추측이다. 그러나 아직까지 이게 확실히 참인지를 보여준 사람은 없다.

아마도 소수에 관한 수수께끼 중에서 가장 난해한 건 소수의 분포일 것이다. 작은 수 중에서는 소수가 아주 흔하지만, 수가 커질수록 소수는 점점 더 띄엄띄엄 나온다. 수학자들은 소수가 점점 드물어지는 비율에, 그리고 소수의 빈도에 관해 우리가 얼마나 알고 있는지에 관심이 있다. 소수의 등장은 딱히 일정한 패턴에 따르지 않는다. 하지만 그렇다고 해서 그냥 아무렇게나 튀어나온다는 뜻은 아니다. 『소수 기록서』라는 책에서 파울루 히벤보잉Paulo Ribenboim은 이렇게 표현했다.

> N(특히 N이 큰 수일 때)보다 작은 소수의 수를 비교적 정확하게 예측하는 건 가능하다. 반면, 짧은 간격 안에 있는 소수의 분포는 일종의 내적인 무작위성을 보인다. 이와 같은 '무작위성'과 '예측 가능성'의 조합이 소수의 분포에 질서정연한 배열과 뜻밖의 요소를 동시에 만들어낸다.

수많은 수학자들이 소수의 수수께끼 같은 성질에 관해 언급했다. 소수는 정말 간단하게 설명할 수 있는 대상이다. 워낙 간단해서 초등학교 학생들도 소수가 무엇인지 배우고, 작은 것부터 소수를 몇 개 써 보라거나 어떤 수가 소수인지 아닌지를 알아내는 문제를 풀곤 한다. 아그니조는 아주 어린 시절부터 소수와 소수에 관한 몇몇 미해결 문제에 매력을 느꼈다. 이때 시작된 관심은 나중에 정수론의 다른 중요한 수수께끼로 이어졌다.

소수는 수로 이루어진 우주에서 원자와 비슷한 존재이기도 하다. 다른 모든 자연수는 소수로 이루어진다. 여러분은 아마 당연히 소수가 엄격한 법칙을 따르며 수직선 위에서 언제 다음 소수가 나올지 쉽게 예측할 수 있어야 한다고 기대하고 또 추측할 것이다. 하지만 가장 근본적인 수학의 기본 요소인 소수는 놀라울 정도로 제멋대로에 변덕스럽게 행동한다. 예상과 현실 사이의 이런 긴장감 그리고 매우 중요한 모종의 체계적인 원리를 손에 움켜쥘 수 있을 것 같다는 강한 느낌이 바로 고대부터 수학자들을 사로잡아왔다.

개별적으로, 혹은 작은 집단으로 볼 때 소수는 정말로 아무 법칙을 따르지 않는 것처럼 보인다. 하지만 물고기나 찌르레기 떼처럼 대량으로 모인 소수를 보면 이전까지 숨어 있던 체계가 드러난다. 그중에서 가장 흥미로운 발견 하나는 우연히 이루어졌다. 1963년 지루한 강의를 들으며 앉아 있던 폴란드의 수학자 스타니스와프 울람은 종이에 낙서를 하기 시작했다. 네모난 나선 모양으로 숫자를 써나가기 시작했는데, 중심의 1부터 시작해 사각형 격자를 따라 바깥쪽으로 빙글빙글 돌며 숫자를 썼다. 그리고 소수에 동그라미를 쳐서 표시했고, 놀라운 사실을 발견했다. 나선의 특정 대각선과 일부 수직선, 수평선을 따라서는 소수가 이례적으로 조밀했던 것이다. 컴퓨터로 수십만 개의 수를 써서 만든 커다란 울람 나선Ulam spiral도 여전히 이런 패턴을 보인다. 사실 우리가 계산할 수 있는 한 이런 경향은 계속 이어지는 것으로 보인다.

나선에서 두드러진 선 몇 개는 소수를 많이 생성하는 것으로 알려진 대수학의 특정 공식과 대응된다. 레온하르트 오일러가 발견해 그 이름이 붙은 것이 가장 유명하다. 오일러의 '소수 생성 다항식' n^2+n+41은 0에서 39까지의 n에 대해 모두 함숫값이 소수가 된

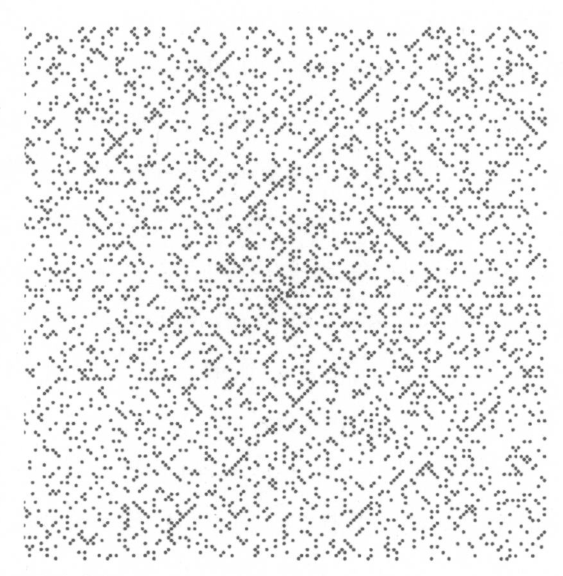

울람 나선.

다. n=0, 1, 2, 3, 4, 5일 때 함숫값은 각각 41, 43, 47, 53, 61, 71이다. n=40일 때는 (소수가 아니라) 41^2라는 제곱수가 나온다. 하지만 n이 커져도 아주 높은 빈도로 소수를 만들어낸다. 이처럼 이유는 확실하지 않지만, 높은 비율로 소수를 뱉어내는 독특한 능력이 있는 공식이 있다. 수학자들은 울람 나선 속에 있는 패턴이 골드바흐 추측이나 쌍둥이 소수 추측, 연속적인 두 완전제곱수 사이에는 항상 1개 이상의 소수가 있다는 르장드르 추측과 같은 미해결 문제와 어떤 연관이 있는지 논의하고 있다. 그러나 울람 나선이 시각적으로 분명히 보여주는 건 패턴이 있다는 사실과 분포가 마구잡이인 것 같아도 대규모 집단에서는 소수의 행동을 좌우하는 모종의 법칙이 있다는 사실이다.

소수의 분포에 관한 가장 뛰어난 정리는, 당연하게도, 소수 정리라고 불린다. 그리고 정수론의 가장 위대한 성과 중 하나로 폭넓게 인정받고 있다. 간단히 말하면, 충분히 큰 어떤 수 N에 관해 N보다 작은 소수의 수는 대략 N을 N의 자연로그값으로 나눈 것과 비슷하다(어떤 수의 자연로그는 밑을 2.718…인 수 e로 하는 로그를 말한다). 이 공식은 다음번 소수가 어디에 있을지 알려주지는 않지만, 임의의 수와 수 사이의 간격이 충분히 클 때 그 안에 소수가 얼마나 많을지를 꽤 정확하게 나타낸다.

수학자들의 오랜 숙제, 리만 가설

소수의 무한함에 대한 유클리드 정리가 앞서 살펴보았듯이 평범한 말 몇 줄로 설명되었던 것과 달리, 소수 정리는 증명하는 데 한 세기가 걸렸다. 1792년 또는 1793년에 당시 10대였던 독일의 카를 가우스가 이를 처음으로 다루었고, 몇 년 뒤 프랑스의 아드리앵마리 르장르드Adrien-Marie Legendre가 독자적으로 제시했다. 물론 수학자들은 오래전부터 수가 커질수록 소수 사이의 간격이 점점 벌어지는 경향이 있다는 사실을 알고 있었다. 하지만 18세기 후반에 광범위한 소수표와 더 길고 더 정확한 로그표가 출간된 뒤에야 이렇게 드물어지는 현상을 구체적으로 나타낼 수 있는 공식을 찾는 노력에 박차를 가할 수 있게 되었다. 가우스와 르장드르는 로그를 분모로 둔 분수 형식의 함수가 쓸만하다는 사실을 알아챘다. 소수 분포 공식을 가다듬기 위한 중요한 진전은 1848년에서 1850년 사이에 러시아의 수학자 파프누티 체비쇼프Pafnuty Chebyshev에 의해 이루어졌다. 하지만 가장 중요한 혁신이 이루어진 건 1859년 「주어진 수보다 작은 소수의 개수에 관하여」라는 제목의 8쪽짜리 논문(소수에 관한 자신의 유일한 저작)을 발표한 독일의 베른하르트 리만의 노력 덕분이었다. 그 논문에서 리만은 훗날 리만 가설로 불리게 되는, 그 뒤로 증명에 나선 수학자들을 애타게 하고 괴롭힐 내용을 제시했다. 다비트 힐베르트는 1,000년 동안 잠이 들었다가 깨어난다면, 리만 가설이 증명되었는지를 가장 묻저 물어볼 것이라고 했다고 한다. 미국의 수학자 H. M. 에드워즈H. M. Edwards는 리만 가설의 바탕에 있는 이론을 다룬 저서에서 다음과 같이 말했다.

> 리만 가설은 의심의 여지 없이 수학에서 가장 유명한 문제이며 계속해서 최고의 수학자들을 끌어들이고 있다. 오랫동안 풀리지 않았기 때문일 뿐만 아니라 애가 탈 정도로 공략이 가능해 보이기 때문이며 아마도 광범위한 중요성을 지닐 새로운 기술에 빛을 밝혀줄 수 있기 때문이다.

리만 가설이 매사추세츠주 케임브리지의 클레이 수학연구소가 정한 일곱 가지 밀레니엄 문제 중 하나라는 사실에서도 이 문제가 얼마나 높은 관심을 받는지 알 수 있다. 이 문제를 처음으로 푼 사람은 100만 달러의 상금을 받는다. 리만 가설은 우리 중 한 사람인 아그니조가 특별히 풀고 싶어하는 두 문제 중 하나다. 다른 하나는 5장에서 다룬 P-NP 문제다. 리만 가설은 다비트 힐베르트가 1900년 8월 8일에 파리에서 열린 세계수학자대회에서 한 강연에서 논의했던 23가지 주요 미해결 문제에 속하는 유일한 밀레니엄 문제이기도 하다. 소수의 분포에 관한 의문에 답하기 위해 리만은 복소해석학이라 불리는 새로운 수학 분야를 적용했다. 이름에 서 짐작할 수 있듯이, 복소해석학은 복소수(5-3i처럼 실수 부분과 '허수' 부분으로 이루어진 수로, i는 −1의 제곱근이다)를 다루는 온갖 방법에 관한 분야다. 복소해석학의 핵심은 복소함수, 즉 어떤 복소수의 집합을 다른 복소수의 집합으로 바꾸는 규칙에 관한 연구다. 저작을 모두 합하면 31,000쪽이 넘을 정도로 비범하고 놀라울 정도로 창의적인 스위스 수학자 레온하르트 오일러는 1732년 이전까지 수학 세계에서 미지의 짐승이었던 함수인 제타함수를 정의했다. 제타 함수는 일종의 무한급수다. 무한히 많은 항들의 합으로, 어떤 수를 대입하느냐에 따라 특정 값으로 수렴할 수도 있고 하지 않을 수도 있다. 어떤 조건 아래서 제타 함수는 피타고라스와 그 추종자들이 수와 음악의 조화로 우주를 이해하는 데 집착했던 고대 그리스 이후로 연구의 대상이었던 조화급수 $1 + \frac{1}{2} + \frac{1}{3} + \frac{1}{4} + \cdots$와 비슷한 급수로 환원된다. 리만은 오일러의 제타 함수를 복소수까지 포함하도록 확장했다. 그래서 복소수 제타 함수를 리만 제타 함수로 부르기도 한다.

1859년의 그 유명한 논문에서 리만은 임의의 수보다 작은 소수가 몇 개 있는지를 예측하는 데 더 낫다고 생각한 공식을 제안했다. 그러나 관건은 어떤 값에서 리만 제타 함수가 0이 되는지를 알아야 한다는 데 있었다. 리만 제타 함수는 x=1인 경우를 제외한 $x+iy$ 형태의 모든 복소수에 대해 정의된다. 짝수인 모든 음의 정수(-2, -4, -6 등)에 대해서는 함수가 0이 된다. 하지만 이건 소수의 분포에 관한 문제와 별 관련이 없으며, '자명한 영점'이라고 불린다. 리만은 x=0과 x=1 사이의 임계 구역 안에 리만 제타 함수의 영점이 무한히 많다는 사실과 더 나아가 이런 '자명하지 않은 영점'이 직선 $x=\frac{1}{2}$에 대해 대칭성이 있다는 사실을 깨달았다. 복소 제타 함수의 자명하지 않은 영점이 사실 이 직선 위에 정확히 놓인다는 게 리만의 유명한 가정이다.

만약 이것이 참이라면, 리만 가설은 소수가 소수 정리가 가진 궁극적인 한계 안에서는 최대한 규칙적으로 분포되어 있다는 사실을 시사한다. 다시 말해, 소수가 어디서 튀어나올지 모르게 하는 불확실성을 가져오는 어느 정도의 '잡음'이나 '혼돈'이 있다고 할 때, 리만 가설은 그 잡음이 대단히 잘 통제되어 있다는 사실을, 즉 무질서해 보이는 소수가 알고 보면 매우 잘 짜여 있다는 사실을 알려주는 것이다. 다른 방식으로 생각해 볼 수도 있다. 소수가 나올 확률이 $1/\log n$인 주사위를 굴린다고 생각하는 것이다. 2 이상인 각각의 정수 n에 대해 주사위를 n번 굴린다고 하자. 이상적이라면, 예상할 수 있는 소수의 수는 $n/\log n$이 된다. 하지만 이상적이지 않은 세상에서는 언제나 예상치에 변수(오차 범위)가 생기기 마련이다. 이런 오차의 크기는 큰 수의 법칙(혹은 평균의 법칙)으로 불리는 법칙에 따라 정해진다. 리만 가설의 주장은 $n/\log n$으로 얻은 소수 분포의 편차가 큰 수의 법칙으로 예측할 수 있는 것보다 크지 않다는 뜻이다.

리만 가설이 참임을 암시하는 강력한 증거가 많다. 리만 자신도 자명하지 않은 영점 중에서 처음 몇 개가 규칙에 따른다는 사실을 직접 확인했다. 그리고 앨런 튜링은 초창기의 컴퓨터를 이용해 1,000번째까지 계산했다. 1986년에 리만 제타 함수의 자명하지 않은 영점 중 처음 15억 개까지가 함수의 실수 부분이 1/2인 임계 직선 위에 놓인다는 사실이 밝혀졌다. 그보다 훨씬 전인 1915년 G.

H. 하디는 이 직선 위에 자명하지 않은 영점 모두가 직선 위에 있는 건 아니라 해도, 무한히 많다는 사실을 증명했다. 1989년에는 미국의 수학자 브라이언 콘레이Brian Conrey가 직선 위의 영점 수가 임계 구역 안에 있는 전체 영점의 5분의 2 이상이어야 한다는 사실을 보였다. 6년 뒤, 분산 컴퓨팅 계획인 제타그리드를 몇 년간 진행한 끝에 리만 함수의 영점 처음 1,000억 개가 예외 없이 임계 직선 위에 놓인다는 사실이 밝혀졌다.

리만 가설이 옳다는 이 모든 징후에도 불구하고 리만 가설이 틀렸다고 생각한다면 그건 괜한 고집일 것이다. 그러나 수학에서 믿음과 설득력 있는 증거는 증명과 차원이 다르다. 베른하르트 리만 같은 유명한 수학자의 말이어도 증명이 되지 않는 주장에 불과한 내용을 사실로 받아들인다면, 그 결과는 아무리 유용하다고 해도 모래 위에 지은 집과 같다. 자명하지 않은 영점 하나가 $x=\frac{1}{2}$이 아닌 임계 구역 안의 다른 곳에 놓일 가능성이 조금이라도 있는 한 리만의 이 놀라운 개념은 사실상 소망에 불과하다.

리만 가설을 증명(혹은 반증)하는 일의 중요성은 정수론이나 수학 전체의 경계를 훌쩍 뛰어넘는다. 리만 가설은 아원자 우주와도 희박하지만 직접적인 관련이 있는 것으로 드러났다. 1972년 4월의 어느 날 뉴저지의 프린스턴고등연구소의 수학자 휴 몽고메리Hugh Montgomery와 아틀레 셀베르그Atle Selberg는 임계 직선 위의 자명하지 않은 영점 사이의 간격과 관련된 몽고메리의 최근 발견에 관해 이야기하고 있었다. 얼마 뒤, 둘이 만났던 그 카페에서 몽고메리는 자연과학대학 교수였던 프리먼 다이슨Freeman Dyson을 소개받았다. 몽고메리가 영점에 관한 자신의 연구에 관해 이야기하자마자 다이슨은 자신이 1960년대에 연구했던 이론과 수학이 똑같다는 사실을 깨달았다. 무작위 행렬 이론이라는 이 이론은 무거운 원자핵 내부에 있는 입자의 에너지 레벨을 계산하는 데 쓸 수 있었다. 다이슨은 소수의 분포와 관련된 분야에서 똑같은 방정식이 튀어나오는 것을 보고 놀랐던 일을 다음과 같이 회상했다.

그가 도출한 결과는 내 결과와 똑같았다. 서로 전혀 다른 방향에서 끌어냈는데, 똑같은 답을 얻은 것이다. 그건 우리가 이해하지 못하는 게 많이 남아있다는 사실을 보여준다. 그리고 언젠가 우리가 이해하게 되면 아마 당연해 보일 거라는 사실도. 하지만 지금 이 순간에는 그저 기적일 뿐이다.

흔히 리만 가설 같은 수학 이론은 완전히 추상적이며 기껏해야 정교한 지적 훈련 정도로 보인다. 그러나 겉보기에는 순수 수학인데 근본적인 수준의 물리적 우주와 직접적 연관 관계를 보여주는 사례가 있다. 이런 사례는 생각만큼 드물지 않다. 리만 가설이 세상에 모습을 드러낸 뒤로 150년 이상이 흘렀다. 그리고 아직도 증명되지 않으면서 수학의 중심부에 커다란 구멍을 냈다. 어쩌면 리만 가설을 푸는 데 필요한 아이디어는 지금의 우리가 이해하기에 너무나 진보적이거나 급진적일지도 모른다. 만약 그렇다면, 리만 가설의 증명을 추구하는 과정 자체에서 강력한 수학 기법이 발전할 수도 있다. 마침내 증명이 나온다면, 수학에 있어 그 중요성은 도무지 과장할 수가 없을 것이다. 수 체계에서 소수의 근본적인 역할과 소수가 엄청나게 다양한 분야와 관련을 맺고 있다는 사실 때문이

피에르 드 페르마의 초상.

다. 리만 가설이 참으로 드러나느냐 거짓으로 드러나느냐에 따라 수백 개에 달하는 정리가 살아남거나 무너지게 된다. 만약 참이라면, 왜 소수가 무작위성과 질서 사이에서 미묘하게 균형을 이루는 위치에 놓여 있는지를 포함해 더 많은 의문이 떠오를 것이다. 만약 거짓이라면, 이 모든 정리는 무너지고 수학을 중심부까지 뒤흔들어 놓는 파괴적인 지각변동이 일어날 것이다.

리만 가설이 조만간 증명되거나 반증될 거라고 예상하는 사람은 아무도 없다. 그러나 수학에서는 때때로 아무런 예고도 없이 갑자기 무언가에 대한 증명이 튀어나오기도 한다. 페르마의 마지막 정리를 앤드루 와일스가 멋지게 증명한 사례가 이 경우에 해당한다. 좀 더 최근에는 쌍둥이 소수 추측과 관련된 발견도 이루어졌다. 쌍둥이 소수의 쌍이 무한히 많다는 추측으로, 대체로 참이라고 여기고 있다. 1849년 프랑스의 수학자 알퐁스 드 폴리냑Alphonse de

Polignac은 여기서 더 나아가 두 소수의 차이가 2일 때만이 아니라 가능한 모든 유한수일 때도 소수 쌍이 무한히 많다고 주장했다. 이 주장을 증명하는 일은 한참 동안 지지부진했는데, 2013년에 뜬금없이 수학계에서 별로 이름이 없었던 장이탕Yitang Zhang이라는 중년의 뉴햄프셔대학교 강사가 놀라운 결과가 담긴 논문을 발표했다. 장이탕은 7,000만보다 작은 어떤 수 N에 대해 N 차이가 나는 쌍둥이 소수가 무한히 많다는 사실을 증명하는 데 성공했다. 이는 우리가 광대하고 광대한 소수의 세계 속으로 아무리 깊숙이 들어간다고 해도, 그리고 나타나는 소수의 빈도가 아무리 줄어든다고 해도 항상 7,000만보다 작은 차이가 나는 소수 쌍을 계속 찾을 수 있다는 뜻이다. 이 수가 크게 줄어들 수 있다고 믿게 될 때가, 그래서 소수 연구에 놀라운 돌파구를 곧 찾을 것이라고 희망할 만한 이유는 충분하다.

소수 자체는 이해하기 쉽지만, 우리가 아직 제대로 설명하지 못하는 수수께끼 같은 패턴을 만들어낸다. 모든 짝수는 두 소수의 합일까? 2 차이가 나는 소수 쌍은 무한히 많을까? 비록 많은 사람이 우리가 답에 가까이 왔다고 생각하지만, 아무도 확실히 알지는 못한다. 소수는 사실상 수학의 모든 분야에, 그리고 어쩌면 물리적 우주 그 자체에 근본적인 존재로 보이기도 한다.

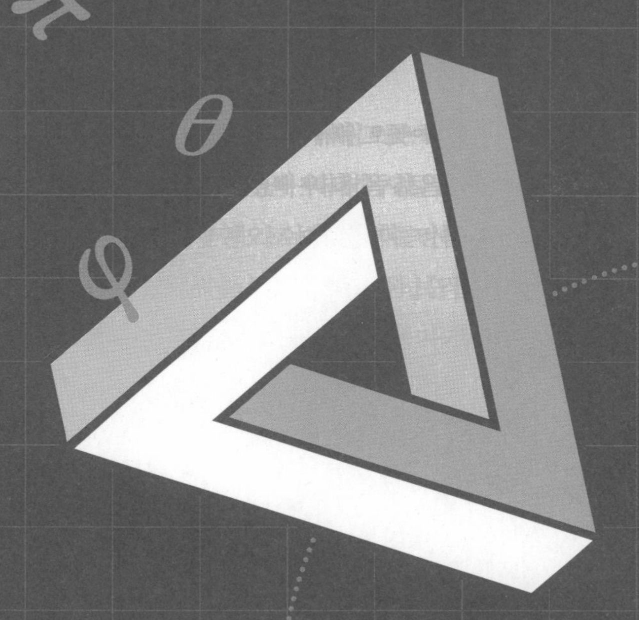

8장

체스는 풀 수 있을까?

체스는 독특한 인지적 결합이다. 예술과 과학이 인간의 정신 속에서 하나로 뭉친 뒤 경험으로 가다듬어지고 발전하는 분야다.

_ 게리 카스파로프

♧

체스 말이 어떤 상황에서도 항상 최선의 수를 알아낼 수 있는 대단히 강력한 컴퓨터가 있다고 상상하자. '최선의 수'는 가장 빠르게 승리로 이어지는, 적어도 지지는 않게 하는 수를 말한다. 체스 선수에게 최적의 결과물이다. 이제 이 컴퓨터가 자신과 완전히 똑같은 컴퓨터를 상대로 체스를 둔다고 하자. 어떤 컴퓨터가 이길까? 혹은 항상 비길까? 우리는 지금까지 기념비적인 수학 문제를 많이 풀었다. 그러니 여러분도 체스처럼 규칙이 배우기 쉽고 오래된 게임은 최신 컴퓨터 기술로 무장한 이론 수학자들에게 어려울 게 없다고 생각할 것이다. 하지만 그건 사실과 거리가 매우 멀다.

'체스 두는 인형'으로 불리는 최초의 체스 기계는 사실 가짜였다. 그래도 1770년에 헝가리의 발명가 볼프강 본 켐펠린Wolfgang von Kempelen이 처음 공개한 뒤로 1854년 불에 타 없어질 때까지 수많은 사람을 속이는 데 성공했다. 그 기계가 작동하는 모습을 본 사람 중에는 나폴레옹 보나파르트(수학에 일가견이 있었다), 벤저민 프랭

클린, 현대 컴퓨터의 선구자 중 한 명인 찰스 배비지Charles Babbage 등이 있었다. 커다란 나무 상자 뒤에 인상적인 오스만 제국의 로브와 터번 차림을 한 실물 크기의 인형 상반신이 있는 모양이었다. 상자 앞쪽의 문 세 개를 열면 복잡한 기계 장치와 부품이 보였다. 뒤쪽의 문 세 개 역시 한 번에 하나씩 열어 구경꾼에게 상자 반대편을 보여줄 수 있었다. 그러나 구경꾼이 보지 못한 건 문이 하나씩 열렸다 닫힐 때마다 상자 안에서 양옆으로 움직일 수 있는 의자에 앉아 있는 인간 체스 전문가였다. 이 숨어 있는 사람이 기계를 상대하는 사람의 수에 대응해 다음 수를 정하고, 상자 안의 구멍 뚫린 체스판과 이어져 있는 장치로 인형의 팔과 손을 조종해 관중에게 보이는 체스판 위의 말을 움직였던 것이다. 본 켐펠린의 자동인형은 독창적이고 정교했지만, 상대를 이기기 위해서는 전적으로 인간의 두뇌 능력에 의존했다.

컴퓨터, 체스를 두다

아무리 톱니바퀴와 기어, 막대 같은 부품을 절묘하게 조합해 마법 같은 기계를 만든다고 해도 체스 정도의 간단한 게임을 할 수 있을 정도로 빠를 수 없다. 그만큼 체스는 복잡하다. 체스를 두는 기계를 만들겠다는 희망은 제2차 세계대전 이후 전자컴퓨터가 발전할 때까지 기다려야 했다. 앨런 튜링과 폰 노이만, 클로드 섀넌Claude Shannon 같은 컴퓨터의 선구자들은 인공지능 분야에서 초기의 아이디어를 시험하는 수단으로 체스에 흥미를 보였다. 이 주제를 다룬 1950년의 기념비적인 논문에서 섀넌은 이렇게 말했다.

실용적인 중요성은 전혀 없지만, 이론적으로 흥미가 가는 문제다. 그리고 이 문제가 더욱 중요한 다른 문제에 도전하는 데 쐐기 역할을 해 줄 수 있기를 바란다.

몇 년 뒤 튜링의 동료인 디트리히 프린츠Dietrich Prinz는 맨체스터대학교의 새 컴퓨터 페란티 마크I으로 최초의 체스 프로그램을 돌렸다. 메모리와 처리 능력의 한계 때문에 '메이트 인 투mate-in-two' 문제만 풀 수 있었다. 다시 말해, 두 수 만에 체크메이트를 만드는 최선의 수를 찾는 것이다. 1956년에는 로스 앨러모스 연구소에서 비숍(주교) 없이 가로세로가 각각 6칸이 되도록 축소한 체스 프로그램을 마니악I에서 돌렸다. 마니악I은 이 '반反 성직자' 체스를 세 판 두었다. 첫 번째는 자기 자신을 상대했고, 두 번째는 퀸을 떼는 제한을 둔 인간 실력자와, 그리고 규칙을 갓 배운 초보자와 두었다. 이 마지막 게임은, 비록 약한 상대였지만, 컴퓨터가 승리했고, 따라서 기계가 인간을 상대로 거둔 최초의 승리가 되었다.

1958년 IBM의 연구원 알렉스 번스타인Alex Bernstein은 IBM704(이 컴퓨터로 프로그래밍 언어인 포트란과 리스프를 모두 개발했고, 음성 합성에도 처음으로 성공했다)에서 정식 체스를 둘 수 있는 최초의 프로그램을 만들었다. 영화 〈2001: 스페이스 오디세이〉에서 데이브 보우먼이 인지회로를 제거해 HAL9000 컴퓨터의 의식이 서서히 퇴행하는 장면은 몇 년 전 아서 C. 클라크Arthur C. Clarke가 보았던 IBM704의 음성 합성 시도에서 영감을 받은 것이다. 영화 초반에 HAL은 우주비행사 프랭크 풀을 체스로 손쉽게 이긴다. 감독인 스탠리 큐브릭Stanley Kubrick이 체스 애호가이니 놀라운 일도 아

아그니조의 집에 있는 체스판. 이 배치는 1996년 사상 처음으로 컴퓨터가 인간 세계 챔피언을 이긴 게임에서 나온 것이다. 백이 딥블루, 흑이 게리 카스파로프다.

니겠지만, 할과 풀의 체스 대결은 실제 시합에서 가져온 것이다. 1910년 함부르크에서 열렸던 A. 뢰슈A.Roesch와 빌리 슐라게Willi Schlage의 대결이다.

체스를 두는 기계라면 마주해야 할 과제는 전략과 가능한 수라는 측면에서 체스가 지닌 엄청난 복잡성이다. 전체적으로 가능한 배치의 수는 약 10^{46}이고, 적어도 10^{120}가지의 게임이 가능하다고 한다. 후자는 1950년에 「체스 두는 컴퓨터 프로그래밍」이라는 제목의 글에서 이를 언급한 클로드 섀넌의 이름을 따 섀넌의 수라고 불린다. 첫 번째 수를 둘 때는 꽤 단순하다. 백에게는 20가지 가능한 수가 있다. 16가지는 폰을 움직이는 것인데 이 중 3가지만 일반적으로 쓰이고, 4가지는 나이트를 움직이는 것인데 이 중 1가지만 일반적으로 쓰인다. 하지만 게임이 진행되면서 비숍과 룩, 퀸, 킹이 활동을 시작하면 가능한 경우의 수는 급속도로 늘어난다. 각각 1수씩 둔 뒤에는 400가지 서로 다른 배치가 생길 수 있다. 2수 뒤에는 72,084가지 배치가, 3수 뒤에는 2,880억 가지 이상의 가능한 배치가 생길 수 있다. 이는 우리은하 안에 있는 별의 수와 대략 비슷한데, 생길 수 있는 체스 게임의 총수는 우주에 있는 근본 입자의 수보다 훨씬 더 크다.

컴퓨터 체스 초창기에는 비교적 원시적인 하드웨어밖에 쓸 수 없다는 게 심각한 제약이었다. 하지만 강력한 체스 프로그램을 만드는 기초적인 접근법은 이미 1950년대에 헝가리 출신의 미국 수학자 존 폰 노이만이 알아냈다. 미니맥스 알고리즘은 상대방의 점수를 최소화하면서 자신의 점수를 최대화하기 때문에 그런 이름으로 불린다. 1950년대가 끝나기 전에 이 알고리즘은 최고의 인간 선수들의 체스 전략에서 정수만 뽑아내 만든 경험 법칙 혹은 발견적 학습법을 사용하는 알파-베타 가지치기라는 또 다른 방법과 결합해 나쁜 수를 일찌감치 쳐내 컴퓨터가 검색 트리에서 쓸모없는 가지를 따라가며 시간을 낭비하지 않게 했다. 이건 훗날 등장할 컴퓨터가 실수로부터 배운다는 개념이라기보다 그랜드마스터들이 사용했던 좋은 비결과 수의 조합을 프로그래밍하려는 시도였다.

1970년대와 1980년대에 컴퓨터가 강력해지면서 더 심오하고 더 영리한 수를 찾는 프로그램을 돌릴 수 있게 되었다. 1978년에는 컴퓨터가 사상 최초로 인간 체스마스터를 상대로 승리했다. 세계 컴퓨터 체스 대회가 시작된 것도 1970년대였다. 저자 중 한 명(데이비드)는 미네아폴리스의 슈퍼컴퓨터 제조사인 크레이 리서치에서 응용소프트웨어 매니저로 일하던 시기에 앨라배마대학교 버밍햄 캠퍼스의 로버트 하야트Robert Hyatt와 함께 당시 세계에서 가장 빠른 컴퓨터였던 크레이-1에서 돌아가는 하야트의 체스 프로그램 블리츠Blitz를 최적화한 적이 있었다. 1981년 크레이 블리츠는 5-0이라는 점수로 미시시피 주립 대회에서 우승하면서 최초로 마스터 레이팅(토너먼트에서 다른 강한 상대에게 이기거나 진 결과로 매기는 등급 점수)에 오른 컴퓨터가 되었고, 1983년에는 숙적인 벨 연구소의 벨을 누르고 세계 컴퓨터 체스 대회에서 우승했다.

그 이후로 컴퓨터 체스의 발전은 놀라웠다. 1997년 인간 세계 챔피언인 게리 카스파로프Garry Kasparov는 IBM의 딥블루와 벌인 5판 토너먼트 대결에서 패배했다. 그리고 인간이 세계에서 가장 강한 컴퓨터를 마지막으로 꺾은 건 2005년이었다. 오늘날 최상급의 컴퓨터는 인간이 도저히 달성할 수 없는 레이팅을 기록하고 있어 앞으로 어떤 인간도 다시는 최고의 컴퓨터 체스 프로그램을 이길 수 없다고 말할 수 있을 정도다. 이 글을 쓰는 시점에 탄소 기반 생명체가 달성한 역대 최고의 레이팅은 2,882점이다. 현재 인간 세계 챔피언인 노르웨이의 망누스 칼센Magnus Carlsen이 2014년 5월에 기록한 것이다. 현재 적어도 50개는 되는 최고 수준의 컴퓨터 프로그램이 이보다 점수가 높다. 그중 하나인 스톡피시는 인간과 기계를 막론하고 3,394점이라는 역사상 가장 높은 레이팅을 달성했다.

체스는 풀 수 있을까?

그러나 오늘날의 초고속 체스 두기 시스템이 아무리 막강하다고 해도 질문은 여전히 남아있다. 체스는 풀 수 있을까? 질문을 다른 말로 바꿔 보자. 게임을 시작하기도 전에 결과를 알 수 있을까?

그보다 단순한 많은 게임의 경우 이 질문에 대한 대답은 '그렇다'이다. 그런 단순한 게임으로 가장 유명한 것이 삼목이라고도 하는 틱-택-토다. 틱-택-토는 기껏해야 9수면 게임이 끝나는 데다가 상대가 이기지 못하도록 둘 수 있는 곳이 대체로 정해져 있는 편이라 꽤 분석하기 쉽다. 틱-택-토 판이 가로세로 각 3칸이라는 사실 덕분에 풀이가 쉬워진다. 하지만 게임판이 꼭 커야만 복잡해질 수 있는 건 아니다. 많은 사람이 '점과 사각형'이라는 게임을 한 번쯤은 해 본 적이 있을 것이다. 격자 모양으로 찍힌 점을 가지고 참가자가 번갈아 가며 선을 그어 두 점을 잇는 게임이다. 사각형의 네 번째 변을 완성하는 사람은 그 사각형을 차지해 자기 이름 약자를 적어 넣고, 한 번 더 선을 그릴 수 있다. 그 결과 사각형이 또 생기면, 또 한 번 더 선을 그리는 식으로 이어진다. 이 게임을 재미있게 하는 게임판의 최소 크기는 가로세로 3칸이다. 틱-택-토와 크기는 같지만, 전략의 수는 이쪽이 훨씬 더 많다. 3×3 크기의 점과 사각형 게임은 두 번째로 하는 사람이 항상 이길 수 있다. 하지만 대부분은 그 승리 전략을 모르는데, 알고 보면 놀라울 정도로 복잡하다. 우리 대부분은 사실상 상대에게 사각형을 전혀 내주지 않으려고 하다가 그다음에는 상대에게 가능한 한 적게 넘겨주면서 최대한 많이 확보하려는 식으로 그때그때 되는대로 둔다.

게임판이 3×3보다 훨씬 큰 경우에는 수학자들도 시작 시점에 누가 이길지를 전혀 알 수 없다. 고수들 사이의 게임에서 자주 나타나는, 어떻게 해도 질 수밖에 없는 배치는 찾을 수 있다. 하지만 이 경우에도 상대방이 이긴다는 사실을 알지만, 어떤 수를 두어서 이길지는 알 수 없다. 이것은 이른바 비구성적인 증명의 한 사례다.

다시 말해, 승리 전략 같은 것이 존재한다는 사실은 보여주지만 어떻게 결과를 달성하는지는 전혀 알려주지 않는 증명을 말한다. 이런 증명은 반직관적으로 보일 수도 있다. 예를 들지도 못하면서 무엇이 존재한다는 것을 어떻게 확신할 수 있겠는가? 그러나 이런 게임에서는 비구성적인 증명이 자주 등장한다. 어떤 사람이 이길 수 있을지 증명하는 건 간단한 문제일 수 있지만, 구체적으로 어떻게 이길 수 있는지를 알아내는 건 아주 요원하다는 소리다.

틱-택-토와 마찬가지로 점과 사각형도 게임을 시작할 때부터 모든 가능한 수를 알 수 있고, 게임이 진행되면서 경우의 수도 항상 줄어든다. 그 자체로 수준 높은 그랜드마스터급 경기가 나올 잠재성이 풍부한 점과 사각형보다도 체스는 훨씬 더 복잡한 게임이다. 체스에서는 매 차례마다 더 많은 수가 생겨난다. 가능한 수는 급속도로 늘어나며, 게임은 훨씬 더 길어질 수 있다. 누가 이길지 알아내는 게 문제라고 하면, 현재 우리로서는 최선을 다해도 판에 기물이 조금만 남아있는 몇몇 엔드게임 문제만 풀 수 있다. 전체적인 관점에서 체스를 푸는 것, 즉 둘 중 한 명이 항상 이기거나 둘이 항상 비길 수 있는 최적의 전략을 찾는 것은 아직 먼 이야기로 보인다. 그렇다고 해도 여러 수를 내다보고 수십억 가지 가능성 중에서 강력한 수를 선택하는 데 있어서 컴퓨터는 화려한 발전을 이루었다.

컴퓨터, 바둑 고수를 이기다

컴퓨터가 전략적으로 훨씬 더 복잡한 옛 게임인 바둑에서 이룬 급속한 발전을 이룬 것은 놀라운 일이다. 19×19인 판 위에서 두는 바둑은 주로 중국과 한국, 일본에서 즐기며 그 기원은 2,500년 전까지 거슬러 올라간다. 그리고 오늘날에도 즐기는 보드게임 중에서 가장 오래된 것이다. 고대 중국에서는 회화와 서예, 현악기인 금琴과 함께 학자들의 4가지 기예 중 하나이기도 했다. 바둑은 흑과 백을 쥔 두 상대가 번갈아 가며 두지만, 체스와 달리 흑이 먼저 둔다. 각각은 번갈아서 자기 색의 돌을 판 위에 놓고, 자기 돌로 상대방의 돌을 둘러싸서(바둑을 뜻하는 일본어 단어인 '고碁'는 '둘러싸는 게임圍棋'을 뜻하는 중국어에서 유래했다) 그 돌을 판 위에서 치울 수 있다.

이런 기본적인 규칙 말고도 더 많은 규칙이 있다. 하지만 다른 걸 떠나서 바둑의 전술과 전략은 무지막지하게 복잡하다. 전술은 바둑판 위의 국지적인 부분에서 돌들이 삶과 죽음, 구출과 포획을 두고 싸우는 방법을 말한다. 반면, 전략은 전국적인 상황을 다룬다. 체스와 비교하면 바둑은 판이 더 크고, 매 수마다 고려해야 할 대안이 더 많다. 그리고 대체로 더 오래 걸린다. 체스 컴퓨터가 유용하게 썼던 무차별 대입 공격 방법을 바둑에 적용하기에는 시간이 너무 오래 걸린다. 그런 방법은 다년간의 경험으로 쌓아왔으며 특히 인간의 두뇌가 뛰어난 능력을 보이는 패턴 인식 같은 고난도의 기술을 이용해 여러 수 중에서 최선을 선택하는 고수와의 대결에서 무용지물일 것이다. 서로 다른 상황에서는 일견 상당히 달라 보이는 특정 패턴 유형을 인식하는 능력은 컴퓨터에게 빛의 속도로 계산하는 것보다 훨씬 더 어려운 과제다. 실제로 컴퓨터가 최고의 인간 체스 선수들을 이기기 시작한 뒤로도 바둑 전문가들은 컴퓨터가 평범한 아마추어 수준의 바둑을 둘 수 있으려면 아주 오랜 시간이 필요하다고 확신했다.

바둑은 체스보다도 더 많은 수를 봐야 하는 게임이다.

그러던 2016년, 구글의 바둑 프로그램 알파고가 세계 최정상급 바둑 기사인 이세돌을 4대 1로 물리쳤다. 알파고는 무차별 대입 방법으로 대국의 수많은 상황을 미리 내다보는 게 아니라 인간과 비슷한 방식으로 두도록 만들어졌다. 인간의 뇌가 문제에 대처하는 방식을 흉내 내는 신경 네트워크 기반이다. 방대한 고수들의 대국 데이터베이스를 갖고 출발한 알파고는 승리하는 패턴을 인식하는 방법을 학습하는 것을 목표로 수도 없이 자기 자신을 상대로 바둑을 두었다. 인간 바둑기사의 영리하고 경험적인 접근법과 실리콘 회로의 속도가 결합하자 세계적인 수준의 바둑 슈퍼스타라는 누구도 조만간 가능하리라고 생각하지 못했던 성과가 나왔다. 2017년 알파고는 한 단계 더 수준이 높아져 최고 수준의 인간 기사인 중국의 커제와 3번 대결해 3번 모두 승리했다.

오래지 않아 바둑을 두는 컴퓨터가 오늘날의 체스 컴퓨터처럼 피와 살로 된 창조주가 이기지 못할 존재가 되리라는 점에는 의심의 여지가 없어 보인다. 하지만 질문은 여전히 유효하다. 체스와 바둑 같은 게임은 궁극적으로 풀릴 수 있을까? 체스에서는 백이 항상 먼저 두기 때문에 흑은 백이 가하는 위협에 반응할 수밖에 없다. 따라서 만약 체스를 풀 수 있다면, 다시 말해, 백이 상대의 수에 대응해 둘 수 있는 최선의 수를 찾을 수 있다면, 가능한 결과는 백의 승리나 무승부뿐일 게 거의 확실하다. 바둑의 경우에는 이처럼 명확하지 않은데, 체스와 달리 흑이 먼저 두고 백은 보상으로 점수(한국과 일본 규칙으로는 6.5집 이하, 중국 규칙으로는 7.5집 이하의 덤)를 받기 때문이다. 어쩌면 백이 이기기에 충분한 보상이겠지만 먼저 두는 흑의 이익이 너무 커서 흑이 이길 수도 있다. 아무도 모를 일이고 어쩌면 앞으로도 알아내지 못할지도 모른다.

체스를 푸는 확실한 방법은 모든 가능한 배치를 수형도로 그리고, 어느 한 배치에서 시작해 어떻게 끝나는지를 살펴보는 식으로 모든 가지를 평가한 뒤 최적의 결과로 이어지는 가지를 선택하는 것이다. 이론상으로는 그럴듯하다. 하지만 가능한 체스 게임의 수가 1,200조 곱하기 1조 곱하기 1조 곱하기 1조 곱하기 1조 곱하기 1조 곱하기 1조 곱하기 1조 곱하기 1조라는 점을 생각하면, 어마어마한 수형도가 나오게 된다. 눈에 보이는 우주 전체의 원자 수가 10^{40}배 더 작은 10^{80}개가 채 안 된다는 점을 생각하면, 그렇게 많은 데이터를 다룰 수 있는 컴퓨터는 쉽지 않은 일이 될 것이다. 실제로는 초기에 상당수의 가지를 쳐낼 수 있다. 가능한 배치 중 많은 수가 말이 되지 않아 아무리 초보들끼리 둔다 해도 실제 게임에는 결코 나타나지 않기 때문이다. 하지만 아무리 머리를 써서 쳐낸다고 해도 현실적이고 가능한 배치의 수는 여전히 정신이 아찔할 정도로 많다. 바둑의 경우는 더욱 더 그렇다. 이렇게 너무나 복잡해서 어떤 사람들은 수학적으로는 풀 수 있다고 해도 실질적으로는 물질이 걸림돌이 될 거라는 결론을 내렸다. 비록 가지를 많이 쳐낸 뒤라고 해도 수형도를 저장할 수 있을 만큼 충분한 아원자 입자가 존재하지 않는다면, 어떻게 풀이를 실현할 수 있을까?

어쩌면 고도로 발달한 인공지능이 나타나 해결해 줄지도 모른다. 훨씬 더 많은 가지치기를 가능하게 해 수형도의 크기를 다룰 수 있을 정도로 줄여 주는 것이다. 수많은 가지를 동시에 탐색할 수 있는 양자컴퓨터가 또 다른 방법일 수도 있다. 하지만 큰 수를 인수분해하는 쇼어 알고리즘과 달리 현재 우리에게는 이런 문제를 푸는 알고리즘이 없고, 존재하긴 하는지조차 모른다. 몇몇 이들은 보드게임인 체커Checkers가 풀렸다는 사실을 근거로 미래에는 체스도 풀릴 거라고 기대한다. 2007년 컴퓨터 수백 대가 거의 20년 가까이 작업한 끝에 체커에서 나올 수 있는 모든 조합을 완전히 탐색했다. 체커는 두 선수가 모두 실수를 하지 않으면 항상 무승부로 끝난다는 사실이 드러났다. 기술과 프로그래밍이 고도로 발전하면서 체스, 어쩌면 바둑도 그 길을 따를지는 두고 보아야 할 일이다.

게임을 위한 최적의 전략

우리가 아는 한 체스와 바둑, 틱-택-토와 점과 사각형 같은 더 간단한 게임은 '완벽한 정보가 있는 게임'이다. 수를 두기 전에 그 사람은 어떤 수가 좋은지 나쁜지 결정하는 데 필요한 정보를 모두 갖고 있다는 뜻이다. 숨겨져 있는 것이나 불확실한 면은 전혀 없다.

이것은 이론상으로 메모리와 시간이 무한정 있다면, 풀 수 있는 게임이라는 뜻이다. 하지만 포커 같은 다른 게임은 정보가 완전하지 않다. 다음에 어떻게 할지 결정해야 할 때 포커 선수는 다른 사람이 어떤 카드를 쥐고 있는지 알 수 없다. 비록 그게 승자를 결정하는 결정적인 요인이라고 해도. 초보자와 전문가가 함께 참여하는 포커 대회에서 초보자가 운이 좋아서 로열 플러시를 만들어 한 판 이길 수는 있다. 그러나 평균적으로는 언제 걸고 언제 죽어야 할지를 훨씬 더 잘 아는 전문가가 더 자주 이길 것이고, 여러 게임을 하는 동안 초보자보다 더 많은 돈을 따갈 것이다.

포커 같은 게임이 풀렸다고 말하기 전에 일단 우리는 정보가 완전하지 않은 게임에서 '풀렸다'는 게 정확히 무슨 뜻인지를 확실히 해야 한다. 인간이 로열 플러시를 만들 가능성은 항상 존재하므로 어떤 컴퓨터도 속임수를 쓰지 않고서는 포커에서 100% 승리할 수는 없다. 포커를 풀 수 있다는 건 컴퓨터가 평균적으로 최대한의 승리를 거두는 전략에 따라 포커를 친다는 뜻이다. 참가자가 블러핑을 할수도 있다는 점 그리고 대부분의 대회에서는 2명보다 훨씬 더 많은 선수가 참가한다는 사실은 포커를 더욱 복잡하게 만든다. 인간 여러 명과 컴퓨터 한 대가 하는 상황에서는 인간들이 뭉쳐서 컴퓨터를 불리하게 만드는 식으로 행동하는 가능성도 있다. 만약 그렇게 한다면, 각각은 전적으로 이기적으로 했을 때보다 덜 따겠지만 인간 전체로서는 더 많이 승리한다. 그렇지만 2명으로 참가자를 제한한 텍사스 홀덤 같은 포커 게임의 경우에는 오랫동안 칠 때 절대 지지 않는 프로그램이 개발되어 있다. 2014년에 등장한 이 새로운 소프트웨어는 참가자가 일부 정보를 알 수 없는 복잡한 게임을 효과적으로 해결하는 최초의 알고리즘이다. 숨어 있는 정보와 뽑기 운 때문에 프로그램이 모든 판에서 이기지는 못한다. 하지만 평균적으로는, 그리고 여러 판을 두게 되면 사실상 인간이 이길 가능성은 없다. 예를 들어 인간이 스톡피시를 체스로 사실상 절대 이길 수 없는 것과 마찬가지다. 이 포커 유형은 그만큼 효과적으로 풀렸다. 이 프로그램은 인간 포커 선수가 실력을 키우는 데 도움이 될 뿐만 아니라 같은 접근법을 건강 관리와 보안 프로그램에도 유용하게 쓸 수 있다는 의견도 있다.

포커의 사례로 볼 때 정보가 불완전한 모든 게임에는 참가자가 통제할 수 없는 확률이 관여하고 있는 것으로 보일 수도 있다. 하지만 반드시 그렇지는 않다. 익숙한 게임인 가위바위보의 경우 중요한 건 각 참가자의 행동뿐이다. 여기에 참가자가 통제할 수 없는 확률 같은 건 없다. 그럼에도 불구하고 가위바위보는 정보가 불완전하다. 보통 가위바위보는 두 사람이 동시에 손 모양을 만들어낸다. 이건 두 사람이 각각 다른 방에 들어가 상대방의 선택을 전혀 모르는 채로 자신이 무엇을 낼지 적어내는 것과 사실상 다를 게 없다.

자, 정보가 완벽한 게임에서는 언제나 '순수한' 전략(가장 좋은 결과를 내는 수 또는 일련의 수)가 있다. 예를 들어 체스에서는 같은 상황에서 항상 똑같이 둘 때 언제나 최선인 수(혹은 승리로 이어지는 몇 수)가 있다. 가위바위보의 경우에는 정확히 그 반대다. 가령 바위만 계속 내는 전략이나 바위, 보, 가위처럼 일정한 패턴으로 내는 전략을 쓴다면, 쉽게 지고 만다. 오히려 최선의 접근법은 이른바 혼합 전략이다. 어떤 상황에서 어떤 행동을 할 때 그 확률을 각각 달리 하는 것이다. 가위바위보나 2인 포커 같은 게임을 풀 때는 이길 확률을 가장 높이는 최적의 혼합 전략을 찾는 게 중요하다. '항상 바위만 낸다'는 전략은 상대가 멍청하게 항상 가위만 낼 때는 이길 확률이 100%다. 이와 달리, 아마도 현실은 이쪽에 더 가까울 텐데, 상대가 재빨리 반응해 항상 보를 낸다면, '항상 바위만 낸다'는 전략의 승리 확률은 0%로 떨어질 것이다. 가위바위보가 이미 풀렸으며 그 풀이가 꽤 간단하다는 사실은 별로 놀랄 게 없다. 최적의 전략은 가위, 바위, 보를 $\frac{1}{3}$씩 내는 것이다. 무승부를 절반의 승리로 치면, 최소 50%의 승률을 기록할 수 있다. 이게 가능한 모든 전략 중에서 최선이다. 고난도 기술을 발휘할 여지도 있는데, 그건 게임 이론보다는 심리에 달려 있다. 우리가 3장에서 살펴보았듯이 인간이 진짜로 무작위하게 행동하는 데에 있어서 보통은 형편없다는 사실을 이용하는 것이다. 일반적으로 정보가 불완전한 게임에서 최적의 전략은 언제나 혼합 전략이다.

그런 게임에도 내시 균형이라는 개념이 존재한다. 게임 이론에 중요한 업적을 남겼으며 소설과 동명의 영화 〈뷰티풀 마인드〉의 실제 인물이기도 한 미국의 수학자이나 경제학자인 존 내시John Nash의 이름을 딴 개념이다. 강한 내시 균형에서 모든 참가자는 전략이 있다. 만약 어떤 식으로든 여기에서 벗어나면(다른 누구도 동시에 그렇게 하지 않는다고 가정할 때) 그 사람은 전보다 더 상태가 나빠진다. 약한 내시 균형이라는 다른 개념도 있다. 이때는 어떤 사람이 전략에서 벗어나도 전보다 나빠지거나 좋아지지 않지만, 전략에서 벗어나면 전보다 좋아진 상태로 끝나는 건 불가능하다. 내시 균형은 게임 이론에서 중추적인 역할을 한다.

완벽한 정보가 있는 게임에서 내시 균형은 양쪽 모두가 최적의 전략을 쓸 때 발생한다. 최적의 전략이 여럿 있는지에 따라 강한 내시 균형이 될 수도 약한 내시 균형이 될 수도 있다. 정보가 불완전한 게임에서도 이것은 참이다. 그러나 다수의 내시 균형이 발생하는 것도 충분히 가능하다. 우리가 그것들을 전부 찾아낼 수 있는지를 알아내려면 제로섬 게임 혹은 일정합 게임이라는 또 다른 개념이 필요하다.

제로섬 게임에서 어떤 한 사람의 이익은 다른 사람의 손해와 정확히 같다. 이를 좀 더 일반화 하면 참가자가 얻는 총 이익이 절대 변하지 않는 일정합 게임이 된다. 체스를 예로 들자면, 두 사람은 비겨서 각자 0.5점을 얻거나 한 사람이 이겨서 1점을 얻고 패자는 아무것도 얻지 못할 수 있다. 이와 달리 축구 같은 게임은 일정합 게임이 아니다. 만약 비기면 각 팀은 승점 1점을 얻지만, 어느 한 팀이 이기면 이긴 팀은 승점 3점을 얻고 진 팀은 승점을 얻지 못하기 때문이다. 승점의 합은 2가 될 수도 3이 될 수도 있다. 점수를 더하거나 빼기면 하면 일정합 게임을 모두 제로섬 게임으로 바꿀 수 있다. 예를 들어 체스에서 각 사람의 점수를 0.5점씩 빼면 제로섬 게임이 된다. 이런 이유로 제로섬 게임에 적용할 수 있는 결과는 보통 일정합 게임에도 적용할 수 있다.

어떤 제로섬 혹은 일정합 게임에서든 유일한 내시 균형은 두 사람이 최적의 전략을 쓸 때 발생한다. 그러나 일정합 게임이 아닌 게임은 다른 여러 내시 균형이 있을 수 있어 이 결과를 적용할 수 없다. 일정합 게임이 아닌 게임에서는 파레토 효율이라는 또 다른 문제가 생긴다. 만약 다른 사람에게 손해가 가지 않으면서 어떤 사람에게 이익이 되도록 전략을 바꾸는 게 불가능하다면 이때의 전략을 파레토 효율적이라고 한다. 제로섬 게임에서는 모든 전략이 파레토 효율적이다. 하지만 일반화할 경우에는 반드시 그렇지 않다. 죄수의 딜레마로 불리는 퍼즐이 분명히 보여주듯이 내시 균형조차도 파레토 효율적이지 않을 수 있다.

두 죄수가 각각 1년 형을 받을 범죄를 저질러 유죄 선고를 받았다. 그런데 추가로 몇몇 목격자의 진술에 따르면 두 사람은 6년 형을 받을 만한 더 심각한 범죄의 공범일 가능성이 있다. 두 죄수는 선택의 기로에 선다. 둘 다 침묵하거나 은밀하게 공범자를 배신하는 것이다. 형을 선고받기 전까지는 둘 다 공범자가 어떻게 했는지 듣지 못한다.

만약 둘 다 서로 배신(경찰과 협조)한다면, 둘 다 총 4년(중범죄에 대해 3년, 경범죄에 대해 1년) 형을 받는다. 만약 한 명만 배신한다면, 배신자는 풀려나고 다른 한 사람은 두 범죄에 대해 모두 7년 형을 받는다. 만약 둘 다 침묵한다면, 두 사람은 경범죄로만 유죄 선고를 받고 1년 동안 감옥 생활을 한다. 놀랍게도, 상대방이 어떻게 하든 배신이 침묵보다 언제나 더 나은 선택이다. 그러므로 유일한 내시 균형은 두 죄수가 서로 배신하고 둘 다 4년 형을 받는 것이다. 그러나 이것은 파레토 효율적이지 않다. 둘 다 침묵하고 각자 1년 형만 받는 게 더 낫기 때문이다. 과거에 벌어진 일을 바탕으로 전략을 바꾸어 가며 죄수의 딜레마를 몇 번이고 반복할 수도 있다. 이른바 반복되는 죄수의 딜레마로, 아주 복잡해질 수 있다. 반복되는 딜레마의 경우 최선의 전략은 보통 상대방이 똑같이 한다고 가정하고 침묵하는 것이다. 하지만 상대방이 배신했을 때는 똑같이 배신해 보

		죄수 B	
		협조(배신)	침묵
죄수 A	협조(배신)	A : 4년 B : 4년	A : 0년 B : 7년
	침묵	A : 7년 B : 0년	A : 1년 B : 1년

죄수의 딜레마로 본 내시 균형

복한다. 이런 전략은 그렇게 함으로써 서로 상대방과 맞서 파레토 효율적인 결과의 이익을 거두어들이는 한편 상대의 전략이 배신인 게 분명할 경우에는 내시 균형을 추구함으로써 최악의 결과를 회피하려는 것이다.

게임을 하는 사람들은 대체로 피곤하거나 배가 고파지거나 지루해지지 않도록 게임이 적당한 시간, 가령 한두 시간 안에 끝나는 편을 선호한다. 국제체스연맹은 모든 주요 대회에 첫 40수까지 90분, 그 이후에 30분이라는 시간 제한을 걸어놓았다. 그러나 이반 니콜릭Ivan Nikolic과 고란 아르소비치Goran Arsovic가 1989년 베오그라드에서 벌였던 체스 경기는 269수 만에 '50수 규칙'에 따라 무승무로 끝날 때까지 20여 시간이 걸려 역사상 가장 긴 경기로 기록에 남았다. 50수 규칙은 다음과 같다. "각 선수가 폰의 움직임이나 기물의 포획이 없는 상태로 최소 50수를 연속으로 두었다면 게임을 무승부로 할 수 있다". 무승부는 똑같은 배치가 세 번 나타났을 때도 자기 차례인 선수가 주장할 수 있다. 50수 규칙에 따라 무승부를 주장한다고 가정하면, 가장 길어질 수 있는 체스 경기는 6,000수에 살짝 미치지 못한다.

사방으로 무한히 뻗은 체스판에서 하는 게임은 그보다 훨씬, 아마 태양이 빛나는 시간보다도 수십억 배나 길 것이다. 이른바 무한 체스로 규칙과 기물의 수 및 종류가 보통 체스와 똑같지만, 끝이 없는 체스판을 이용한다. 무한 체스를 둔다면 화려한 수를 볼 수 있을 것이다. 룩이 한 방향으로 몇조 칸을 달려간다든가 비숍이 은하 사이의 거리만큼을 날아가 폰을 잡는다거나. 우리처럼 제약이 있는 존재가 받아들일 수 있는 게임은 아니다. 하지만 절대 직접 해 볼 수는 없어도 우리는 수학의 힘을 통해 어느 정도 알아낼 수 있다. 무엇보다 우리는 무한 체스에 관해 아주 중요한 사실을 우리가 확신할 수 있다. 유한한 체스와 마찬가지로 채택하기만 한다면 둘 중 한 명의 승리를 보증하는 전략이 있다는 점이다. 그 전략은 무엇일까? 속도와 메모리가 무한한 컴퓨터가 있지 않는 한, 알 수 있는 방법은 없다. 하지만 모든 형식의 체스와 완벽한 정보가 있는 다른 게임이 무한하든 유한하든 이론상으로는 풀릴 수 있다는 사실은 적어도 어느 정도는 만족감을 느끼게 해준다.

인공지능 분야를 개척하던 1960년대에 클로드 섀넌 같은 수학자와 컴퓨터과학자들은 컴퓨터를 사람처럼 생각하게 만드는 방법을 시험하기 위한 용도로 체스를 이용했다. 오늘날에도 복잡한 게임 전략은 여전히 이런 목적으로 쓰이고 있다. 물론 게임이 생계 수단이 아닌 한 게임 그 자체는 별로 중요하지 않다. 하지만 기계가 게임을 더 잘 할 수 있도록 만들어지고, 배우고, 스스로 학습하는 방법은 다른 중요한 일에도 활용할 수 있다. 게다가 체스나 그와 비슷한 복잡한 게임을 풀려는 노력은 우리가 궁극적으로 알아내고자 하는 영역의 한계에 빛을 비춘다.

9장

너무나 역설적인

역설을 접할 수 있다니 얼마나 멋진 일인가. 이제 우리는 진보를 희망할 수 있게 되었다.

_닐스 보어

제 탈퇴를 받아들여 주십시오. 저는 저를 회원으로 받아들이는 어떤 클럽에도 속하고 싶지 않습니다.

_그루초 마르크스

♣

역설을 뜻하는 단어 패러독스paradox는 그리스어 para(초월하는)와 doxa(의견 또는 믿음)에서 유래했다. 말 그대로 믿을 수 없거나 우리의 직관이나 상식에 반한다는 뜻이다. 우리는 종종 일상적인 대화 중에 거의 믿을 수 없을 정도라는 이유만으로 무언가가 '역설적'이라고 말하곤 한다. 예를 들어 3장에서 언급했던, 어떤 방에 23명이 있으면 그중 두 사람의 생일이 똑같을 가능성이 50대 50이라는 사실은 비록 통계적으로 쉽게 증명할 수 있고 단지 우리의 예상에서 벗어나기 때문에 놀라울 뿐이지만 '생일의 역설'이라고 불린다. 수학자와 논리학자 사이에서 역설이라는 단어는 더 좁고 더 정확한 의미를 갖는다. 바로 스스로 모순을 일으키는 명제 또는 상황이다. 앞으로 살펴보겠지만, 그런 역설 중 하나는 수학의 근본적인 영역에서 중요한 발견으로 이어지기도 했다. 자기 자신과 자유의지, 시간의 성질과 관련이 있는 다른 역설들도 철학과 과학 분야에서 풍요로운 논의의 장을 열어주었다.

유명한 역설들

14세기 프랑스의 수도사이자 철학자인 장 뷔리당Jean Buridan은 유럽에서 코페르니쿠스 혁명(태양이 태양계의 중심에 있다는 생각)이 일어나는 데 중요한 역할을 한 인물이다. 하지만 뷔리당이라는 이름은 중세 논리학에서 역설과 관련해 더욱 유명하다. 그는 양, 품질, 겉모습을 비롯한 모든 면에서 완전히 똑같은 두 건초 더미의 정확한 중간 지점에 서 있는 당나귀를 상상했다. 당나귀는 배가 고프지만, 절대 이성을 잃지 않는다. 따라서 당나귀에게는 어떤 건초 더미 하나를 더 선호할 이유가 없다. 따라서 결정을 내릴 근거가 없어서 갈등하며 그 자리에 서 있다가 굶어 죽는다. 건초 더미가 하나만 있었다면 살겠지만, 똑같은 건초 더미가 둘이 있을 때는 죽는 것이다. 만약 순수한 이성만으로 판단해야 한다면, 어떻게 해야 할까?

뷔리당의 당나귀는 둥글고 가파른 언덕 꼭대기에서 균형을 잡고 있는 완벽하게 둥근 공과 비슷한 곤경에 빠져 있다. 어떤 불균형적인 힘이 작용하지 않는 한 공이 옆으로 굴러떨어지게 만들 수 있는 건 없다. 아주 살짝 밀기만 해도 움직인다는 점에서 공의 상태는 불안정하다. 하지만 살짝 미는 힘이 없다면 공은 영원히 그 자리에 머문다. 여러 사고 실험과 마찬가지로 뷔리당의 당나귀는 현실에서는 절대 이루어질 수 없는 수많은 가정을 바탕으로 한다. 일단 완벽한 대칭을 가정해야 한다. 즉, 두 건초 더미 중 하나를 선택하는 행동과 관련된 상황과 단계가 동일하다.

그러나 현실에서는 절대 이렇게 될 수 없다. 그 당나귀는 왼쪽보다 오른쪽을 선호할 수도 있고, 어쩌면 빛에 의한 착시 때문에 어느 한쪽 더미가 다른 쪽보다 더 맛있어 보인다는 인상을 받을 수도 있다. 여러 가지 서로 다른 이유 중에서 단 하나라도 어느 한쪽을 선호하도록 균형을 무너뜨릴 수 있다. 디지털 전자공학 분야의 실질적인 사례를 하나 들면, 논리 게이트는 회로의 무작위한 모종의 잡음이 안정된 상태로 떨어지게 만들 때까지 0과 1(건초 더미와 같다) 사이에서 무한정 머물 수 있다. 뷔리당의 당나귀는 자유의지에 관한 논의에도 쓰인다. 자유의지가 있는 생명체라면 아무리 이성적이라고 해도 단지 어느 한 음식을 다른 음식보다 선호할 이유가 없다고 해서 아무것도 먹지 않을 리 없기 때문이다.

비교적 최근인 1960년 로렌스 리버모어 연구소의 이론물리학자이자 19세기의 유명한 천문학자인 사이먼 뉴컴Simon Newcomb의 종증손인 윌리엄 뉴컴William Newcomb은 자유의지에 관한 문제를 담고 있는 또 다른 역설을 만들었다. 뉴컴의 역설은 다음과 같다.

절대 예측에 실패하지 않는 능력을 지닌 우월한 존재가 A 상자에 1,000달러를 넣고, B 상자에는 아무것도 넣지 않거나 100만 달러를 넣는다. 그 존재는 여러분에게 선택의 기회를 제공한다. (1) B 상자만 열거나 (2) A 상자와 B 상자를 둘 다 여는 것이다.

하지만 여기 주의해야 할 점이 있다. 그 존재는 여러분이 1번을 선택한다고 예측할 경우에만 B 상자에 돈을 넣는다. 만약 여러분이 그 외의 다른 선택을 한다고 예측하면 B 상자에 아무것도 넣지 않는다.

질문은 이렇다. 여러분은 돈을 최대한 많이 얻기 위해 어떻게 해야 할까? 사실 어떻게 해야 할지 혹은 애초에 문제가 명확한지에 관해서는 합의된 바가 없다. 여러분은 어차피 어떤 선택을 하더라도 상자 안의 내용물이 바뀌는 건 아니니 둘 다 열고 안에 든 것을 가지면 되지 않겠냐고 주장할 수도 있다. 그 존재가 예측에 실패하는 일이 절대 없다는 사실을 떠올릴 때까지는 합리적으로 보일지도 모른다. 다시 말해, 어떤 방식으로든 여러분의 정신 상태가 상자의 내용물과 관련이 있다는 소리다. 여러분의 선택은 B 상자 안에 돈이 있을 확률과 연동이 되어 있다. 이런 주장과 다른 여러 주장을 근거로 어느 한쪽을 선택해야 한다는 의견도 있다. 하지만 반세기 넘게 철학자와 수학자들이 이 역설에 주목했음에도 일반적으로 다들 동의하는 '올바른' 답은 없다.

뉴컴이 이 역설을 떠올린 건 불시의 교수형이라는 1940년대에 회자된 것으로 보이는, 좀 더 오래된 역설에 관해 생각할 때였다. 이것은 교수형을 선고받은 한 사람에 관한 역설이다.

판사가 토요일에 죄수에게 앞으로 일주일 안에 교수형을 당하겠지만 교수형 당일 아침까지는 형이 집행될지 모를 것이며, 절대 알아낼 수 없을 것이라고 말한다. 감옥 안에 갇힌 죄수는 한동안 자신이 처한 상황에 관해 생각하다가 판사가 실수를 저질렀다는 사실을 깨닫는다.

교수형을 토요일까지 미룰 수는 없다. 만약 토요일 아침이 되면 죄수는 그날이 자신의 마지막 날이라는 사실을 분명히 알 수 있기 때문이다. 하지만 만약 토요일을 뺀다면, 금요일에도 교수형을 할 수 없다. 만약 죄수가 목요일까지 살아남았다면 다음 날 교수형이 이루어진다는 사실을 알 수 있기 때문이다. 같은 논리로 목요일도 빠지고, 수요일도 빠지고, 결국 일요일까지 오게 된다. 하지만 다른 모든 날이 불시에 교수형을 하기에 적합하지 않은 상황이니 일요일에 교수형을 집행한다고 해도 죄수가 미리 알게 된다. 따라서 죄수는 판사의 판결처럼 형을 집행할 수는 없다고 추론한다. 하지만 수요일 아침이 되자 집행관이 나타난다. 예상치 못하게도 말이다! 결국 판사는 옳았고 흠잡을 데 없어 보였던 죄수의 논리에는 뭔가 어긋난 점이 있었던 것이다. 대체 무엇일까?

50여 년에 걸쳐 수많은 논리학자와 수학자가 덤벼들었지만, 보편적으로 인정할 만한 해답은 찾는 데는 실패했다. 이 역설은 판사가 자신의 말이 참(죄수가 미리 알 수 없는 날에 교수형을 집행한다)이라는 사실을 의심의 여지 없이 알고 있는 반면, 죄수는 그와 같은 수준으로 확신할 수 없다는 사실로 인해 생기는 것 같다. 설령 죄수가 토요일 오전까지 살아있다고 해도 집행관이 오지 않는다고 확신할 수 있을까?

정체성의 역설

우리가 말할 때, 특히 설명하거나 질문할 때 정확하지 않게 말하는 습관은 까다로운 문제로 이어질 수 있다. 베리의 패러독스로 이름을 남긴 옥스퍼드대학교의 보들리 도서관의 파트타임 직원 조지 베리George Berry는 1906년 다음과 같은 말로 주목을 받았다.

> 아홉 어절 이내로 정의할 수 없는 가장 작은 수.

언뜻 보면 이 문장에는 그다지 신기할 게 없어 보인다. 어차피 아홉 어절 이내로 만들 수 있는 문장의 수는 유한하며, 특정한 수를 설명하는 문장은 더욱 적기 때문이다. 즉 아홉 어절 이내로 설명할 수 있는 수의 수는 분명히 유한하므로 그렇지 않은 가장 작은 수는 존재한다. 문제는 베리의 문장 자체가 아홉 어절만으로 그런 단어를 설명하고 있다는 점이다! 이 경우 그 수 *N*은 아홉 어절로 설명할 수 있어 아홉 어절 이내로 설명할 수 없는 가장 작은 수라는 정의에 어긋난다. 다른 수를 *N*으로 골라 보아도 역설은 그대로다. 베리의 역설이 보여주는 건 '설명할 수 있다'라는 개념이 본질적으로 모호하며 조건 없이 사용하기에는 위험하다는 사실이다.

정체성이라는 개념을 다루는 역설도 있다. 우리는 보통 정체성을 당연하게 여긴다. 예를 들어 한 시간 전에 아그니조였던 사람이 지금도 여전히 똑같은 사람이라는 사실은 명백해 보인다. 그러나 역설은 정체성에 관한 우리의 직관적인 생각에 의문을 던진다. 그런 역설 하나로, 테세우스의 배로 불리는 사고 실험이 있다.

전설적인 왕 테세우스는 많은 해상 전투에서 승리를 거두어 아테네인이 그 배를 항구에 보존함으로써 명예를 기렸다고 한다. 그러나 시간이 지나자 전부 나무로 만든 배의 널빤지나 다른 부속품이 서서히 썩어서 하나씩 교체해야 한다.

질문은 과연 어느 시점에서 그 배가 테세우스의 배가 아니라 복제품이나 완전히 다른 배가 되느냐는 것이다. 널빤지 하나를 교체했을 때일까, 절반을 교체했을 때일까? 아니면 다른 어느 비율에서일까? 교체 속도에 따라 답도 달라질까? 만약 낡은 널빤지들을 조립해 다른 배를 만든다면, 어느 쪽이 진짜 테세우스의 배일까?

현대에도 '슈가베이비스 원리'라는 똑같은 난제가 있다. 슈가베이비스는 1998년에 시오반 도나히Siobhán Donaghy와 무트야 부에나Mutya Buena, 케이샤 뷰캐넌Keisha Buchanan이 1998년에 결성한 영국 밴드다. 그 뒤로 간간이 밴드 구성원이 나가고 들어오고 하다가 2009년이 되자 구성원은 하이디 레인지Heidi Range와 아멜 베라바Amelle Berrabah, 제이드 유언Jade Ewen이 되었다. 원래 구성원이었던 3명은 모두 떠났다. 2011년 도나히와 부에나 그리고 뷰캐넌은 새로운 밴드를 결성했다. 둘 중 어느 쪽이 '진정한' 슈가베이비스라 할 수 있을까?

이런 질문은 무생물의 경우 중요하지 않은 문제로 보일 수 있다. 비록 고고학자와 보전론자들은 복원한 옛 건물과 유물을 어느 정도까지 원본으로 혹은 원본의 적법한 연장선에 있다고 인정할 수 있을지는 놓고 논쟁할 수 있지만 말이다. 테세우스의 배와 같은 사고 실험을 우리 자신, 특히 개인의 정체성이라는 주제에 적용하면 새로운 차원의 문제가 된다. 신체의 일부를 기증받거나 실험실에서 배양한 다른 장기나 인공물로 교체할 수 있게 될 세상이 빠르게 다가오고 있다. 만약 오랜 시간에 걸쳐 다양한 수단으로 우리의 몸이 교체된다면, 우리는 여전히 똑같은 사람일까? 뇌의 상당 부분을 교체하는 상황이 오기 전까지는 대체로 '그렇다'라고 대답할 것이다. 보통 우리가 누구인지를 결정하는 핵심적인 부위가 뇌라고 생각하기 때문이다.

물론 어떤 사람이 사고로 팔 하나를 잃고 의수를 달았다고 해도 본질적인 부분에서 여전히 똑같은 사람이라는 데 누구나 동의할 것이다. 또, 우리 몸을 이루는 원자와 분자, 세포가 매 순간 어느 정도씩 변한다는 것도 사실이다. 이 문장을 읽는 데 걸리는 시간 동안 여러분의 세포 약 5,000만 개가 죽어서 교체된다. 만약 같은 종류끼리 바뀌거나 오랜 시간에 걸쳐 일어난다거나 이식을 받거나 의수를 단다면, 우리는 정체성이 위협을 받을지도 모른다는 걱정을 하지 않는다. 또, 나이를 먹는다고 해서 다른 새로운 사람이 된다고 생각하지도 않는다. 하지만 교체가 단번에 이루어진다면 어떨까? 여러분의 몸을 이루는 모든 입자가 원자 수준에서 갑자기 바뀌어 동일한 복제본을 만든다면 어떨까?

입자(정확히 말하면 입자의 성질)가 한 곳에서 사라지면서 곧바로 멀리 떨어진 곳에 다시 나타나는 방식의 순간이동은 광자를 이용하면 이미 가능하다. 더 큰 물체로 그런 '양자 순간이동'을 실현하기까지는 아마 오랜 시간이 걸릴 것이다. 하지만 인체의 순간이동이 가능하다고 해 보자. 이를테면 런던에서 순간이동 장치에 들어간다. 그러면 여러분의 몸에 있는 모든 원자의 위치와 상태를 아주 상세하게 스캔한다. 얼마 뒤 이 정보는 시드니에서 종류는 같지만 새로운 원자로 당신의 몸을 재구성하는 데 쓰인다. 재구성 과정은 매우 신속하고 정확해서 살짝 어지러운 점만 빼면 당신은 런던에 남은 옛 몸이 분해되었고, 그 구성 원자는 자연환경으로 돌아갔으며, 찰나의 순간 뒤에 지구 반대편에서 똑같은 상태에 있는 똑같은 원자로 새로운 몸이 만들어졌다는 사실을 알아채지 못한다. 당신의 입장에서는 방금 눈 깜짝할 사이에 16,000킬로미터를 움직였으며, 으레 겪는 시차와 하루 동안의 비행기 여행으로 생긴 피로를 느끼지 않고 호주 여행을 시작할 수 있다. 심지어 런던에서 옛 몸이 분해되면서 반대쪽에서 재구성되는 순간에도 여러분은 완전히 똑같은 생각을 하고 있었을 것이다. 2주가 지나자 이제는 집에 돌아갈 시간이 되고, 당신은 그 과정을 반대로 겪는다. 시드니에서 원자로 분해되고 몇 마이크로초 뒤 영국에서 당신과 정확히 똑같은 복제본이 만들어진다. 한편 시드니의 볕에 그을린 당신은 순간이동 장치에서 나오면 바로 집에 갈 수 있다.

하지만 그때 호주에 있는 기술자에게서 전화가 온다. 시드니 쪽에서 문제가 생겨 '예전'의 당신이 분해되지 않았다고 한다. '그 사람'은 오히려 그쪽 직원들에게 아무 일도 벌어지지 않았고, 순간이동은 실패했으며, 다시 보내주거나 환불을 해 주어야 한다고 불평하고 있다. 자, 이제 '당신'은 두 명이 된 모양이다. 순간이동이 일어났던 그 순간의 정확한 생각과 기억까지 모든 면에서 똑같다. 어느 쪽이 진짜 '당신'일까? 그리고 당신은 어떻게 두 군데에 있을 수 있을까? 그런 상황에서 당신의 의식은 어떻게 될까? 그리고 단일한 의식이 이런 식으로 복제된다면 어떤 기분일까?

인체의 순간이동으로 가는 길에 놓여 있는 기술적인 장벽은 대단해서 절대 극복할 수 없으리라는 점은 분명하다. 그러나 우리의 정신을 업로드해 일종의 정신적인 불멸을 이룰 가능성에 관해서는 이미 논의가 이루어지고 있다. 궁극적인 목표는 우리의 기억뿐만이 아니라 우리 의식과 생생한 자기 경험, 우리를 둘러싼 세상을 비유기물 매체에 저장하는 것이다. 이런 방식으로 재구성된다는 것이 무엇을 의미하며 어떤 느낌인지는 가장 중요한 문제가 된다. 만약 여러분의 의식을 하나 복제할 수 있다면, 본래의 복제본이 없어지거나 손상을 입었을 때를 대비한 백업으로 둘 이상도 만들 수 있다. 그런 가능성은 다가올 미래에 개인적·윤리적 딜레마를 일으킨다. 또, 수학과 정신 사이에 직접적인 연관성이 생기기도 할 것이다. 업로딩을 하는 방법과 컴퓨터 지원 시스템 기술은 과학과 공학의 발달만이 아니라 집중적이고 복잡한 수학적 분석의 산물일 것이다. 만약 실현된다면, 그 결과는 인간 수준의 의식이 존재할 수 있고 무한정 지속될 수 있는 새로운 형태가 될 것이다. 그런 수준에 이르면, 감정과 의견을 제거한 객관적 보편성의 궁극적인 표현인 수학과 '그렇게 된 기분'이라는 주관성의 정수가 서로 만나게 될 것이다.

아직까지 풀지 못한 역설들

시간은 역설의 소용돌이를 둘러싼 또 다른 어려운 수수께끼다. 쌍둥이 역설은 쌍둥이 중 한 명인 A가 거의 빛의 속도로 긴 성간 여행을 마치고 돌아왔을 때 지구에 남아 있었던 쌍둥이 형제인 B보다 나이를 훨씬 덜 먹었다는 사실을 알게 되는 사고 실험이다. 아주 빠른 속도로 움직이는 물체의 시간이 느려지는 현상, 혹은 시간 지연 현상은 아인슈타인의 특수상대성이론에 따라 증명된 효과다. 쌍둥이 역설이 제기하는 수수께끼는 우리가 관점을 바꿔 A가 가만히 있다고 생각하면 B가 반대 방향으로 똑같이 빠르게 움직이고 있다고 생각할 수 있는데 왜 B는 나이를 덜 먹지 않느냐는 것이다. 하지만 사실 A와 B는 겉보기와 달리 대칭적인 역할을 하고 있지 않다. A는 빠른 속도에 도달하기 위해 가속하는 반면, 지구에 남은 B는 가속을 겪지 않는다. A가 집에 남은 B와 다른 비율로 나이를 먹는 건 A가 지구의 좌표계에서 벗어나기 때문이다.

아주 빠른 속도로 움직이는 건 미래로 갈 수 있는 입증된 방법이다. 우리가 초고속 여행 기술을 개발할 수 있을 때의 이야기이고, 안타깝게도 편도 여행이긴 하다. 우리는 웜홀처럼 시공간에 뚫린 가상의 구멍에 뛰어든다거나 하는 식으로 색다르고 곤란할 정도로 예측 불가능한 방법을 쓰지 않고서는 다시 과거로 갈 수 있는 방법을 전혀 모른다. 하지만 그렇다고 해서 시간을 거슬러 올라갈 수 있다고 할 때 어떤 일이 벌어질지 상상하지 못하는 건 아니다. 과거로 가서 생길 수 있는 한 가지 문제는 과거에서 무언가를 바꾸어 버려서 미래의 우리 존재가 불확실해질 수 있다는 점이다. 영화 〈백 투 더 퓨처〉에서 마티 맥플라이는 플루토늄으로 움직이는 드로리안 자동차를 타고 1955년으로 날아가 혈기왕성한 10대 시절의 엄마를 만난다. 마티는 엄마가 보내는 추파를 현명하게 회피한다. 우리는 과거로 돌아가 우연히 어린 시절의 할아버지를 죽일 수도 있다. 그건 우리가 태어날 수 없다는 뜻이고, 시간여행자가 되어 과거로 돌아가 할아버지의 이른 죽음을 초래할 수 없다는 뜻이다. 이 할아버지 역설은 과거로 돌아갈 수 있을 가능성에 반하는 고전적인 주장이다. 한편, 우리가 과거로 돌아간다면 타임머신을 사용한 결과로 시간선이 갈라지면서 우리가 과거에서 무슨 짓을 하든 그건 원래 시간선과 완전히 다른 새로운 가지에서 일어나게 되어 논리적인 충돌이나 끝없는 순환고리를 회피할 수 있다는 의견도 있다.

그러나 어떤 경우에는 그런 충돌이나 순환을 쉽게 피할 수 없다. 카드에 다음과 같은 세 문장이 적혀 있다고 가정해 보자.

(1) 이 문장은 어절이 다섯 개다.

(2) 이 문장은 어절이 여덟 개다.

(3) 이 카드에 적힌 문장 중 단 하나만 참이다.

3번 문장은 참일까, 거짓일까? 당연히 1번 문장은 참이고, 2번 문장은 거짓이다. 만약 3번 문장 역시 참이라면, 두 문장이 참이 되고 그에 따라 3번 문장은 거짓이 된다. 하지만 만약 3번 문장이 거짓이라면, 카드에 적힌 문장 중 단 하나만 참이라고 할 수 없다. 그러나 그 경우 유일하게 참인 문장은 1번이고, 이는 곧 3번 문장이 참이라는 뜻이 된다. 어떤 명제가 동시에 참이면서 거짓일 수는 없다. 둘 다 아닐 수는 있을까?

이 소소한 난제는 6세기 그리스의 선지자이자 철학자, 시인인 에피메니데스Epimenides가 했다고 하는 말과 비슷하다.

모든 크레타인은 거짓말쟁이다.

에피메니데스 자신이 크레타인이었기 때문에 이 말은 자기 자신도 거짓말쟁이라는 뜻이 된다. 그래서 언뜻 보면 이 말은 역설로 보인다. 하지만 실제로는, 모든 크레타인이 항상 거짓말을 하거나 항상 진실을 이야기한다고 가정해도, 그렇지 않다. 만약 에피메니데스가 진실을 이야기한다면 자신을 포함한 모든 크레타인이 거짓말쟁이라는(이는 모순이 된다) 사실은 맞다. 하지만 어떤 사람들은 만약 에피메니데스가 거짓말을 하고 있다면 자신을 포함한 모든 크레타인이 진실을 이야기한다고 가정하는 실수를 범한다. 이건 틀렸다.

에피메니데스가 거짓말을 하고 있다면 그건 적어도 한 명의 크레타인이 진실을 이야기한다는 뜻이 될 뿐이다. 모든 크레타인이 진실을 이야기하는 건 아니다.

그러나 에피메니데스의 말은 쉽게 진짜 역설로 바뀔 수 있다. 기원전 4세기에 살았던 밀레투스의 에우불리데스Euboulides가 남긴 것으로 알려진 이른바 거짓말쟁이 역설은 간결하게 다음처럼 나타낼 수 있다. "이 문장은 거짓이다." 그러면 만약 참이라면 거짓이 되고, 만약 거짓이라면 참이 된다. 에우불리데스의 거짓말쟁이 역설은 수 세기에 걸쳐 다양하게 형태가 바뀌어 가며 나타났다. 장 뷔리당은 신의 존재를 주장하기 위해 이 역설을 사용했다. 100여 년 전 영국의 수학자 필립 주르댕Philip Jourdain은 카드 한 장의 각 면에 두 문장이 쓰여 있는 형태를 제시하기도 했다. 한쪽에는 이렇게 쓰여 있다. "이 카드의 반대쪽에 쓰여 있는 문장은 참이다." 당황스럽게도 반대쪽에는 이렇게 쓰여 있다. "이 카드의 반대쪽에 쓰여 있는 문장은 거짓이다."

거짓말쟁이 역설의 쉽고 간단한 해답을 찾아낸 사람은 아직 없다. 쓸데없는 말장난이라거나 문법적으로는 옳아도 진짜 내용은 없는 문장일 뿐이라고 하며 관심을 끊는 반응이 보통이다. 둘 다 더 이상 자세히 알아보고 싶지 않다는 반응이다 . 첫 번째는 단순히 실질적인 문제가 있다는 사실을 거부하는 반응이다. 두 번째는 역설로 이어진다는 이유로 문장에 어떤 의미가 있다는 사실을 부정하는 반응이다. 표면상으로 "이 문장은 거짓말이다"는 "이 문장은 프랑스어가 아니다"라는 문장과 아주 비슷하다. 만약 두 번째 문장이 말이 된다면, 어떻게 첫 번째 문장이 의미 없을 수 있을까?

역설, 우리의 생각을 흔들다

흥미로운 이야깃거리가 된다는 사실을 차치하면, 이렇게 머리가 꼬이는 문제는 실생활에 별로 도움이 되지 않을 것처럼 보인다. 하지만 현대 수학에서 가장 근본적인 분야의 발전에 중추적인 역할을 한 역설이 하나 있다. 자기 모순으로 이어지는 이 역설은 이발사의 역설이라는 형태일 때가 가장 이해하기 쉽다. 한 이발사가 스스로 수염을 깎지 않는 모든 사람을 면도해 주겠다고 말한다. 그 결과 이발사는 딜레마에 처한다. 이발사는 스스로 수염을 깎을까? 만약 그렇다면, 스스로 수염을 깎는 사람이 되므로 이발사는 자신의 수염을 깎을 수 없다. 만약 그렇지 않다면, 스스로 수염을 깎지 않는 사람이 되므로 이발사는 자신의 수염을 깎아야 한다.

1902년 영국의 철학자이자 논리학자인 버트런드 러셀이 독일의 철학자이자 논리학자인 고틀로프 프레게Gottlob Frege에게 보낸 편지에 이 역설의 좀 더 추상적인 형태가 담겨 있다. 프레게의 입장에서 보면 그보다 나쁠 수 없는 타이밍이었다. 프레게는 자신의 역작인 『산술의 기초Die Grundlagen der Arithmetik』 두 번째 권을 출판사에 보내려던 참이었다. 러셀은 편지에서 '자기 자신을 포함하지 않는 모든 집합의 집합'이라는 독특한 수학적 대상에 대한 주의를 환기했다. 그리고 이렇게 물었다. 이 집합은 자기 자신을 포함할까? 만약 그렇다면, 이 집합은 자기 자신을 포함하지 않는 모든 집합의 집합에 들어갈 수 없다. 반대로 포함하지 않는다면, 이 집합은 자기 자신을 포함하지 않는 모든 집합의 집합에 포함된다. 프레게는 자신이 오랜 세월 동안 만들어낸 집합론으로는 그런 기괴한 내용을 수용할 수 없으며 이제 그 이론이 빛을 보기도 전에 무너지고 쓸모없어진 듯하다는 사실을 깨닫고 두려움에 휩싸였다.

러셀의 역설로 불리게 된 이 역설은 프레게가 개발한 '소박한 집합론Naive set theory'의 치명적인 모순을 노출했다. 여기서 '소박한' 이란 공리에 바탕을 두고 있지 않으며 '보편적인 집합', 즉 수학적 우주의 모든 대상을 포함한 집합이라는 것을 가정한 초기 형태의 집합론을 일컫는다. 러셀의 편지를 읽은 프레게는 즉시 그 의미를 깨닫고 러셀에게 보내는 답장에서 다음과 같이 말했다.

> 당신이 모순을 발견한 일은 내게 큰 충격을 주었소. 사실상 아연실색했다고 할 수 있겠군. 내가 쌓아 올리고자 했던 산술의 토대를 흔들어 버렸으니 말이오.(중략) 내 다섯 번째 규칙을 잃으면 내 산술의 기초만이 아니라 산술에서 유일하게 가능한 기초까지 사라지는 듯하니 더욱 심각한 문제가 아닐 수 없소.

프레게가 소중히 여겼던 이론의 심장부에 이 역설 하나가 존재한다는 건 즉 그 이론으로 만들 수 있는 모든 명제가 동시에 참이며 거짓이라는 뜻이다. 만약 역설을 품고 있다면 그 어떤 논리 체계라도 쓸모없어진다는 건 간단한 사실이다.

20세기 초에 러셀의 역설이 등장하면서 논리학과 수학은 그 근간까지 흔들렸다. 어딘가에 역설이 도사리고 있다면, 어떤 증명도 궁극적으로는 믿을 수 없었고, 어떤 이론도 기반이 튼튼할 수 없었다. 물론 지금까지 해왔던 그대로 계속 사용하는 데는 문제가 없었다. 일상생활에서 쓰는 목적이라면 그 누구도 2+2=4가 참이고 2+2=5는 명백하게 거짓이라는 점을 부인하려 하지 않을 것이다.

하지만 수학의 단단한 기반암이라고 가정했던 사실, 즉 게오르크 칸토어Georg Cantor와 리하르트 데데킨트Richard Dedekind(이 두 사람은 무한에 관해 이야기할 10장에서 만날 것이다), 다비트 힐베르트(1장에서 처음 만났고, 튜링 기계와 관련되어 5장에서도 만났었다), 프레게 등이 개발한 후기 빅토리아 시대의 집합론으로부터 이런 내용을, 혹은 수학의 다른 어떤 내용도 증명할 방법이 없다는 불안한 사실은 여전히 남게 된다. 소박한 집합론의 붕괴를 일으키기 시작한 건 부랄리-포르티의 역설이라 불리는, 초한서수와 관련 있는 역설이었다. 사실 1896년 즈음에 이 역설의 충격적인 함의를 처음 눈치챈 건 칸토어였다. 그 뒤에 러셀이 최후의 일격을 날렸고, 수학자들이 증명에 대한 신념을 포기하거나 소박한 집합론의 대안을 찾아야만 한다는 사실이 명확해졌다. 전자는 생각할 수도 없는 일이었다. 따라서 집합론을 애초에 역설의 역자도 발을 못 붙이도록 밑바탕에서부터 철저하게 다시 만들 방법이 필요했다.

답은 형식 체계로 불리는 개념의 발전에 있었다. 자연어에 바탕을 둔 상식적인 가정과 규칙에서 점점 벗어나게 된 소박한 집합론과 반대로 이 새로운 접근법은 특정 공리를 정의하며 시작했다. 공리란 엄밀한 용어로 표현하며 처음부터 참으로 받아들여지는 명제 혹은 전제를 말한다. 각각의 체계와 그 창시자는 서로 다른 공리 집합을 자유롭게 채택할 수 있다. 하지만 한 형식 체계 안에서 공리를 선언하고 난 뒤에는 처음 가정을 바탕으로 만든 명제에 대해서만 참인지 거짓인지를 말할 수 있다. 형식 체계가 성공한 핵심적인 이유는 애초에 공리를 신중하게 선택함으로써 거짓말쟁이 역설처럼 반갑지 않고 파괴적인 일이 벌어지지 않게 할 수 있다는 점이다.

때로는 역설이라고 불리는 것들 중 일부는 실제로는 역설이 아니라 단지 반직관적으로 보이는 참인 명제다. 수학에서 고전적인 사례가 이른바 바나흐-타르스키 역설로, 공을 유한한 수의 조각으로 나눈 뒤 다시 배열해 각각 전과 부피가 똑같은 공을 두 개 만들 수 있다는 것이다. 이건 말도 안 되어 보인다. 실제로는 이 역설이 진짜 공과 날카로운 칼, 접착제를 가지고 실제로 그렇게 할 수 있다는 주장이 아니라는 것을 이해하는 게 중요하다. 또한 사업가들이 금괴를 잘라서 원래와 똑같은 금괴 두 개가 되도록 조립할 수 있는 것도 당연히 아니다. 바나흐-타르스키 역설은 우리를 둘러싼 세상의 물리학에 관해서는 어떤 새로운 사실도 알려주지 않는다. 하지만 '부피'와 '공간'처럼 익숙한 것들이 수학이라는 추상적인 세계에서 어떻게 익숙하지 않은 모습으로 가장할 수 있는지에 관해서는 많은 시사점을 준다.

폴란드의 수학자 스테판 바나흐Stefan Banach와 알프레드 타르스키Alfred Tarski는 1924년에 이탈리아의 수학자 주세페 비탈리Giuseppe Vitali가 앞서 했던 연구에 바탕을 둔 놀라운 결론을 발표했다. 비탈리는 단위 길이(0에서 1까지 이어지는 선분)를 쪼개 유한한 수의 조각으로 만든 뒤 조각을 이리저리 움직여서 합치면 길이를 2로 만드는 게 가능하다는 사실을 증명했다. 바나흐-타르스키 역설(실제로는 역설이 아니라 수학자들이 흔히 바나흐-타르스키 분해로 부른다)은 수학적인 공을 이루는 유한한 점의 집합에서 모든 가능한 부분집합에 대해 부피와 측정이라는 개념을 정의할 수 없다는 사실을 강조해 보여준다. 요약하자면, 공이 부분집합으로 분해되고 평행이동과 회전만을 이용한 다른 방식으로 그 부분집합을 재조립할 때는 우리에게 익숙한 방식으로 측정할 수 있는 양이 반드시 그대로 이지는 않을 수 있다는 소리다. 이런 측정할 수 없는 부분집합은 평범한 의미에서 말하는 타당한 경계와 부피가 없어서 극도로 복잡하며, 물질과 에너지로 이루어진 현실 세계에서는 있을 수 없다. 어쨌든 바나흐-타르스키 역설은 부분집합을 만드는 방법을 자세히 알려주지는 않는다. 단지 그게 존재한다는 사실만 증명할 뿐이다.

역설은 다양한 형태로 나타날 수 있다. 일부는 단순한 우리의 추론 오류이며, 일부는 우리가 당연하게 받아들이는 것에 관한 흥미로운 의문을 불러일으킨다. 또, 어떤 역설은 수학이라는 영역 전체를 무너뜨릴 정도로 위협하지만, 더욱 단단한 기초 위에 다시 쌓아 올릴 기회를 제공하기도 한다.

10장

닿을 수 없는 그곳

수학에서 무한은 제대로 다루지 않는 한 언제나 제멋대로다.

_제임스 뉴먼

어쩔 수가 없다. 그러고 싶지 않아도 무한이 나를 괴롭힌다.

_알프레드 드 뮈세

♣

우주는 어딘가에서 끝이 날까? 시간에는 시작이 있었을까? 그리고 언젠가는 끝이 날까? 가장 큰 수는 존재할까? 어린 시절에도 우린 이런 질문을 한다. 아무래도 누구나 살면서 한 번쯤은 무한에 관해 호기심을 느끼는 것 같다. 그러나 애매모호함과 거리가 먼 개념인 무한은 활발한 연구의 대상이 될 수 있다. 그리고 우리가 얻는 결과는 믿을 수 없을 정도로 반직관적일 수 있다.

끝이 없음에 관한 생각은 철학과 종교, 예술에서도 찾을 수 있다. 미국의 재즈기타리스트이자 작곡가인 팻 메테니Pat Metheny는 "내가 음악가에게서 보는 건 무한에 관한 감각이다"라고 말했다. 영국의 시인이자 화가 윌리엄 블레이크William Blake는 감각이 사물의 진정한 성질을 음미하지 못하게 가로막고 있으며 "만약 인식의 문이 깨끗해진다면, 모든 것이 있는 그대로, 즉 무한하게 보일 것"이라고 생각했다. 소설가 귀스타브 플로베르Gustave Flaubert는 "무한에 가까이 도달할수록 공포에 더 깊이 빠져들게 된다"고 경고했다.

불편한 무한

과학자들도 이따금 무한과 마주치는데, 그 만남이 항상 즐겁지만은 않다. 1930년대에 아원자 입자를 이해할 수 있는 더 좋은 방법을 찾던 이론물리학자들은 때때로 계산 결과가 무한히 커진다는, 즉 발산한다는 사실을 알아냈다. 예를 들어 전자 산란 실험 결과에 따라 전자를 크기가 0인 입자로 취급할 때 이런 일이 벌어졌다. 계산에 따르면 전자 주위의 전기장 에너지가 무한히 커야 하는데, 그건 말이 되지 않았다. 결국 재규격화라고 불리는 수학적 기법의 형태로 이런 당황스러운 일을 피할 방법을 찾아냈다. 비록 일부 물리학자는 제멋대로인 성질 때문에 여전히 불편해 하지만, 이제 재규격화는 양자역학의 표준 절차가 되었다.

물리적 척도의 정반대 쪽에 있는 우주론자들은 우주 전체의 크기에 한계가 있는지 모든 방향으로 끝이 없는지를 알 수 있기를 간절히 바라고 있다. 지금으로서는 전혀 모른다. 우리가 볼 수 있는 (적어도 이론상) 우주의 일부, 이른바 관측 가능한 우주는 지름이 약 920억 광년이다. 1광년은 빛이 1년 동안 움직이는 거리다. 관측 가능한 우주는 우주 전체에서 빅뱅 이후로 빛이 우리에게 도달할 수 있는 일부분이다. 그 너머에는 우리가 어떤 수단으로도 다가갈 수 없는 훨씬 넓은, 어쩌면 무한히 넓은 공간이 있을지도 모른다.

아인슈타인이 일반상대성이론을 발표한 뒤로 우리는 곡면인 구가 구부러진 것처럼 우리가 사는 공간이 구부러질 수 있다는 사실을 알고 있다. 물론 우리가 사는 공간은 2차원이 아닌 3차원이지만 말이다. 좀 더 정확하게 말하자면, 본질적으로 한 데 얽혀있는 시간과 공간은 우리가 학교에서 배우는 익숙한 기하학 법칙을 따를 필

허블 우주망원경이 찍은 아벨 S1077 은하단.

요가 없다. 국지적인 규모에서 보면 우리는 시공간이 구부러져 있다는 사실을 확실히 알고 있다. 태양이나 지구처럼 질량이 있는 물체 주변의 시공간은 얇은 고무판 위에 무거운 물체를 올려 놓았을 때처럼 휘어진다. 하지만 아직 우리는 우주 전체가 평평한지, (비유클리드 기하학에 따르면)구부러져 있는지 모른다. 우주의 모양은 우주의 궁극적인 운명을 결정하기 때문에 우주론자들은 우주가 어떻게 생겼는지 간절하게 알고 싶어 한다.

만약 시공간이 전체적으로 구부러져 있다면, 구나 도넛의 곡면이 닫힌 것처럼 우주는 닫힌 모양이 되고 따라서 크기는 무한하지 않지만 아무리 멀리 가도 가장자리나 경계에 도달할 수는 없을지도 모른다. 또 다른 가능성은 우주가 끝없이 뻗어나가는 말 안장 같은 곡면으로, 이 경우 우주는 '열려' 있으며 영원히 뻗어나가거나 아니면 여전히 유한할 수도 있다. 우주 전체가 평탄할 수도 있다. 이 경우에도 우주의 크기는 무한할 수도 유한할 수도 있다. 진짜 상황이 어떤지는 모르겠지만, 만약 우주가 유한한 크기로 시작했다면, 앞으로도 계속 그럴 것이다. 비록 계속 커질 수는 있어도 말이다. 그리고 만약 우주가 무한히 크다면, 원래부터 그랬을 것이다.

우주의 크기가 언제나 무한했다는 생각은 빅뱅이라는 유명한 개념에 비추어 보면 이상하게 느껴질 수 있다. 빅뱅은 원자보다 훨씬 작은 영역에서 물질과 에너지가 쏟아져 나오는 현상이기 때문이다. 하지만 여기에 모순은 없다. 처음의 이 작은 영역은 빅뱅의 시작 이후 찰나의 순간에 관측 가능한 우주의 크기, 즉 빛이 최대한 여행할 수 있는 범위를 나타낼 뿐이다. 우리가 관측할 수 없을 뿐 우주 전체는 여전히 처음부터 무한했을 수 있다. 우주의 시공간이 무한하거나 유한하다는 가능성 둘 다 마음속으로 쉽게 받아들여지지는 않지만, 생각해 보면 유한하다는 가능성이 더 이해하기 어려울지도 모른다. 철학자이자 에세이 작가인 토머스 페인Thomas Paine은 다음과 같은 글을 남겼다.

> 우주에 끝이 없다고 상상하는 건 이루 말할 수 없이 어렵다. 우리가 시간이라고 부르는 것이 영원히 지속된다고 상상하는 건 인간의 힘으로는 도저히 어려운 일이다. 하지만 시간이 없어진다고 상상하는 건 더더욱 불가능하다.

지금까지 천문학자들이 먼 은하들을 연구해서 수집한 증거에 따르면, 우주는 평탄하며 크기는 무한하다. 그러나 진짜 우주의 시공간에 관한 한 '무한'의 의미는 명확하지 않다. 무한히 먼 곳에서 정보를 받을 수는 없으므로 우리는 직접적인 측정으로 시공간이 영원히 계속될지를 증명할 수는 없다. 또 다른 복잡한 문제는 시공간의 성질 자체에서 생긴다. 물리학자들은 각각 플랑크 길이와 플랑크 시간이라는 가장 작은 거리와 시간이 존재한다고 생각한다. 다시 말해, 시공간은 연속적인 게 아니라 양자화되어 있다. 알갱이처럼 낱개로 이루어져 있다는 뜻이다. 플랑크 길이는 대단히 작다. 1.6×10^{-35}m로, 양성자 지름의 1해垓(10^{20}) 분의 1밖에 되지 않는다. 그리고 빛이 플랑크 길이만큼 움직이는 데 걸리는 시간인 플랑크 시간도 엄청나게 짧아 10^{-43}초가 채 되지 않는다. 그렇지만 이런 시공간에 입자성이 있다는 건 우리가 물리적 우주라는 맥락에서 무한을 이야기할 때 신중해야 한다는 뜻이다. 수학자들이 알아냈듯이 모든 무한이 다 똑같지는 않다.

무한을 생각하다

무한에 관한 생각을 기록한 최초의 인물은 2,000여 년 전의 그리스와 인도 철학자들이었다. 기원전 6세기의 아낙시만드로스Anaximenes는 아페이론Apeiron('경계가 없음')이 모든 것의 근원이라고 이야기했다. 아낙시만드로스와 동향 출신으로, 한 세기쯤 뒤에 활동했던 엘레아(오늘날 이탈리아 남부의 루카니아)의 제논Zeno은 최초로 수학적인 관점에서 무한을 다루었다.

제논이 무한의 위기에 관해 생각하기 시작한 건 아킬레우스와

조쉬 스타이저가 찍은 <영원 거울>.

거북의 달리기 경주로 유명한 역설을 통해서였다.

승리를 확신한 신화 속의 영웅은 거북이 앞에서 출발할 수 있게 해 준다. 하지만 여기서 제논이 묻는다. 아킬레우스가 느림보 거북을 어떻게 역전할 수 있을까? 먼저 아킬레우스는 거북이 출발한 곳까지 가야 한다. 그동안 거북은 앞으로 나아간다. 둘 사이에 새로 생긴 거리를 메우고 나자 아킬레우스는 상대방이 또 앞으로 움직였음을 알게 된다.

이런 과정이 무한이 계속된다. 아무리 계속 아킬레우스가 거북이 있었던 곳까지 가도 그동안 거북은 좀 더 앞으로 나가 있다. 우리가 무한을 생각하는 방식과 현실에서 벌어지는 일이 다르다는 사실은 명백하다. 사실 제논은 이 문제를 비롯한 여러 문제로 혼란에 빠져 무한에 관해 생각하지 않는 게 최선이라고 생각했다. 게다가 그는 '움직임'은 불가능하다고 생각했다!

피타고라스와 그 추종자들에게도 비슷한 충격이 기다리고 있었다. 이들은 궁극적으로 우주의 모든 것을 정수로 이해할 수 있다고 확신했는데, 어차피 분수라고 해도 단지 한 정수를 다른 정수로 나눈 것뿐이었다. 하지만 2의 제곱근(짧은 변의 길이가 둘 다 1인 직각삼각형의 빗변 길이)은 이런 깔끔한 우주의 계획에 맞아떨어지지 않았다. 그건 두 정수의 비로 표현할 수 없는 '무리수'였다. 달리 설명하자면, 소수점 아래로 반복되지 않는 수가 끝없이 이어지는 수다. 피타고라스 학파는 무리수에 관해 전혀 몰랐으며, 2의 제곱근은 자기들 딴에는 완벽해 보이는 세계관 속의 기형적인 존재였다. 그래서 그 존재를 비밀로 감추려 했다.

이 두 사례는 무한을 이해하는 과정에서 생기는 기초적인 문제를 잘 보여준다. 우리의 상상력은 아직 끝에 이르지 못한 것을 잘 다룰 수 있다. 한 걸음 더 나아가거나 총합에 하나를 더하는 모습은 언제나 그려볼 수 있다. 하지만 완전한 무한 전체를 생각하면 머리가 어질어질해진다. 정확한 양과 엄밀하게 정의한 개념을 다루는 수학자들에게 이건 상당한 골칫거리였다. 어떻게 하면 분명히 존재하며 무한정 이어지는 개념, 이를테면 √2(1.41421356237…처럼 계속 이어지지만, 예측 가능한 반복이나 패턴이 나타나지 않는다) 같은 수나 직선에 한없이 가까워지는 곡선을 다루면서 무한 자체를 마주하지 않을 수 있을까? 아리스토텔레스는 무한에 두 가지 종류가 있다고 주장하며 가능한 해결책을 제시했다. 아리스토텔레스가 존재할 수 없다고 생각했던 실무한實無限(혹은 완전한 무한)은 끝이 없음이 완전히 실현된 것으로, 언젠가는 실제로 (수학적으로 혹은 물리적으로) 도달하는 무한이다. 예를 들어 계절의 끝없는 순환이나 끝없이 쪼갤 수 있는 황금 조각(아리스토텔레스는 원자에 관해 몰랐다)처럼 자연에 분명히 존재한다고 생각했던 가무한假無限(잠재적 무한)은 끝이 없는 시간 위에 펼쳐져 있는 무한이다. 절대적 무한과 잠재적 무한이라는 이 근본적인 구분은 2,000년 이상 수학계에 남아 있었다. 1831년에는 다름 아닌 카를 가우스가 "실무한에 대한 두려움"을 표현하며 다음과 같이 말했다.

> 나는 무한대를 뭔가 완전한 것처럼 사용하는 데 반대한다. 그건 수학에서 절대 허용할 수 없다. 무한은 단지 말하는 방식일 뿐이며, 진짜 의미는 특정 비율이 무한정 가까워지는 한계다. 나머지 비율은 제약 없이 증가할 수 있다.

관심을 가무한에만 한정함으로써 수학자들은 무한급수와 극한, 무한소와 같은 결정적인 개념을 개발하고 다룰 수 있었고, 무한 자체가 수학적 대상이라고 인정하지 않은 채로 미적분에 도달할 수 있었다. 그러나 중세 때 이미 실무한이 그렇게 쉽게 제쳐둘 수 있는 문제가 아니라는 점을 시사하는 역설과 퍼즐이 등장했다. 이런 퍼즐은 어떤 대상의 집합에 속한 모든 대상을 크기가 똑같은 다른 집합에 속한 모든 대상과 하나씩 짝짓는 게 가능하다는 원리에서 유래했다. 그러나 이것을 무한히 큰 집합에 적용하면 '전체는 언제나 그 부분보다 크다'는 유클리드가 처음 제시했던 상식적인 개념과 충돌하는 것처럼 보인다. 예를 들어, 양의 정수를 모두 짝수와 짝짓는 건 가능해 보인다. 1과 2, 2와 4, 3과 6 등등. 양의 정수에는 홀수도 있다는 사실에도 불구하고 계속 이어나갈 수 있다. 이런 문제를 고민하던 갈릴레오는 "무한은 유한수와 다른 셈법을 따라야 한다"고 말하며 처음으로 무한에 대해 좀 더 진보적인 태도를 보였다.

가무한이라는 개념을 들으면 우리는 계속, 충분히 오랫동안 나가기만 하면 무한에 가까워질 수 있다고 생각하게 된다. 그러다가는 1조나 1조의 1조 배의 1조 배 같은 아주 큰 수가 10이나 1,000보다 무한에 더 가깝다는 흔한 통념에 빠지게 마련이다. 하지만 이건 사실이 아니다. 수직선을 따라 계속 가거나 점점 더 큰 수를 센다고 해도 우리는 무한 근처에도 가지 못한다. 우리가 아무리 큰 수를 생각해도 그 수에서 무한까지의 거리는 1과 비교해서 더 멀지도 않고 더 가깝지도 않다. 달리 표현하면, 어떤 수든, 아무리 작은 수라고 해도 그 안에 무한을 모두 담을 수 있다. 따라서 무한을 찾겠다고 계속해서 큰 수를 떠올리는 건 완전히 쓸데없는 짓이 된다. 예를 들어 0과 1 사이에도 무한은 존재한다. 무한히 많은 분수($\frac{1}{2}$, $\frac{1}{3}$, $\frac{1}{4}$ 등등)가 있기 때문이다. 무한은 큰 유한수와 완전히 다르다. 무한을 다루려면 우리는 유한수에 의존하여 이해하려는 시도를 그만두고, 유한수의 영역에서 뛰쳐나와야 한다.

독일의 수학자 다비트 힐베르트는 끝이 없는 것을 계산하는 게 얼마나 기괴해질 수 있는지를 멋지게 보여주었다. 1924년에 있었던 한 강의에서 힐베르트는 방이 무한히 많은 호텔을 상상해 보라고 했다. 방이 유한한 평범한 호텔이라면, 모든 방이 가득 차면 더 이상 손님을 받을 수 없다. 하지만 '힐베르트 그랜드 호텔'은 놀라울 정도로 다르다. 1번 방의 손님이 2번 방으로 옮기고, 2번 방의 손님이 3번 방으로 옮기는 식으로 계속 손님들이 방을 옮긴다면, 새로 온 손님을 1번 방에 받을 수 있다. 사실 1, 2, 3…번 방의 손님들을 2, 4, 6…번 방으로 이동시키면 남는 홀수 방에 손님을 무한히 많이 받을 수 있다. 이 과정은 무한정 계속할 수 있어서 설령 승객이 무한히 타고 있는 버스가 무한히 많이 도착해도 누구도 방을 구하지 못해 돌아가야 하는 일이 없다. 이건 우리 직관을 조롱하는 결과다. 하지만 우리의 직관은 무한히 큰 무언가를 다루는 데 익숙하지 않다. 무한히 많은 것은 유한히 많은 것과 성질이 다른 게 사실이다. 예를 들어 과학에서 세상은 아주 작은(양자) 규모일 때와 일상적인 규모일 때 서로 다르게 행동한다. 힐베르트 호텔의 경우 '모든 방에 손님이 있다'와 '더 많은 손님이 묵을 수 있다'는 서로 양립할 수 있다.

원소가 무한히 많은 수의 집합이라는 현실을 받아들이면 우리는 아주 이상한 세계로 들어가게 된다. 그건 19세기 후반에 수학자들이 마주해야 했던 결정적인 문제였다. 그들은 실제 무한을 수로 받아들일 준비가 되어 있었을까? 대부분은 여전히 아리스토텔레스와 가우스의 뒤에 서서 그런 생각을 반대했다. 하지만 독일의 수학자 리하르트 데데킨트Richard Dedekind를 비롯한 몇 명, 그리고 누구보다도 데데킨트의 동포였던 게오르크 칸토어Georg Cantor는 무한 집합이라는 개념에 건실한 발판을 만들어 주어야 할 때가 왔다고 생각했다.

무한이라는 희한하고 심란한 영역을 개척하던 칸토어는 많은 동료의 격렬한 반대와 조롱(그중에서도 가장 크게 비난한 사람이 멘토이자 스승이었던 레오폴트 크로네커Leopold Kronecker였다)에 직면했고, 베를린대학교의 직장도 잃었다. 그리고 때때로 제정신을 잃기도 했다. 말년에 칸토어는 가끔 정신병원에 입원했고, 셰익스피어의 작품을 실제로 누가 썼냐는 문제로 고민했으며, 자신의 수학 연구가 지닌 철학적이고 심지어는 종교적인 함의에 사로잡혔다. 조국이 전쟁 중이었던 1918년에 요양병원에서 비참하게 세상을 떠났지만, 오늘날 우리는 칸토어를 집합론과 무한에 대한 이해를 넓히는 데 공헌한 인물로 기억하고 있다.

칸토어는 두 유한집합이 똑같은지 알아내기 위해 사용하는 유명한 짝짓기 원리를 무한집합에도 충분히 적용할 수 있다는 사실을 깨달았다. 실제로 짝수인 양의 정수는 양의 정수만큼 있다. 칸토어는 이게 역설이 아니라 무한집합을 정의하는 성질이라고 보았다. 전체가 부분보다 더 크지 않다는 것이다. 칸토어는 더 나아가 모든 자연수의 집합, 음수가 아닌 정수 0, 1, 2, 3, …(때로는 0이 빠진다)의 집합은 모든 유리수(한 정수를 다른 정수로 나눈 형태로 나타낼 수 있는 수)의 집합과 원소의 수가 똑같다는 사실을 보였다. 칸토어는 이 무한집합의 원소 수를 알레프-널$\aleph_0$이라고 불렀다. '알레프'는 히브리어 알파벳의 첫 번째 글자고, '널'은 0을 뜻하는 독일어다. 때로는 알레프-제로나 알레프-0이라고 부르기도 한다.

여러분은 무한집합의 원소 수가 단 하나라고 추측할지도 모르겠다. 끝없이 큰 게 있다면 그보다 큰 게 어디 있겠는가? 하지만 틀렸다. 칸토어는 무한이 여러 종류 있으며, 그중에서 알레프-0이 가장 작다는 사실을 보였다. 알레프-0보다 무한히 큰 건(칸토어는 더욱 '강력하다'고 표현했다) 알레프-1이고, 알레프-1보다 무한히 큰 건 알레프-2다. 이렇게 끝없이 이어진다. 그것도 모자라 우리가 상상할 수 있는 한 알레프의 크기는 무한히 많다. 그뿐만 아니라 각 알레프에 대해 다른 무한한 수가 무한히 많다는 사실이 드러났다. 이 사실은 무한의 영역에서 기수와 서수 사이의 중요한 차이에 관해 생각해 보게 한다.

기수와 서수

일상 언어와 산술에서 기수는 사물이 몇 개 있는지를 알려준다. 하나, 다섯, 42 등등. 반면 이름에서 알 수 있듯이 서수는 사물의 순서나 위치를 알려준다. 첫 번째, 다섯 번째, 42번째 등등. 수를 이렇게 구분하는 건 꽤 명확하지만 별로 중요해 보이진 않는다. 가령 우리가 연필 이야기를 하고 있다고 하자. 적어도 연필이 다섯 개 이상 있지 않은 한 다섯 번째 연필이 있을 수 없다는 점과 연필이 모두 일곱 개 있어도 여전히 다섯 번째 연필이 있을 수 있다는 점은 명확하다. 연필을 순서대로 정리하지 않았다면 연필이 다섯 개 있어도 다섯 번째 연필은 없을 수 있다. 하지만 이런 소소한 구분은 제쳐두고 우리는 하나(첫 번째), 다섯(다섯 번째), 42(42번째)처럼 똑같은 기호로 기수와 서수를 나타내면서 그 둘이 어떻게 다른지 별로 신경 쓰지 않는다. 그러나 칸토어는 무한수에 관해서는 이 구분이 지극히 중요해진다는 사실을 깨달았다. 이것을 이해하려면 우리는 칸토어와 데데킨트가 중요한 역할을 한 집합론이라는 수학의 한 분야를 간단히 살펴볼 필요가 있다.

집합은 단순히 어떤 사물을 모아 놓은 것이다. 그 사물은 수가 될 수도 있고, 다른 무언가가 될 수도 있다. 그리고 집합을 나타내는 데 쓰는 수학 기호는 중괄호다. 예를 들어 {1, 4, 9, 25}와 {화살, 활, 75, R}은 둘 다 집합이다. 집합의 크기, 즉 포함하고 있는 원소의 수는 집합의 기수라고 부르며, 기수로 나타낸다. 방금 언급한 집합은 둘 다 원소가 네 개이므로 기수가 4다. 일반적으로 두 집합의 기수가 같으면 한 집합의 모든 원소는 다른 집합의 모든 원소와 짝을 지을 수 있고 아무 원소도 혼자 남지 않는다. 다시 말해, 일대일대응 관계가 된다. 예를 들어 우리는 1과 75를, 4와 화살을, 9와 R을, 25와 활과 짝지어 두 집합의 기수가 같다는 사실을 보일 수 있다. 유한집합의 기수는 간단히 자연수 0, 1, 2, 3 등으로 나타낼 수 있다. 첫 번째 무한집합의 기수는 알레프-0이다. 앞서 살펴보았듯이 알레프-0은 모든 자연수를 포함한 집합의 크기를 말한다.

유한집합의 경우 기수로 나타내는 집합의 크기와 서수로 나타내는 집합의 '길이' 사이의 차이가 미미해서 지식을 뽐낼 이유가 아니라면 구분할 필요가 없다. 하지만 칸토어는 무한집합의 경우 이 둘이 아주 다른 짐승이라는 사실을 깨달았다. 이 둘이 얼마나 다른지를 이해하려면 우리는 '정렬집합'이라는 개념을 이해해야 한다. 만약 어떤 집합이 다음 두 조건을 만족할 경우 그 집합은 정렬되었다고 할 수 있다. 첫째, 그 집합에 뚜렷한 첫 번째 원소가 있어야 한다. 둘째, 그 안의 원소들로 만든 각 부분집합 역시 첫 번째 원소가 있어야 한다. 예를 들어 {0, 1, 2, 3}은 정렬집합이다. 반면 양의 정수뿐만 아니라 음의 정수까지 포함하는 모든 정수의 집합 { … -2, -1, 0, 1, 2, … }은 첫 번째 원소가 없으므로 정렬집합이 아니다. 모든 자연수의 집합 {0, 1, 2, 3, … }은 구체적인 마지막 원소가 없어도 시작하는 원소가 있고, 모든 부분집합이 자연수만 포함해 첫 번째 원소가 있으므로 정렬집합이다.

이제 중요한 건 크기, 혹은 기수가 같은 무한 정렬집합의 길이가 다를 수 있다는 점이다. 이것은 수학자라고 해도 이해하기 쉽지 않은 개념이다. 엄밀히 말해서, 우리는 '길이'가 다르다기보다는 '기수'가 다르다고 말해야 한다. 하지만 좀 더 익숙한 용어가 이해하기에는 쉬울 것이다. 집합 {0, 1, 2, 3, 4, … }과 {0, 1, 2, 4, …, 3}이 있다고 하자. …은 '영원히 계속 이어진다'는 뜻이다. 4에서 시작해 계속 가는 것이다. 하지만 두 번째 집합을 보면 3이 가장 끝에 있다. 두 집합에는 모든 자연수가 들어 있으므로 크기 혹은 기수가 알레프-0으로 같다. 하지만 두 번째 집합이 살짝 더 길다. 처음에는 이게 말이 안 되어 보인다. 만약 우리가 {0, 1, 2, 3, 4}와 {0, 1, 2, 4, 3}이라는 유한집합에 관해 이야기하고 있다면, 두 집합은 모두 원소가 5개이므로 길이가 같다. 하지만 무한집합은 악마같이 반직관적이다. 집합 {0, 1, 2, 3, 4, … }의 …은 멈추지 말고 계속 가라는 뜻이므로 여기에는 유한한 마지막 원소가 없다. 그러나 {0, 1, 2, 4, … , 3}은 다르다. 여기에도 영원히 이어지는 원소열이 있다. 그리고 절대 끝나지 않는 원소열의 뒤에 한 원소가 더 있다. 3을 없애면 {0, 1, 2, 3, …}은 {0, 1, 2, 4, …}과 길이가 같다. 다시 말해, 이 두 원소열의 모든 원소를 하나도 남지 않게 짝지을 수 있다. 하지만 3이 무한한 원소열의 뒤에 오도록 맨 뒤로 보내면 길이가 1만큼 늘어난다. 다른 방식으로 생각해 보자. 첫 번째 집합 {0, 1, 2, 3, 4, … }에는 첫 번째 원소(0), 두 번째 원소(1), 세 번째 원소(2), 네 번째 원소(3) 등이 있다. 두 번째 집합에는 첫 번째(0), 두 번째(1), 세 번째(2), 네 번째(4) 등이 있다. 그러나 3은 이 안에 없다. 우리가 3에 부여한 서수(숫자의 값이 아니라 그 숫자가 나타난 순서)는 그 앞에 오는 어떤 것보다 크다. 원소열에 있는 다른 모든 수보다 뒤에 있기 때문이다.

이렇게 알레프와는 다른 부류의 무한수를 지칭하기 위한 명명 체계가 있어야 한다. 수학자들은 가장 작은 무한서수(가장 짧은, 모든 자연수를 포함한 집합의 길이)를 오메가ω라고 부른다. 3이 모든 자연수의 뒤에 놓인 집합 {0, 1, 2, 4, … , 3}의 서수는 1만큼 크다. 즉 ω+1이다. 다른 표현으로, 3은 집합 {0, 1, 2, 4, … , 3}의 (ω+1)번째 원소라고 할 수도 있다. 여기 나오는 + 기호는 통상적인 더하기가 아니라 ω+1이 ω 다음에 나오는 서수라는 뜻이라 다소 헷갈릴 수 있다. ω에 더할 수는 있지만, 뺄 수는 없다. 3을 뺀 집합 {0, 1, 2, 4, … }의 서수는 여전히 ω다. ω-1 같은 건 없다. 이상해 보일 수는 있지만, 그건 우리가 유한수를 다루는 데 익숙하기 때문이다. 모든 자연수를 포함한 집합에서 아무리 많은 원소를 제거해도 {0, 1, 2, 4, … }에서 보았듯이 무한이기 때문에 '길이'는 작아질 수 없다. 반대로, 제거했던 원소를 맨 뒤에 놓으면 길이를 늘릴 수 있다.

요약하자면, 알레프-0과 ω는 둘 다 똑같은 자연수의 집합을 가리킨다. 알레프-0은 자연수 집합의 크기(원소가 얼마나 많이 들어있는지)를, ω는 가장 짧은 길이를 말한다. 이 길이는 순서를 평소와 다르게 바꾸어 몇몇 원소를 맨 뒤에 놓으면 늘어난다. 예를 들어 집합 {2, 3, 4, … , 0, 1}의 기수는 알레프-0이지만, 서수는 ω+2다. 더 많은 원소를 '영원히 계속하라'는 뜻의 … 뒤로 보내면 자연수 집합의 길이는 ω+3, ω+4, …처럼 이어져 최대 $\omega+\omega$ (또는 $\omega\times2$)까지 늘어날 수 있다. 예를 들어, 모든 짝수로 이루어진 부분집합 뒤로 모든 홀수로 이루어진 부분집합이 이어진 {0, 2, 4, … , 1, 3, 5, … }의 길이가 바로 $\omega+\omega$다. 두 부분집합의 길이가 각각 ω이기 때문이다. 여기서 우리는 전과 마찬가지로 원소를 뒤로 보낼 수 있다. 예를 들어, $\omega \times 2+1$은 {2, 4, ⋯ , 1, 3, 5, ⋯ , 0}을 가리킬 수 있다. 그다음에는 ω의 거듭제곱이다. ω^2, ω^3 등등 ω의 ω 제곱(ω^ω)까지 갈 수 있다. 이어서 ω 위에 지수로 탑을 쌓을 수 있다. $\omega^{\omega^{\omega^{\cdots}}}$ 처럼 쌓아 ω의 탑이 ω만큼 높아질 때까지 계속 올라갈 수 있다. 마지막으로, 이를 넘어서면 새로운 차원이 있다. 칸토어가 입실론-0(ε_0)이라고 부른 서수다. ω가 유한 서수를 넘어선 가장 작은 서수였던 것처럼, ε_0은 ω의 덧셈, 곱셈, 거듭제곱으로 나타낼 수 있는 서수를 넘어선 가장 작은 서수다. ω 서수와 마찬가지로 무한히 큰 입실론 수의 영역으로 들어가는 관문이다. 입실론 역시 오메가로 했던 모든 과정을 반복한다. 입실론의 지수 탑을 쌓거나 뭐가 됐든 입실론을 사용하는 가능한 수학 연산이 하나도 남지 않을 때까지. 이 시점에서 우리는 제타-0(ζ_0)으로 시작하는 무한서수의 또 다른 차원에 도달한다. 그리고 이 과정은 계속 이어진다.

다른 걸 떠나서 이 과정을 더 나아가는 데 있어 생기는 어려움은 표기법이다. 결국, 점점 멀어져 가는 무한서수의 계층을 나타낼 수 있는 그리스 문자는 다른 서수 명명 체계와 함께 다 떨어지게 된다. 광대한 무한서수를 표기하는 더 강력하고 간결한 수단을 찾는 문제까지 들어가면 기술적인 난이도는 더 올라간다. 제타-0이 한참 뒤로 물러나게 된 뒤로는 관련 수학자의 이름을 딴 몇몇 이정표가 생겼다. 페퍼먼-쉬테 서수, 작은 베블런 서수와 큰 베블런 서수(둘 다 어처구니없을 정도로 크다), 바흐만-하워드 서수, 처치-클린 서수(미국의 수학자 알론조 처치와 제자인 스티븐 클린이 처음으로 기술했다) 등이다. 이 각각에 얽힌 수학은 너무나 심오하기 때문에 이들 중 한 가지만 제대로 설명하려고 해도 책 한 권이 나온다. 예를 들어 처치-클린 서수는 헤아릴 수 없을 정도로 커서 나타낼 수 있는 표기법이 없다.

이런 서수는 일단 대중은 고사하고 전문 수학자도 마주칠 일이 거의 없다. 하지만 그에 관한 핵심적인 사실은 전부 셀 수 있다는 점이다. 다시 말해, ω를 필두로 우리가 지금까지 이야기한 모든 무한서수는 남는 것 없이 자연수와 일대일로 짝지을 수 있다. 그 모든 수열이 단지 자연수를 재배치한 것일 뿐이니 말이 되는 소리다. 달리 표현하자면, 그것들은 전부 기수(크기)가 알레프-0으로 같다. 그런데 입실론-0이나 심지어는 막강한 처치-클린 서수까지 간다고 해도 우리는 처음 출발했을 때에 비해 더 큰 종류의 무한에 별로 가까이 가지도 못한다. 처치-클린 서수 같은 건 아무리 거대하다고 해도 단지 모든 자연수의 집합을 순서대로 놓는 서로 다른 방법을 나타낼 뿐이다. 더 큰 종류의 무한이란 알레프-0을 모두 뛰어넘는 무한을 뜻한다. 그런게 어떻게 가능할까?

알레프-0은 우리에게 익숙한 수와 같지 않다. 1+1=2인 반면 알레프-0+1은 여전히 알레프-0이다. 그러면 〈녹색병 10개〉라는 동요의 가사는 다음과 같이 바뀌어야 한다. "알레프-0개의 녹색병이 벽 위에서 놀고 있어요. 알레프-0개의 녹색병이 벽 위에서 놀고 있어요. 그런데 녹색병 하나가 실수로 떨어졌어요. 그래서 알레프-0개의 녹색병이 벽 위에서 놀고 있어요."(무한히 반복) 알레프-0에 유한한 수를 빼거나 더하거나 곱한다 해도, 심지어는 알레프-0을 곱한다 해도 바뀌지 않는다. 하지만 칸토어는 오늘날 자신의 이름이 붙은 정리를 사용해 무한에 계층이 있고, 그중에서 알레프-0이 가장 작다는 사실을 보였다. 그다음 무한기수인 알레프-1은 그보다 훨씬 더 크며, 모든 가산 서수, 즉 기수가 알레프-0인 것들의 집합과 크기가 같다. 크기가 알레프-1인 서수를 명확하게 수열로 나타내는 건 어렵지만, $\{0, 1, 2 \cdots \omega, \omega+1, \cdots, \omega \times 2, \cdots, \omega^2, \cdots, \omega^\omega, \cdots, \varepsilon_0, \cdots\}$처럼 모든 가산 서수(자연수를 재배열해서 얻을 수 있는 가능한 모든 길이)를 나열하면 서수는 오메가-1(알레프-1에 대응하는 가장 작은 서수)이 된다.

여기서 잠깐 '가산'이라는 말의 뜻을 짚고 넘어가자. 이는 단순히 셀 수 있는 수열 또는 집합을 뜻한다. 다시 말해, '가산'이라는 말은 수열 속에 넣을 수 있는 무언가에게 쓰인다. 원소들이 반드시 정상적인 순서대로일 필요는 없다. 힐베르트 호텔의 경우처럼 때로는 섞어야 할 필요도 있다. 자연수는 셀 수 있으므로 자연수 집합의 크기인 알레프-0은 가산 무한기수라고 불린다. 이에 대응하는 게 가장 작은 가산 무한서수인 ω와 무한히 많은 다른 가산 무한서수다. 이렇게 무한히 많은 가산 서수가 생기는 건 서수의 경우 순서에 관한 정보가 아주 중요해서 기수보다 훨씬 더 섬세한 구분이 필요하기 때문이다. 그렇지만 입실론 수 등을 비롯해 ω를 필두로 한 수많은 가산 서수는 똑같은 기수, 즉 알레프-0 안에 들어온다. 하지만 알레프-1에서는 극적인 변화가 나타난다. 알레프-1은 알레프-0보다 이루 말할 수 없이 클 뿐만 아니라 셀 수 없다(비가산). 여기에 대응하는 건 가장 작은 비가산 서수 오메가-1(ω_1)이다.

알레프-1이 가산 서수 집합의 크기라고 말하긴 했는데, 다르게 설명할 수는 없을까? 알레프-0은 모든 자연수 집합의 크기를 나타낸다. 알레프-1에 대응하는 익숙하고 이해하기 쉬운 개념은 없을까? 칸토어는 있다고 생각했다. 바로 알레프-1이 직선 위에 있는 모든 점의 수와 똑같다고 생각했던 것이다. 놀랍게도 직선 위의 모든 점의 수는 평면이나 더 높은 차원의 공간 속에 있는 점의 수와 똑같았다. 이와 같은 공간 속 점의 무한함은 연속체 *c*의 크기라 불리며, 모든 실수(모든 유리수와 모든 무리수를 합친 것)의 집합과 크기가 같다. 자연수와 달리 실수는 셀 수 없다. 가령 내가 여러분에게 357 다음에 올 실수를 물었다고 하자. 여러분은 실수를 재배열해 원하는 만큼 다양한 세기 방법을 만들 수 있다. 하지만 영원히 세어 나간다고 해도 절대 셀 수 없는 실수가 있다는 사실은 변하지 않는다.

칸토어는 연속체 가설로 불리는 아이디어를 제시했다. 이에 따르면, *c*는 알레프-1과 같다. 즉 기수가 자연수 집합의 기수와 실수 집합의 기수 사이에 있는 무한집합은 없다는 것과 똑같은 말이다. 그러나 커다란 노력을 했음에도 칸토어는 끝내 자신의 가설을 증명하거나 반증하지 못했다. 오늘날 우리는 그 이유를 알고 있다. 그리고 그 이유는 수학의 가장 기본적인 근간을 강타했다.

1930년 오스트리아 태생의 논리학자 쿠르트 괴델은 표준 공리나 집합론의 가정에서 출발해 연속체 가설이 틀렸음을 증명하는 게 불가능하다는 사실을 보였다. 이를 증명하기 위해 괴델은 구성 가능 전체constructible universe로 불리는 명확한 집합 체계를 도입했고, 여기서 모든 공리가 유효하고 연속체 가설이 참이라는 점을 보였다(물론 구성 가능 전체가 그와 같은 유일한 체계라는 건 아니다). 30년 뒤, 미국의 수학자 폴 코헨Paul Cohen은 똑같은 공리로 연속체 가설이 옳음을 증명하는 것 역시 불가능하다는 사실을 보였다. 다시 말해, 수학자들이 사용하는 보통의 체제 안에서는 불확정한 상태라는 소리다. 5장에서 다루었던, 모든 충분히 복합한 공리 체계에서는 만약 그 체계가 완전할 경우 증명하거나 반증할 수 없는 명제가 존재한다는 괴델의 유명한 불완전성 정리가 등장한 이래 이런 상황은 달라지지 않았다(마지막 장에서 불완전성 정리에 관해 다시 이야기할 때 좀 더 다룰 것이다). 하지만 연속체 가설의 독립성은 여전히 우리 마음을 어지럽히고 있다. 수학의 대부분이 바탕이 두고 있는 보편적으로 인정받는 공리 체계로 증명하거나 반증할 수 없는 중요한 질문의 첫 번째 구체적인 사례이기 때문이다.

연속체 가설이 궁극적으로 참인지 아닌지, 혹은 그게 의미 있는 명제이기나 한 건지에 관한 논쟁은 수학자와 철학자 사이에서 계속 시끄럽게 이어지고 있다. 다양한 무한의 성질이나 무한집합의 존재 자체에 관해 말하자면, 그건 어떤 정수론을 사용하느냐가 결정적이다. 서로 다른 공리와 규칙은 '모든 정수 너머에는 무엇이 있을까?'라는 질문에 대해 서로 다른 답으로 내놓는다. 비록 보통은 어떤 수 체계에서 무한을 명확한 순서로 배열할 수 있지만, 이것은 다양한 유형으로 생겨나는 무한을 서로 비교하고 상대적인 크기를 결정하는 일을 어렵거나 심지어는 의미 없게 만들 수 있다.

알레프-0 너머에는 기수들의 높다란 계층이 있다. 대부분의 수학자가 생각하는 것처럼 연속체 가설이 참이라고(그래야 도움이 되는 결과가 나온다) 가정하면, 그다음으로 큰 건 실수 집합과 크기가 같은, 혹은 알레프-0의 원소를 배열할 수 있는 모든 방법의 수라고 표현할 수 있는 알레프-1이다. 그다음에는 알레프-2(알레프-1의 원소를 배열할 수 있는 모든 방법의 수와 같다), 그다음에는 알레프-3, 알레프-4 등이 끝없이 이어진다. 각각의 알레프 수는 무한한 수의 서수와 대응한다. 가장 작은 ω는 알레프-0에, ω_1은 알레프-1에, ω_2는 알레프-2에 등등. 비록 무한히 많은 알레프 수가 있지만, 각각은 앞선 것보다 무한히 더 크다. 수학자들은 상상할 수 있는 어떤 알레프 수를 능가하는 기수라도 꿈꿀 수 있다. 이렇게 하려면 수학자들은 평소에 사용하는 기반에서 벗어나야 하며 강제법 공리라 불리는 것에 의존해야 한다. 앞서 언급한 폴 코헨이 개척한 기법이다. 이는 '큰 기수'라는 개념으로 이어진다. 말이 '큰'이지, 실제로는 놀라울 정도로 거대해서 말로Mahlo 기수와 초콤팩트 기수처럼 특별한 이름이 붙은 것들까지 포함한다.

수학의 무한, 현실의 무한

마지막으로(적어도 지금 당장은), 절대적 무한이라는 개념이 있다. 종종 대문자 오메가Ω로 나타내는데, 다른 모든 무한을 초월하거나 능가하는 무한을 말한다. 칸토어는 이에 관해 이야기한 바 있지만, 주로 종교적인 관점에서였다. 루터주의에 깊게 빠져 있었던 터라 가끔 기독교적인 신념이 학문 연구에 드러나곤 했다. 칸토어에게 있어 오메가는 자신이 믿는 신(만약 존재한다면)의 마음 속에서만 존재할 수 있었다. 그런 관점에서 보면, 오메가는 장엄한 형이상학적 추측에 불과했다. 순수하게 수학적으로만 보면, 절대적 무한을 엄밀하게 증명하는 건 불가능하다. 그래서 수학자들은 철학적인 추측을 할 때가 아닌 한 무시하는 경향이 있다. 모든 집합의 전체인 폰 노이만 전체von Neumann universe에 속한 원소의 수로 설명하려는 유혹을 느끼기도 한다. 하지만 폰 노이만 전체는 사실 집합이 아니다. 그보다는 집합의 모임이라고 해야 한다. 따라서 기수든 서수든 어느 특정한 무한을 정의하는 데 쓸 수 없다. 좀 더 논쟁이 되는 것을 들자면, 오메가를 1을 0으로 나눌 때의 가장 합당한 결과로 생각할 수도 있다. 기하학의 일부 형태, 예를 들어, '무한원점'이나 '무한원직선' 개념이 나오는 사영기하학projective geometric에서는 가능하지만, 보통 수학에서는 정의하지 않는 과정이다. 오메가로 향하는 여정은 미래 세대의 수학자와 논리학자, 철학자들이 겪을 도전이 될 것이다. 그때까지 우리 머릿속을 점령하고 있을 무한, 각각이 앞선 것보다 무한히 큰 무한은 충분히 많다.

마지막으로 한 가지 더. 이런 수학의 무한 중에서 어느 하나라도 현실 세계에서 실현된 게 있을까? 아니면, 순수하게 추상적인 걸까? 앞서 우리는 우주론자들이 우리가 사는 우주가 기하학적으로 평탄하며 시공간에 끝이 없다는 관점으로 기울어지고 있는 것을 살펴보았다. 만약 우주가 영원히 이대로 나아간다면, 그건 어떤 수학적 무한에 대응될까? 시공간이 불연속적인 양(플랑크 길이와 플랑크 시간)으로 나뉘어 있다는 사실은 시공간이 수학적 직선 위에 있는 점처럼 연속적이지 않다는 뜻이다. 따라서 만약 실제 우주가 무한히 넓다면, 아무래도 가장 작은 무한, 알레프-0에 대응된다고 볼 수 있을 것 같다. 그보다 큰 건 언제나 우리의 지식이나 물리 법칙의 구속을 받지 않는 모종의 관념적인 공간 속에만 있는 걸지도 모른다.

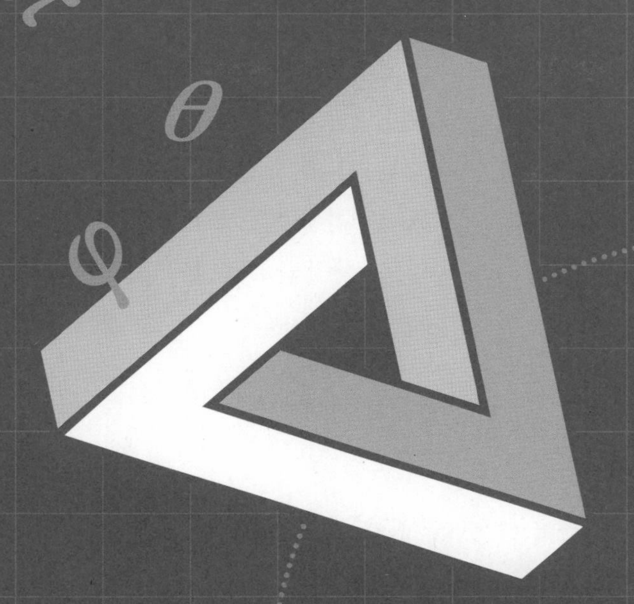

11장

가장 큰 수

정수의 문제는 우리가 아주 작은 수밖에 살펴보지 못했다는 점이다. 어쩌면 신나는 일은 정말 큰 수, 우리가 명확한 방식으로 생각해 볼 수조차 없는 수에서 벌어지고 있을지도 모른다.

_ 로널드 그레이엄

♣

어린아이에게 가장 큰 수를 생각해서 말해 보라고 하면 어떨까? 그러면 "5,000만의 억의 억의 조의 조의…"처럼 숨이 찰 때까지 대답할 것이다. 가끔은 '천천'이니 '만만'이니 하는 알 수 없는 단위까지 나온다. 그런 수는 일상적인 기준으로 볼 때 당연히 큰 수다. 어쩌면 지구에 있는 모든 생명체나 우주에 있는 모든 별의 수보다 클지도 모른다. 하지만 그래봤자 수학자들이 생각할 수 있는 정신이 혼미해질 정도로 거대한 수와 비교하면 새발의 피일 뿐이다. 만약 여러분이 어리석게도 어른이 된 뒤로 죽을 때까지 깨어있는 시간 내내 1초마다 '1조의'를 말하기로 결심했다고 해도 그 수는 그레이엄 수나 TREE(3), 정말로 어마어마한 라요 수처럼 이제부터 만나게 될 수 세계의 괴물들과 비교하면 믿을 수 없을 정도로 작다.

처음으로 아주 큰 수에 관해 체계적으로 생각해 본 사람 중 한 명이 기원전 287년경에 시칠리아의 시라쿠사에서 태어난 고대의 가장 위대한 수학자이자 역사상 가장 위대한 수학자의 한 명인 아르키메데스다. 아르키메데스는 온 세상에 모래알이 몇 개가 있는지, 더 나아가 우주 전체를 채우려면 모래알이 몇 개가 있어야 할지 궁금했다. 고대 그리스인은 항성(밤하늘에 보이는 별로, 행성과는 뚜렷하게 다르다)이 박혀 있는 천구까지가 우주 공간이라고 생각했다. 아르키메데스의 저작 「모래알을 세는 사람」은 다음과 같은 글로 시작된다.

겔로 왕이시여, 모래알의 수가 무한하다고 생각하는 사람들이 있습니다. 여기서 모래라 함은 시라쿠사 근처와 시칠리아 나머지 지역에 있는 것만이 아니라 사람이 살거나 살지 않는 모든 지역에 있는 것을 말합니다. 하지만 이를 무한하다고 여기는 대신 모래알의 수를 능가할 정도로 큰 수에 단지 이름을 붙이지 못했을 뿐이라고 생각하는 사람도 있습니다.

우주 규모의 모래알 수를 추측하기 위해 아르키메데스는 당시에 큰 수를 가리키던 명명 체계를 확장하기 시작했다. 이것은 그 뒤로 점점 더 큰 수를 정의하려고 노력했던 모든 수학자가 마주한 중요한 과제였다. 그리스인은 10,000을 '셀 수 없는'을 뜻하는 미리오스murious라고 불렀다. 로마인은 이를 미리아드myriad라고 불렀다. 아르키메데스는 100,000,000, 현대의 지수법으로 10^8을 뜻하는 '미리아드 미리아드'로 진짜 큰 수의 영역으로 떠나는 여행을 시작했다. 그리스인이 실용적인 용도로 쓰던 그 어떤 수보다 훨씬 더 큰 수였다. 아르키메데스는 미리아드 미리아드 이하의 수에 '1차 수'라는 이름을 붙였다. 미리아드 미리아드 곱하기 미리아드 미리아드(1 뒤에 0이 16개 붙은 수, 10^{16})까지는 '2차 수'였고, 이런 방식으로

“수학은 순수한 사랑으로 그 아름다움을 찾아 다가가는 사람에게만 비밀을 드러낸다”고 믿었던 아르키메데스..

3차 수와 4차 수를 지나 계속 이어나갔다.

아르키메데스의 계획에서 각 차수는 앞선 차수의 미리아드 미리아드배였다. 마침내 아르키메데스는 미리아드 미리아드 차 수에 도달했다. 다시 말해, 10^8을 10^8번 거듭제곱한 수, 10^8의 10^8승이다. 이런 과정을 통해 아르키메데스는 800,000,000자리 수를 나타낼 수 있었다. 여기까지 아르키메데스가 정의한 모든 수는 ‘첫 번째 주기’에 속한다. 아르키메데스는 $10^{800,000,000}$이라는 수를 두 번째 주기의 시작으로 삼았다. 두 번째 주기의 차수도 앞선 방법과 똑같이 정했다. 각각의 차수는 앞선 차수의 미리아드 미리아드 배였고, 이는 미리아드 미리아드 번째 주기에 이를 때까지 이어졌다. 마침내 아르키메데스는 $10^{80,000,000,000,000,000}$, 미리아드 미리아드를 미리아드 미리아드 곱하기 미리아드 미리아드만큼 거듭제곱한 수라는 거대한 값에 도달했다.

알고 보니 아르키메데스는 모래를 세기 위해 굳이 첫 번째 주기를 넘어갈 필요가 없었다. 아르키메데스의 우주관에 따르면 항성까지 이르는 우주 전체는 태양을 중심으로 지름이 2광년이었다. 모래알 하나의 크기를 어림해 계산한 아르키메데스는 모래알 8×10^{63}개가 있으면 우주를 거대한 해변으로 만들 수 있다는 결과를 얻었다. 첫 번째 주기의 8차 수에 속하는 수였다. 오늘날 추정하는 관측 가능한 우주의 지름인 920억 광년으로 계산해도 모래알은 기껏해야 10^{95}개밖에 들어가지 않는다. 첫 번째 주기의 고작 12차 수에 속하는 수다.

큰 수, 더 큰 수….

큰 수에 관한 한 아르키메데스가 서양의 마술사였지만, 동양의 지성인들은 거대한 수라는 괴물을 찾는 여행을 더 먼 곳까지 확장했다. 3세기경에 산스크리트어로 쓰인 인도의 불교 경전 『방광대장엄경』에는 석가모니가 수학자 아르주나Arjuna에게 산스크리트어로 10,000,000을 뜻하는 코티Koti에서 시작하는 수 체계를 설명하는 장면이 나온다. 코티를 시작으로 석가모니는 수의 이름을 길게 늘어놓는다. 각각은 앞선 수보다 100배 크다. 100구지는 아유타Ayuta, 100아유타는 나유타Nayuta가 되는 식으로 계속 이어져 0이 53개 붙는 탈락샤나Tallakshana에 이른다. 석가모니는 그보다 훨씬 큰 수에도 이름을 부여했다. 가령 10^{99}인 드흐바지하그라바티dhvajhagravati나 10^{421}인 우타라파라마누라자프라베사uttaraparamanurajapravesa까지도.

또 다른 불교 경전은 눈이 시릴 정도로 먼 곳을 향해 이보다 더 멀리, 놀라울 정도로 멀리 나간다. 『대방광물화엄경(화엄경)』은 서로 뒤섞이는 무한히 많은 경지의 우주를 묘사하고 있다. 30장에서 석가모니는 다시 한번 큰 수에 관해 설명한다. 10^{10}을 시작으로 이를 제곱해 10^{20}를 얻고, 다시 이를 제곱해 10^{40}를 얻고, 같은 방식으로 10^{80}, 10^{160}, 10^{320} 등으로 계속 이어나가다가 $10^{101,493,392,610,318,652,755,325,638,410,240}$에 도달한다. 이를 제곱해 나오는 수는 석가모니가 "계산할 수 없다"고 말했다. 그 뒤로는 분명히 최상급 표현을 찾아 산스크리트어 사전을 털었을 것이다.

석가모니는 이어지는 큰 수의 이름을 '불가수不可數(셀 수 없는)', '불가칭不可稱(부를 수 없는)', '불가사不可思(생각할 수 없는)', '불가량不可量(헤아릴 수 없는)', '불가설不可說(말할 수 없는)' 등으로 지었고, 이는 $10^{10\times(2\wedge122)}$인 '불가설불가설전不可說不可說轉'에서 정점에 이른다(^ 기호는 거듭제곱을 나타낼 때 쓴다. 따라서 $10^{10\times(2\wedge122)}$은 $10^{10\times(2의\ 122승)}$과 같다). 이 수는 아르키메데스가 자신의 글에서 생각했던 가장 큰 수 $10^{80,000,000,000,000,000}$를 아무것도 아니게 만들어 버린다. 아르키메데스의 수가 '불가설불가설전'과 비슷하게라도 근접하려면 대략 66,000,000,000,000,000,000제곱을 해야 한다.

아르키메데스와 불교 경전은 각자의 우주가 얼마나 광대한지를 어느 정도 느끼게 하려고 큰 수를 이용했다. 불교의 경우에도 무언가에 이름을 붙이는 일이 그것에 어떤 힘을 불어넣는다고 생각했다. 하지만 수학자들은 보통 그런 이유로 갈수록 큰 수에 이름을 붙여 나타내는 방법을 만드는 데 별로 관심이 없다. 영어에서 큰 수를 말할 때 '-illion'으로 끝나는 단어를 사용하는 관습은 15세기 프랑스의 수학자 니콜라 쉬케Nicolas Chuquet로 거슬러 올라간다. 쉬케는 한 글에서 큰 수를 여섯 자리씩 나눈 뒤 다음과 같이 부르자고 제안했다.

million 다음인 두 번째는 byllion, 세 번째는 tryllion, 네 번째는 quadrillion, 다섯 번째는 quyillion, 여섯 번째는 sixlion, 일곱 번째는 septyllion, 여덟 번째는 ottyllion, 아홉 번째는 nonyllion과 같이 원하는 만큼 계속 나아갈 수 있다.

1920년대에 미국의 수학자 에드워드 카스너Edward Kasner는 아홉 살짜리 조카 밀턴 시로타Milton Sirotta에게 1 다음에 0이 100개 오는 수의 이름을 만들어 보라고 했다. 시로타가 제안한 '구골'은 카스너가 제임스 뉴먼James Newman과 함께 쓴 책 『수학과 상상력』에 이 일화와 함께 실렸고, 사전에도 들어갔다. 어린 시로타는 '1 다음에 피곤할 때까지 0을 써서 나오는 수'의 이름으로 '구골플렉스Googleplex'를 제안하기도 했다. 카스너는 "사람마다 피곤함의 정도가 다르고 단지 체력이 더 좋다는 이유만으로 결코 카네라(헤비급 권투 챔피언)가 아인슈타인보다 더 훌륭한 수학자가 될 수는 없기 때문에" 좀 더 정확한 정의를 원했다. 하지만 구골플렉스를 실제로 쓴다고 하면, 아무리 좋게 표현해도 대단히 피곤해지는 건 사실이다. 카스너의 정의에 따르면, 구골플렉스는 10^{googol}, 1 다음에 0이 구골

개만큼 오는 수다. 구골을 끝까지 쓰는 건 쉽다.

10,000,000,000,000,000,000,000,000,000,000,000,
000,000,000,000,000,000,000,000,000,000,000,000,
000,000,000,000,000,000,000,000,000,000

그렇지만 구골플렉스는 충격적일 정도로 크다. 지구에 있는 종이를 전부 가져와도 다 쓸 수 없다. 아니, 관측 가능한 우주에 있는 물질을 모두 가져와도 구골플렉스를 쓸 수 없다. 0을 양성자나 전자 크기로 쓴다고 해도 안 된다. 구골플렉스는 그 막강한 '불가설불가설전'을 포함해 고대에 이름을 붙인 그 어떤 수보다도 크다. 그러나 1933년에 남아프리카공화국의 수학자 스탠리 스큐스Stanley Skewes가 소수를 연구하다가 발견한 수보다는 작다. 스큐스 수로 불리게 된 이 수는 소수의 분포에 관한 문제에서 나오는 어떤 상한선, 최대로 가능한 값이다. 저명한 영국 수학자이자 스리니바사 라마누잔Srinivasa Ramanujan의 멘토로, 널리 읽힌 책 『수학자의 사과』를 쓴 G. H. 하디는 당시 스큐스 수를 "수학에서 분명한 목적으로 쓰였던 가장 큰 수"라고 표현했다.

스큐스 수는 $10^{10\wedge10\wedge34}$, 좀 더 정확하게는 $10^{10\wedge8852142197543270606106100452735038.55}$다. 이 거대한 상한선 자체는 7장에서 살펴보았듯이 아직도 수학자들을 괴롭히고 있는 리만 가설이 참이라고 가정해야 얻을 수 있었다. 몇십 년 뒤 스큐스는 이번에는 리만 가설을 가정하지 않고 똑같은 소수 문제와 관련해 또 다른 수를 발표했다. 전보다 훨씬 더 큰데, 대략 $10^{10\wedge10\wedge964}$에서 몇 조 정도 차이가 난다.

큰 수를 표현하려면

순수 수학에 밀리지 않으려던 물리학 역시 몇몇 유별난 난제에 대한 해답으로 나름의 거대한 수를 만들어 냈다. 물리학의 큰 수 게임에 참여한 초창기 인물 중 하나는 프랑스의 수학자이자 이론 물리학자, 그리고 박식가인 앙리 푸앵카레Henri Poincaré였다. 푸앵카레의 여러 업적 중에는 물리적인 계가 정확히 원래 상태로 되돌아가는 데 걸리는 시간에 관한 연구가 있었다. 우주의 경우 이른바 푸앵카레 재귀 시간은 물질과 에너지가 아원자 입자 수준에서 스스로 다시 배열되며 상상하기 어려운 수의 조합을 거쳐 다시 처음 시작했을 때의 상태로 돌아올 때까지 걸리는 시간을 말한다. 캐나다의 이론물리학자로, 스티븐 호킹Stephen Hawking의 제자였던 돈 페이지Don Page는 관측 가능한 우주의 푸앵카레 재귀 시간이 $10^{10\wedge10\wedge10\wedge2.08}$년이라고 추정했다. 작은 스큐스 수와 큰 스큐스 수 사이의 어딘가에 놓이는 수로, 구골플렉스보다 크다. 페이지는 특정한 유형의 모든 우주에 대해 푸앵카레 재귀 시간의 최댓값도 계산했는데, 그 값은 더욱 커서 $10^{10\wedge10\wedge10\wedge10\wedge1.1}$년이다. 큰 스큐스 수보다 크다. 페이지의 지적에 따르면, 구골플렉스 자체는 질량이 안드로메다은하와 맞먹는 블랙홀 안의 미시적 상태의 수와 대략 비슷하다고 한다.

불가설불가설전이나 구골플렉스, 스큐스 수는 모두 우리가 진정으로 이해하기에는 거대한 수다. 하지만 미국의 수학자 로널드 그레이엄Ronald Graham이 1977년에 처음 논문으로 발표한 수와 비교하면 보이지도 않을 정도로 작다. 처음으로 제시한 사람의 이름을 따 그레이엄 수라고 불린다. 앞서 등장했던 스큐스 수와 마찬가지로 그레이엄 수는 램지 이론이라고 불리는 중요한 수학 문제를 다루는 과정에서 생겨났다. 그레이엄 수에 가까이 가기 위해서는 세상에서 제일 높은 산을 올라갈 때처럼 단계별로 나아가야 한다. 첫 번째로 아주 큰 수를 나타내는 방법을 알아야 한다. 미국의 컴퓨터 과학자 도널드 커누스Donald Knuth가 고안한 위쪽 화살표 표기법이다. 이 표기법은 곱셈이 덧셈의 반복이고, 거듭제곱은 곱셈의 반복이라는 생각에 바탕을 두고 있다. 예를 들어 3×4는 $3+3+3+3$이고, $3^4=3\times3\times3\times3$이다. 커누스의 표기법에서 거듭제곱은 위쪽 화살표 하나로 나타낸다. 예를 들어 10^{100}인 구골은 $10\uparrow100$로 쓸 수 있고, 3의 3제곱인 3^3은 $3\uparrow3$이 된다. 우리가 일상적으로 쓰는 표기법이 없는 거듭제곱의 반복은 위쪽 화살표 두 개로 나타낸다. 따라서 $3\uparrow\uparrow3$은 $3^{3\wedge3}$이 된다. 테트레이션tetration으로 불리는 (덧셈과 곱셈, 거듭제곱 다음으로 네 번째 연산이기 때문이다) $\uparrow\uparrow$ 연산은 겉보기보다 훨씬 더 강력하다. $3\uparrow\uparrow3$은 $3^{3\wedge3}$, 곧 3^{27}으로, 그 값은 7,625,597,484,987이다.

테트레이션을 보여주는 또 다른 방식은 지수 탑을 쌓는 것인데, 책을 조판하는 사람에게는 끔찍한 악몽이다. 만약 어떤 수 a를 k만큼 테트레이션한다고 하면, 다음과 같이 쓸 수 있다.

$$a\uparrow\uparrow k = \underbrace{a\uparrow(a\uparrow(\ldots\uparrow a))}_{k \text{ copies of } a} = \underbrace{a^{a^{\cdot^{\cdot^{a}}}}}_{k \text{ copies of } a}$$

다시 말해, a를 밑으로 두고 그 위로 지수 a를 $k-1$개 쌓아 올려야 한다. 이 연산으로 수가 얼마나 빨리 커지는지는 놀라울 정도다.

$3 \times 3 = 9$, $3 \uparrow 3 = 27$인데, $3 \uparrow\uparrow 3$은 7.6조(13자리 수)가 넘는다. 4를 대입하면 더욱 놀랍다. $4 \uparrow\uparrow 4 = 4 \uparrow 4 \uparrow 4 \uparrow 4 = 4 \uparrow 4 \uparrow 256$으로, 대략 $10 \uparrow 10 \uparrow 154$와 같다. 구골플렉스($10 \uparrow 10 \uparrow 100$)보다 훨씬 큰 수다. 고작 4 몇 개를 쓴 것만으로 막강한 구골플렉스를 훌쩍 넘어선 것이다.

거듭제곱으로 테트레이션으로 넘어갈 때의 거대한 도약을 생각하면 위쪽 화살표 하나를 더 더했을 때 훨씬 더 극적인 게 나올 거라고 기대할 수 있다. 그리고 그 기대를 저버리지 않는다. 테트레이션의 반복은 펜테이션이라고 불리며, 놀라울 정도로 수가 커지는 모습을 보여준다. 대수로울 것 없어 보이는 $3 \uparrow\uparrow\uparrow 3$은 $3 \uparrow\uparrow 3 \uparrow\uparrow 3 = 3 \uparrow\uparrow 7{,}625{,}597{,}484{,}987 = 3 \uparrow 3 \uparrow 3 \uparrow 3 \cdots \uparrow 3$으로, 7,625,597,484,987개의 3이 탑처럼 쌓여 있는 것이다. 4개만 쌓여 있어도 충분히 구골플렉스를 능가할 수 있는데, 과연 어떨지 상상해 보자. 상상할 수도 없는 큰 수로, 설령 지수 탑 형태로도 죽기 전까지 쓰는 게 불가능하다. 지수 형태로 출력한다면 그 높이는 태양까지 닿는다.

트리트리tritri라고 불리는 이 수는 지금까지 우리가 언급한 그 어떤 수보다 훨씬 크다. 필멸자인 우리로서는 거의 이해하지 못할 정도다. 그러나 이건 시작일 뿐이다. 트리트리가 아무리 크다 해도 그레이엄 수라는 위대한 정상과 비교하면 티끌에 불과하다. 위쪽 화살표 한 개를 더 넣은 $3 \uparrow\uparrow\uparrow\uparrow 3$은 $3 \uparrow\uparrow\uparrow 3 \uparrow\uparrow\uparrow 3$으로, $3 \uparrow\uparrow\uparrow$ 트리트리가 된다. 지수 형태로 나타낸 탑을 올라가자면, 첫 번째인 밑은 3이다. 그 위 두 번째는 $3 \uparrow 3 \uparrow 3 = 7{,}625{,}597{,}484{,}987$이고, 세 번째는 3이

7,625,597,484,987개인 3↑3↑3↑3 … ↑3, 즉 트리트리다. 네 번째는 3이 트리트리개만큼 있는 3↑3↑3↑3 …↑3이고, 이런 식으로 계속 이어진다. 3↑↑↑↑3은 트리트리 높이의 지수탑이다. 이것만 해도 위쪽 화살표 3개일 때와 비교하면 정신이 아득해질 정도의 도약이지만, 이렇게 얻은 수는 그레이엄 수라는 정상에 도달하기 위해 필요한 일련의 G수 중에서 첫 번째인 G_1에 불과하다. G_1이라는 베이스캠프에 도착했으니 이제 다음 목표는 G_2다. 위쪽 화살표 하나를 추가할 때마다 수가 엄청나게 커진다는 사실을 기억하자. 그 사실을 염두에 두고 G_2의 정의를 알아보면, 바로 G_1개 만큼의 위쪽 화살표가 있는 3↑↑↑↑ … ↑3이다. 이게 무슨 뜻인지를 어렴풋이나마 이해하려고만 해도 현기증이 나고, 수가 어디까지 커질 수 있는가 하는 생각에 어질어질하다. 위쪽 화살표 하나만 더해도 일상적인 기준에서는 놀라울 정도로 커졌는데, G_2에는 위쪽 화살표가 G_1개나 있다니. 그리고 아마 짐작했겠지만, G_3에는 위쪽 화살표가 G_2개 있고, G_4에는 G_3개 있고, 이대로 쭉 이어진다. 그레이엄 수는 G_{64}로 드러났다. 『기네스북』 1980년판에는 그레이엄 수가 수학 증명에 쓰인 가장 큰 수로 올라가 있다.

그레이엄 수를 낳은 문제는 환상적으로 풀기 어렵지만, 말로 설명하는 건 꽤 쉽다. 그레이엄은 다차원입방체(n차원의 초입방체)에 관해 생각하던 중이었다. 어떤 두 꼭짓점이 빨강 혹은 파랑으로 칠할 수 있는 선분으로 이어져 있다고 하자. 그레이엄이 던진 질문은 다음과 같다. 꼭짓점 4개가 모두 같은 평면 위에 있고 그중 어느 두 꼭짓점을 잇는 모든 선분의 색이 같도록 칠할 수 있는 가장 작은 n 값은 무엇일까? 그레이엄은 n의 하한선이 6이고 상한선이 G_{64}라는 사실을 증명하는 데 성공했다. 이 막대한 범위는 이 문제의 어려움을 잘 보여준다. 그레이엄은 조건을 만족하는 n값이 존재한다는 사실은 증명할 수 있었지만, 증명을 위해 상한선으로 어처구니없을 정도로 큰 수를 정의해야 했다. 그 뒤로 수학자들은 범위를 조금씩(상대적으로 말해서) 줄여서 13에서 $9\uparrow\uparrow\uparrow4$까지로 만들었다.

구골과 구골플렉스처럼 그레이엄 수는 아주 큰 수로 널리 알려진 사례다. 하지만 그만큼 오해도 많다. 첫째, 그레이엄 수는 이제까지 정의된 가장 큰 수의 근처에도 가지 못한다. 둘째, 새로운 세계 기록을 세울 수를 나타내고 정의하기 위해서라면 그레이엄 수를 시작으로 기초적인 방법을 써서 확장하는 건 거의 의미가 없다.

더 큰 수 찾기

최근 들어 구골로지googology라고 하는 유희수학이 등장했다. 구골로지의 유일한 목표는 진정으로 큰 수의 경계를 더욱 더 확장하기 위해 더 큰 수를 찾아 정의하고 이름을 붙이는 것이다. 물론 이미 나와 있는 수보다 더 큰 수를 생각하는 건 누구나 할 수 있다. 만약 '그레이엄 수'가 있다고 하면, 여러분은 '그레이엄 수 더하기 1'이나 '그레이엄 수의 그레이엄 수 제곱', 심지어 '위쪽 화살표가 G_{64}개 있는 $G_{64}\uparrow\uparrow\uparrow\uparrow\cdots\uparrow G_{64}$'(대략 G_{65}와 비슷하다)라고 말할 수 있다. 그러나 같은 종류의 연산을 반복 사용해 확장하는 방식은 근본적인 변화를 만들지 못한다. 그렇게 해 봤자 여전히 그레이엄 수와 도긴개긴이다. 다시 말해, 비슷한 기교를 조합해 그레이엄 수를 만들 때와 거의 똑같은 방법으로 만든 수가 되는 것이다. 진지한 구골로지스트들은 기존의 수와 함수를 멋대가리 없이 아무렇게나 섞은 것을 원래의 큰 수를 더 키우는 데 별 도움이 되지 않는 '샐러드 수'라고 부르며 굉장히 눈살을 찌푸린다. 그레이엄 수는 위쪽 화살표 표기법을 도입해 한계에 이를 때까지 확장한 것이다. 반면, 샐러드 수는 그레이엄 수에 별 의미 없는 연산만 하나 덧붙인 것이다. 구골로지스트들이 원하는 건 어리숙하고 소소하게 그레이엄 수를 늘리는 게 아니라 그레이엄 수를 아주 무시할 수 있을 정도로 확장할 수 있는 완전히 새로운 체계다.

그렇게 무한정 확장할 수 있는 체계가 하나 있다. 바로 커지는 비율이 어마어마해질 수 있기 때문에 급성장 계층으로 불리는 체계다. 게다가 급성장 계층은 주류 수학자들이 충분히 시도하고 시험해 본 기법이라 오늘날 환상적으로 큰 수를 만드는 새로운 방법이 나왔을 때 비교 기준으로도 흔히 쓰인다. 급성장 계층을 처음부터 이해하는 데는 두 가지가 중요하다. 첫째는 그게 함수의 급수라는 점이다. 수학에서 함수란 어떤 입력값을 결괏값으로 바꾸는 관계, 혹은 규칙일 뿐이다. 매번 똑같은 과정을 통해 어떤 값을 다른 값으로 바꾸는 기계 같은 것으로 생각하면 된다. 예를 들어 '입력값에 3을 더하라'와 같은 과정이 있을 수 있다. 입력값을 x라 하고 함수를 $f(x)$라 하자. $f(x)$는 '에프 엑스'라고 읽으며 $f(x)=x+3$이 된다.

급성장 계층에 관한 두 번째 핵심적인 사실은 서수로 함수를 표기한다는 점이다. 그건 처리 과정을 수행하는 횟수를 뜻한다. 우리는 지난 장에서 무한에 관해 이야기할 때 서수를 접했다. 서수는 차례대로 나열된 목록이 있을 때 어떤 것의 위치나 순서를 알려준다. 서수는 유한할 수도 무한할 수도 있다. 다섯 번째, 여덟 번째, 123번째 등의 유한 서수는 다들 익숙할 것이다. 하지만 수학을 깊이 공부하지 않은 사람이라면 보통 무한 서수를 들어보지 못한다. 그런데 초대형(하지만 유한한) 수를 찾아서 정의하려고 하는 과정에서 유한 서수와 무한 서수가 둘 다 대단히 유용하다는 사실이 드러났다. 유한 서수로 함수를 표기하면 우리는 그럭저럭 큰 수까지 만들 수 있다. 하지만 급성장 계층은 함수를 몇 번 실행하는지를 관장하는 유한 서수의 힘이 있어야 제대로 활약할 수 있다.

급성장 계층의 출발점은 아주 간단하다. 바로 어떤 수에 1을 더하는 함수다. 이 첫 번째 함수를 f_0이라고 하자. 따라서 우리가 이 함수 방앗간에 넣고자 하는 수를 n이라고 하면 $f_0(n)=n+1$이다. 그냥 1씩 올라가는 것뿐이니 이래서는 어느 세월에 큰 수가 될지 모르겠다. 그래서 $f_1(n)$으로 넘어간다. 이 새 함수는 앞선 함수를 자기 자신에게 n번 입력하는 것이다. 다시 말해 $f_1(n)=f_0(f_0(\cdots f_0(n)))=n+1+1+1\cdots+1$이고, 1이 n개 있으므로 총합은 $2n$이 된다. 얼마나 빨리 우리는 거대한 수의 세계에 데려다 줄 수 있냐는 점에서 보면 아직까지는 별로 대단하지 않다. 하지만 여기서 우리는 급성장 계층에 궁극적으로 막대한 힘을 부여하는 재귀 과정을 엿볼 수 있다.

예술과 음악, 언어, 컴퓨터, 수학에서 재귀는 온갖 모습으로 나타난다. 하지만 언제나 자기 자신에게 결과를 입력하는 식이다. 어떤 경우에는 이게 끝없이 반복되는 순환 고리로 이어지기도 한다. 예를 들어 어떤 사전에는 다음처럼 농담으로 넣은 항목이 있다.

재귀 : 재귀 항목을 볼 것.

마우리츠 에스허르의 작품 〈판화 화랑〉(1956)에는 더욱 정교한 재귀의 고리가 등장한다. 한 도시의 화랑에 걸려 있는 그림 안에 도시의 화랑이 있고, 그 안에 또 다시 도시의 화랑이 있는 식의 그림이다. 공학에서는 반복의 전형적인 사례로 되먹임이 있다. 어떤 시스템의 결과를 다시 입력하는 것이다. 마이크가 마이크와 연결된 스피커 앞에 가까이 있을 때 흔히 생기는 문제는 무대에서 공연하는 록 음악가 같은 사람들에게 익숙하다. 스피커에서 나오는 소리가 마이크를 통해 들어가 증폭된 뒤 또다시 마이크로 들어가 더 커지고, 또 계속 커지는 식으로 되먹임이 이루어져 순식간에 귀가 찢어질 듯한 그 익숙한 소리가 나게 된다. 수학에서 나오는 재귀도 비슷한 방식을 따른다. 함수가 마이크-스피커 조합 같은 전자 시스템 역할을 맡아 다시 이전으로 되돌아가며 스스로 내놓은 결과를 입력하는 것이다.

우리는 이제 급성장 계층 사다리의 $f_1(n)$에 도달했다. 다음 단계인 $f_2(n)$은 $f_1(n)$을 자기 자신에게 n번 입력하는 것이다. $f_2(n)=f_1(f_1(\cdots f_1(n)))=n\times2\times2\times2\cdots\times2$(2가 n개)로 쓸 수 있다. 가령 n에 100을 대입하면 $f_2(100)=100\times2^{100}=126,765,060,022,822,940,149,670,320,537,600$다. 1.27억의 1조 배의 1조 배쯤이다. 만약 이게 은행 잔고라면 빌 게이츠Bill Gates조차 꿈꿀 수 없는 아득한 액수일 것이다. 하지만 우리가 이미 살펴본 구골 같은 몇몇 수보다는 훨씬 작다.

2014년 4월 11일 맨해튼 주민 안톤 푸리시마Anton Purisima가 뉴욕시 버스에서 광견병에 걸린 개에게 물렸다며 제기한 역사상 가장 큰 소송에 걸린 돈 2간澗(2조의 1조 배의 1조 배) 달러보다도 작다. 푸리시마는 주저리주저리 손수 쓴 22쪽짜리 고소장에 말도 안 되게 큰 붕대를 감은 가운뎃손가락 사진을 첨부해 가며 뉴욕시 교통 당국과 라과디아 공항, 오봉팽 레스토랑(자신에게 늘상 커피값을 더 받았다고 주장했다), 호보컨 대학병원을 비롯해 수백 곳에 소송을 걸고 지구에 존재하지 않는 돈을 요구했다. 이 소송은 2017년 5월 "법적으로나 사실관계 측면으로나 주장의 근거가 부족하다"는 이유로 기각되었다. 푸리시마가 급성장 계층까지는 몰라서 다행이었다. 알았다면, 그보다 훨씬 더 큰 소송이 이어졌을지도 모른다. 예전에도 푸리시마는 몇몇 대형 은행과 랑랑 국제음악재단, 중국에 소송을 건 적이 있다.

함수 $f_3(n)$은 $f_2(n)$을 n번 반복하는 것이고 2의 n제곱의 n제곱의 n제곱의 …과 같은 식으로 높이 n만큼의 지수 탑을 쌓아 올린 것보다 살짝 큰 수다. 여기서 우리는 앞서 그레이엄 수를 다루었을 때 마주쳤던 위쪽 화살표 두 개, 즉 테트레이션 단계에 오게 된다. 같은 방식으로 계속하면, $f_4(n)$은 위쪽 화살표 세 개, $f_5(n)$은 위쪽 화살표 네 개 단계가 되는 식으로 쭉 이어진다. 서수가 1씩 커질 때마다 위쪽 화살표가 하나씩 늘어나고, 위쪽 화살표의 수는 $n-1$이 된다. 이 정도가 되면 소송 좋아하는 안톤 푸리시마도 만족할 만한(일상적인 기준에서 말하는) 큰 수의 영역에 들어서게 된다. 하지만 한 번에 위쪽 화살표를 하나씩 더해 봤자 적당한 시간 안에 무지막지하게 더 큰 다른 수는 고사하고 그레이엄 수에 도달하는 것조차도 어림없다. 그래서 우리는 별로 예상하지 못했던 일을 해야 한다. 진정 거대한 유한 수에 도달하기 위해 실제로 무한인 수를 이용해야 하는 것이다.

지난 장에서 알아보았듯이, 가장 작은 무한은 자연수라는 무한

대인 알레프-0이다. 알레프-0은 크기, 다시 말해 갖고 있는 원소가 변하지 않지만, 어떻게 배치하느냐에 따라 길이가 달라질 수 있다. 알레프-0의 가장 짧은 길이는 오메가(ω)라 하는 무한서수다. 그다음으로 짧은 건 $\omega+1$, 그다음은 $\omega+2$, $\omega+3$ 등등 끝없이 이어진다. 명확한 순서로 놓을 수 있기 때문에 가산(셀 수 있는)이라는 말이 붙는 무한서수는 이제껏 상상해온 가장 큰 유한수에 도달하기 위한 디딤판 역할을 한다. 일단 가장 작은 무한서수로 표시한 함수 $f_\omega(n)$의 의미를 정의해야 한다. 앞에서 했던 것처럼 1을 빼고 재귀 과정을 적용할 수는 없다. $\omega-1$이라는 건 없기 때문이다. 그 대신 우리는 $f_\omega(n)$이 $f_n(n)$이라고 정의한다. 여기서 확실히 해둘 게 있는데, $\omega=n$이라는 건 아니다. 우리는 $f_\omega(n)$을 ω보다 작은 (유한)서수로 표현하고 있는 것이다. 그러면 함수를 계산하기에 좋은 형태로 환원할 수 있다. $f_\omega(n)$ 대신 $f_n(n)$이라고 써도 똑같은 결과를 얻을 수 있지 않느냐고 말할 수 있겠지만, 그러면 급성장 계층의 막강한 힘이 분명해지는 그다음 결정적인 단계로 넘어갈 수가 없다. 우리가 $f_\omega(n)$에서 $f_\omega+1(n)$으로 가자마자 뭔가 극적인 일이 벌어진다. 함수를 표시하는 데 쓰는 서수가 1 늘어나면 앞선 함수를 자기 자신에게 n번 넣는다는 사실을 염두에 두자. 만약 유한서수를 사용한 결과가 일정한 개수의 위쪽 화살표이고 ω를 사용할 때는 위쪽 화살표가 $n-1$개라면, $\omega+1$을 사용하면 우리는 위쪽 화살표의 개수에 n차례 되먹일 수 있다. 그 결과 재귀 과정의 강력함은 터무니없을 정도로 커진다.

이것을 이해하기 위해 $f_{\omega+1}(2)$라는 함수를 생각해 보자. 우리의 재귀 규칙을 사용하면 $f_\omega(f_\omega(2))$와 같다. $f_\omega(2)$가 $f_n(2)$와 같다고 정의했으므로 우리는 가장 안쪽의 ω만 2로 바꾸어 $f_{\omega+1}(2)$를 $f_\omega(f_2(2))$

로 다시 쓸 수 있다(안쪽의 값이 어떻게 될지 알기 전에는 바깥쪽 f_ω의 값을 알아낼 수 없다). $f_2(2)=8$이므로 이제 $f_{\omega+1}(2)$는 $f_\omega(8)$과 같다. 마지막으로 가장 바깥쪽 ω를 단순화해 $f_8(8)$을 얻을 수 있다. 이것은 위쪽 화살표 7개가 필요한 수다. 이건 $f_{\omega+1}$가 위쪽 화살표의 개수에 되먹이는 데 쓰일 수 있다는 사실을 보여주지만, 함수의 놀라운 능력을 제대로 보여주지는 못한다. 그건 n이 커지고 그에 대응하는 되먹임 고리가 많아져야 비로소 명확해진다. n에 64를 대입하면 $f_{\omega+1}(64)$로, 이건 대략 그레이엄 수와 비슷하다. 급상승 계층의 다음 단계인 $f_{\omega+2}(n)$은 그레이엄 수 수준에 도달하기 위해 사용한 모든 수학적 장치를 다시 자기 자신 안에 집어넣기 때문에 새로운 영역으로 넘어간다. 그 결과는 대략 $G_{G \cdots 64}$(G가 아래첨자로 64층까지 내려간다)라고 쓸 수 있는 수인데, 이게 무슨 뜻인지를 아주 모호하게라도 이해하려고 노력해 봤자 소용이 없다.

가산 무한서수는 저 멀리 끝없이 뻗어나가며, 각각은 앞선 함수의 힘을 완전히 초라하게 만들어 버리는 재귀 함수의 근간이 된다. 오메가만으로도 오메가 위에 오메가로 오메가만 한 높이의 지수탑을 쌓는 지경에 이르러서야 끝이 나는 아주 긴 수열을 만들 수 있다. 입실론-0으로 불리는 이 막강한 서수는 너무나도 커서 페아노 산술이라고 하는 우리의 통상적인 체계로는 묘사할 수 없다. 끝없이 이어지는 오메가의 향연을 따라 한 단계씩 올라갈 때마다 재귀로 인해 생기는 유한수는 도저히 이해할 수 없는 수준으로 증가한다. 하지만 앞서 무한을 탐구하면서 살펴보았듯이 꼭대기까지 치솟아 있는 오메가의 지수 탑 위로는 더 강력한 무한서수들이 처음에는 입실론, 그다음은 제타 등등으로 단계별로 올라서 있다. 갈수록 무지막지한 이들 서수들은 점점 더 강력한 되먹임 수준을 나타낸다.

마지막으로 우리는 감마-0(Γ_0)이라는 어마어마하게 큰 서수에 도달한다. 혹은 좀 더 멋지게, 처음 정의를 내린 미국의 철학자이나 논리학자인 솔로몬 페퍼먼Solomon Feferman과 독일의 수학자 카를 쉬테Karl Schütte의 이름을 따 페퍼먼-쉬테 서수로 부르기도 한다. 감마-0은 여전히 셀 수 있고 그 너머에도 셀 수 있는 서수들이 있지만, 감마-0을 정의하기 위해서는 셀 수 없는 서수(알레프-0의 요소를 재배열해서는 얻을 수 없고, 알레프-1 또는 더 많은 요소가 필요한 서수)가 필요하다. 이 과정은 급성장 계층이 발전하는 양상을 떠오르게 한다. 거대한 유한수를 설명하기 위해 급성장 계층에서 무한서수에 의존했듯이 정말로 막대하게 큰 가산 무한서수를 설명하기 위해서는 비가산 서수로 시선을 돌려야 하는 것이다.

더 큰 수를 세기 위해 심는 나무

페퍼먼-쉬테 서수와 그 너머의 것들로 반복을 통해 만들 수 있는 유한수의 크기를 적절하게 묘사할 수 있는 형용사는 더 이상 없다. 반복함수 기법으로 낳을 수 있는 수의 거대함을 이해할 수 있을 정도로 충분히 두뇌가 크거나 영리한 수학자도 없다. 하지만 그렇다고 해서 수학자들이 큰 수를 만드는 더욱 강력한 방법에 관해 생각하지 못하게 막을 수는 없다. 그중에서도 주목할 만한 것이 바로 트리 함수TREE function다.

이름에서 알 수 있듯이 수학의 트리tree는 땅에서 자라는 나무 혹은 공통 줄기에서 가지가 뻗어나가는 가계도와 비슷하게 생겼다. 수학의 트리는 수학에서 그래프라고 부르는 것의 한 특별한 종류다. 그래프라고 하면 우리는 보통 어떤 값을 다른 값과 비교하기 위해 그리는 도표를 생각한다. 하지만 트리와 관련해 지금 우리가 이야기하고 있는 그래프는 다른 종류다. 마디점이라 불리는 점을 변이라 불리는 선분으로 연결해 데이터를 나타내는 방법을 말한다. 만약 어떤 마디점에서 출발해 변을 따라 다른 마디점으로 옮겨 다니며 어떤 변이나 마디점도 중복해서 거치지 않고 처음으로 돌아올 수 있다면, 그 길을 순환이라고 부른다. 그리고 그 그래프는 순환 그래프가 된다.

만약 어떤 마디점에서 출발해 어떤 변이나 마디점도 중복해서 거치지 않고 다른 마디점으로 갈 수 있다면, 그 길은 경로라고 부른다. 그리고 그 그래프는 연결 그래프가 된다. 트리는 연결되어 있지만 순환하지는 않는 그래프로 정의할 수 있다. 가계도와 생물 계통수는 둘 다 이와 같은 구조다. 만약 각 마디점에 특정한 수나 색을 지정한다면, 트리에는 표식이 있다고 한다. 더 나아가 만약 어떤 마디점 하나를 뿌리로 지정하면, 뿌리가 있는 트리가 된다. 뿌리가 있는 트리의 한 가지 유용한 성질은 우리가 언제나 뿌리로 가는 경로를 역추적할 수 있다는 점이다.

진짜 나무와 똑같은 가지 구조를 지닌 몇몇 수학적 트리는 같은 종류의 다른 트리 안에 꼭 맞게 들어갈 수 있다. 이런 트리는 위상동형적으로 매장할 수 있다고 말한다. 둘의 모양과 겉모습이 비슷하고 하나가 다른 하나의 좀 더 작은 형태라는 사실을 좀 있어 보이게 말하는 방식이다. 물론 수학자들은 정의에 관해 좀 더 엄밀하다.

먼저 더 큰 트리로 시작해 몇 가지 다른 방법을 사용해 얼마나 가지를 쳐낼 수 있는지 알아본다. 첫째로 어떤 마디점(뿌리 마디점을 빼고)에 변이 단 두 개만 모이거나 거기서 뻗어나간다면, 그 마디점을 삭제하고 두 변을 하나로 통합할 수 있다. 둘째로 두 마디점이 단 하나의 변으로만 이어져 있다면, 그 변과 두 마디점을 축소해 마디점 하나로 만들 수 있다. 이 새로운 마디점의 색은 원래 뿌리에 더 가까웠던 마디점의 색을 따른다. 만약 어떤 순서로든 이 두 단계를 더 큰 트리에 적용해 더 작은 트리를 만들 수 있다면, 작은 트리는 큰 트리에 위상동형적으로 매장할 수 있다고 한다.

미국의 수학자이자 통계학자인 조셉 크러스컬Joseph Kruskal은 이런 종류의 트리와 관련된 중요한 정리를 증명했다. 다음과 같이 트리가 차례대로 배열되어 있다고 하자. 첫 번째 트리는 마디점을 한 가지만 가질 수 있다. 두 번째는 두 가지, 세 번째는 세 가지 등등. 그리고 어떤 트리도 뒤쪽에 나오는 트리에 위상동형적으로 매장할 수 없다. 여기서 크러스컬은 그런 트리열이 어느 시점에서는 반드시 끝나야 한다는 사실을 알아냈다. 문제는 이렇다. 그 배열은 얼마나 길어질 수 있을까?

이에 대한 응답으로 1967년 기네스북에 세계 최연소 교수로 이름을 올렸던(불과 18세에 스탠퍼드대학교의 조교수가 되었다) 미국의 수리논리학자 하비 프리드먼Harvey Friedman은 트리 함수 TREE(n)을 그런 배열의 최대 길이로 정의했다. 그리고 서로 다른 n값에 대한 함수의 결괏값을 연구했다. 첫 번째 트리는 다시 사용할 수 없는 특정 색의 단 한 가지 마디점이다. 만약 n=1이라면, 이것은 유일한 색이며 더 이상 배열을 만들 수 없다. 따라서 TREE(1)=1이다. 만약

n=2라면, 한 가지 색이 더 있다. 두 번째 트리는 마디점을 두 가지까지 가질 수 있으므로 둘 다 이 색깔로 된 마디점 두 개로 그린 그래프가 생긴다. 세 번째 트리 역시 이 색으로만 이루어져야 하는데, 마디점이 하나여야만 한다. 그렇지 않으면 두 번째 트리가 세 번째에 위상동형적으로 매장되기 때문이다. 그 외에는 다른 트리를 그릴 수 없으니 TREE(2)=3이 된다. 프리드먼은 TREE(3)에 도달하면 갑자기 커다란 충격이 발생한다는 사실을 알아냈다. 갑자기 폭발적으로 복잡하고 커지면서 마디점의 수는 그레이엄 수를 훌쩍 뛰어넘어 작은 베블런 서수에 도달한다. 급성장 계층에서 다양한 무한의 세계를 여행할 때 언급했던 대단히 '작지 않은' 수다.

큰 수를 찾는 게임

더 큰 수를 정의하기 위한 탐구인 구골로지가 유명해지면서 몇 가지 대회가 생겼다. 그중 하나는 미국의 수학 신동 데이비드 모우스David Moews가 2001년에 열었던 '큰 수 굽기Bignum Bakeoff'다. 참가자들은 C언어로 512자(공백 제외) 한도 안에서 가능한 한 가장 큰 수를 만들 수 있는 컴퓨터 프로그램을 만들어야 한다. 오늘날의 컴퓨터로는 우주가 끝나기 전에 참가자들이 제출한 프로그램을 완료하는 게 불가능하기 때문에 손으로 분석해서 급성장 계층에서 어느 위치에 있는지를 판단해 순위를 매긴다. 우승은 프로그램을 만든 이인 뉴질랜드의 랄프 로더Ralph Loader의 이름을 딴 로더.c였다. 최종 결괏값을 내놓기 위해서는 말도 안 되게 큰 메모리가 있는 컴퓨터와 어처구니 없이 긴 시간이 필요하다. 하지만 그럴 수만 있다

MIT에서 열린 '큰 수 대결' 포스터.

면, 그 결과가 바로 로더의 수다. TREE(3), 그리고 서브큐빅 그래프(TREE 배열과 비슷하지만, 각 꼭짓점에 붙는 변이 최대 세 개인 그래프로 이루어져 있다)로 불리는 수열의 13번째 수인 SCG(13)과 같은 구골로지스트 세계의 몇몇 영웅적인 존재보다도 큰 수다.

2007년 '큰 수 대결'이라는 큰 수 찾기 경기에서 철학자이자 옛 대학원 동료들인 MIT의 어거스틴 라요Agustín Rayo(일명 멕시코의 곱셈 기계)와 프린스턴의 애덤 엘가Adam Elga(일명 닥터 이블)가 맞붙었다. 서로 번갈아 한 번씩 주고받으며 가장 큰 정수를 정의하는 사람이 이기는 것이다. 코미디와 복잡한 수학과 논리학, 철학적 책략, 복싱 세계챔피언 결정전의 낭만이 뒤섞인 이 수의 난타전은 MIT

의 스타타 센터의 사람으로 꽉 찬 어느 방에서 벌어졌다. 엘가가 여유롭게 1로 선공을 펼쳤다. 어쩌면 그날 라요의 컨디션이 나쁘기를 바랐던 걸지도 몰랐다. 하지만 라요는 재빨리 칠판 전체를 1로 채우며 반격했다. 엘가는 곧바로 1 두 개를 제외한 나머지 부분을 지우며 죄다 팩토리얼 기호로 바꾸었다. 대결은 계속 이어져 마침내 익숙한 수학의 영역을 벗어났고, 두 사람은 더 큰 수를 나타내기 위해 자신만의 표기법을 만들어야 하는 지경에 이르렀다.

들리는 바에 따르면, 어느 시점에서 한 구경꾼이 엘가에게 이렇게 물었다. "이 수는 계산이 가능하긴 한가요?" 엘가는 잠깐 뜸을 들인 뒤에 대답했다. "아니요." 마침내 라요가 다음과 같은 수로 결정타를 날렸다.

구골 이하의 기호를 사용해 1차 집합론의 언어로 표현할 수 있는 어떤 유한한 양의 정수보다 큰 가장 작은 양의 정수.

라요 수가 얼마나 큰지는 우리가 알지 못하고, 아마 앞으로도 결코 알 수 없을 것이다. 설령 구골만큼의 기호를 담을 수 있는 우주가 있다고 해도 컴퓨터로 계산하는 건 불가능하다. 시간과 공간이 충분하지 않은 게 문제가 아니다. 라요 수는 정지 문제halting problem가 계산 불가능한 것과 마찬가지로 계산 불가능하다.

큰 수의 의미

당분간은, 우리가 합리적으로 이야기할 수 있는 가장 큰 수라고 하면 대체로 라요 수가 미지의 영역으로 넘어가는 경계에 있다고 할 수 있다. 이름을 부여받은 더 큰 수도 몇몇 있긴 하다. 2014년에 발표된 빅풋BIG FOOT이 대표적이다. 하지만 빅풋을 어렴풋하게나마 이해하려면 우들버스oodleverse라 불리는 희한한 영역에 들어가야 하며 1차 우들 이론의 언어를 배워야 한다. 고등 수학 학위와 뒤틀린 유머 감각이 있어야 그나마 도전해 볼 수 있는 모험이다. 어쨌든 지금까지 이름을 부여받은 가장 큰 수는 모두 라요 수에 도달하는 데 쓰인 것과 똑같은 개념에 바탕을 두고 있다.

끝없는 수의 공간으로 더 깊숙이 파고 들어가기 위해 구골로지스트들은 옛 방법을 바탕으로 하거나 새로운 방법을 개발해야 한다. 우주선을 물리적 우주 더 깊숙이 보내는 일이 크든 작든 추진 기술의 혁신에 의존해야 하는 것과 마찬가지다. 당분간 큰 수를 찾아 헤매는 이들은 아마도 라요와 똑같은 기법에 의존하되 더욱 강력한 1차 집합론FOST에 적용해야 할 것이다. 예를 들어 공리를 추가해 FOST가 훨씬 더 무지막지한 무한에 접근할 수 있게 한 뒤 그것을 이용해 새롭게 기록을 깰 수 있는 유한수를 만들어야 할지도 모른다.

솔직히 말해서, 전문 수학자 대부분은 거대한 수를 정의하는 문제에 파이의 값을 소수점 더 아래까지 알아내는 것 이상으로 관심을 두지 않는다. 구골로지는 여흥, 어느 정도 지적인 과시, 정수론자의 자동차 경주 같은 존재다. 동시에 이익이 되는 면이 없지는 않다. 큰 수는 오늘날 우리 수학적 우주의 한계를 드러내 준다. 세계 최대의 망원경으로 우주를 들여다보는 일이 물리적 우주의 경계를 밀어젖히는 것처럼.

라요 수 같은 거대한 수가 우리를 무한에 더 가까이 가게 해준다는 생각은 유혹적이다. 하지만 사실은 그렇지 않다. 무한수를 이용해 유한수를 만들 수는 있지만, 아무리 높이 올라가도 유한이 무한과 만나는 지점은 나타나지 않는다. 아무리 큰 유한수를 찾는다고 해도 우리가 어린아이도 셀 수 있는 '1, 2, 3'보다 더 무한에 가까워지는 건 아니라는 게 진실이다.

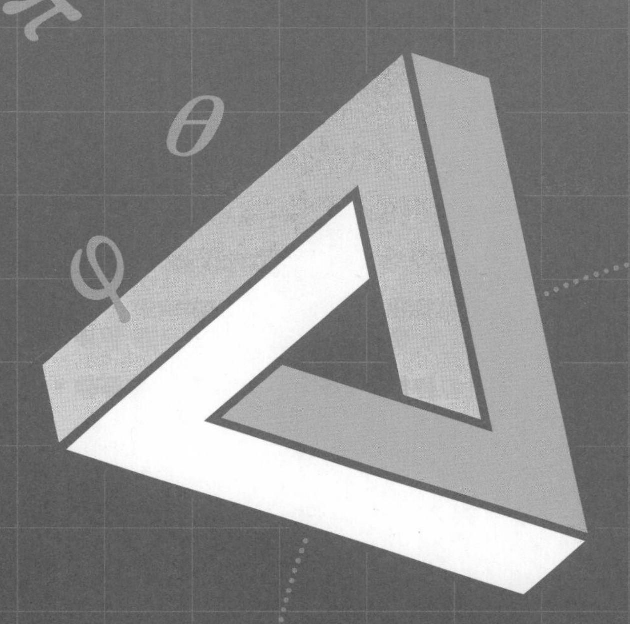

12장

도넛과 커피잔은 같다

어린아이의… 첫 번째 기하학적 발견은 위상학적이다. 만약 사각형이나 삼각형을 그려달라고 한다면, 아이들은 닫힌 원을 그린다.

_장 피아제

위상수학은 엄밀히 말해 국소적인 것과 전체적인 것 사이의 통로를 이어주는 수학적 원리다.

_르네 톰

다음과 같은 오래된 농담이 있다.

위상수학자란 무엇인가?

답: 도넛과 커피잔을 구분하지 못하는 사람.

아니, 그보다는 그 차이에 관심이 없는 사람이라고 하는 편이 낫겠다. 위상수학에서 도넛과 커피잔은 똑같은 모양이다. 하나의 모양을 서서히 바꾸어 다른 하나로 만들 수 있기 때문이다. 커피잔 손잡이는 도넛의 구멍이 되고, 커피잔의 나머지 부분은 서서히 그 주변의 고리로 변한다. 여기서 말하는 '구멍'에는 특정한 의미가 있다. 위상수학에서 구멍은 양쪽 끝이 있어야 하고 그 안으로 완전히 통과할 수 있어야 한다. 도넛, 아니 정식 이름으로 원환면의 경우가 그렇다. 땅에 파인 구덩이처럼 우리가 흔히 구멍이라고 부르는 건 위상수학자에게 구멍이 아니다. 양쪽으로 열려 있지 않고, 서서히 모양을 바꾸어 완전히 채워질 수 있기 때문이다. 간단히 말해서, 위상수학은 구멍을 뚫거나 자르지 않는 한 모양을 바꾸어도 변하지 않는 성질을 연구하는 분야다. 수많은 기괴한 결과를 낳았으며 예상하지 못했던 온갖 분야에서 튀어나오는 기하학의 현대적인 확장이다.

2016년 노벨 물리학상은 이른바 별난 물질의 상태에 관해 연구한 영국의 과학자 3인방 던컨 홀데인Duncan Haldane, 마이클 코스털리츠Michael Kosterlitz, 데이비드 사울리스David Thouless에게 돌아갔다. 아주 낮은 온도 같은 특정 환경에서 물질의 성질은 급작스럽고 예상하지 못하게 변할 수 있다. 1980년 2월의 어느 날 아침, 독일의 물리학자 클라우스 폰 클리칭Klaus von Klitzing은 강력한 자기장 안에 있는 매우 차갑고 매우 얇은 실리콘 조각을 가지고 실험하다가 이상한 현상을 알아챘다. 실리콘이 특정 크기의 패킷packet으로만 전류를 흘려보내기 시작했던 것이다. 가장 작은 패킷의 크기와 정확히 그 두 배인 패킷, 세 배인 패킷 등등. 혹은 전류가 아예 흐르지 않았다. 일반적인 전류와 달리 그 사이의 값은 없었다. 이 현상은 양자 홀 효과로 불리며, 폰 클리칭은 이를 발견한 공로로 1985년에 노벨 물리학상을 받았다.

실리콘이 모종의 새로운 물리적 상태로 도약한 건 분명했다. 그리고 물질의 상태가 변할 때마다 으레 그렇듯이 원자의 재배열이 이루어진 게 틀림없었다. 그러나 이론물리학자들은 원자가 위아래로 움직일 공간이 없을 정도로 얇은 실리콘 안에서 그런 재배열이 일어나는지 쉽게 설명하지 못했다. 그때 코스털리츠와 사울리스가 색다른 아이디어를 떠올렸다. 실리콘이 차가워지면서 소용돌이

치는 실리콘 원자 쌍이 생겼다가 전이의 임계온도에서 자발적으로 작은 소용돌이 두 개로 분리된다는 주장이었다. 사울리스는 이 어지러운 전이의 바탕에 있는 수학을 연구하기 시작했고, 위상수학으로 이를 가장 잘 설명할 수 있다는 사실을 알아냈다. 변화를 겪는 물질 안의 전자는 위상적 양자 유체를 만든다. 정수 단위로만 집단적으로 모여 흐르는 상태를 말한다. 홀데인은 독자적인 연구를 통해 이런 유체가 강력한 자기장이 없는 상태에서도 매우 얇은 반도체 막에 자발적으로 나타날 수 있다는 사실을 알아냈다.

2016년 스톡홀름에서 수상 발표를 마친 뒤 노벨상 위원회의 한 위원이 자리에서 일어나 종이봉투에서 시나몬 빵 하나와 베이글 하나, 그리고 스웨덴식 프레첼 하나를 꺼냈다. 그 위원은 이것들이 여러 가지 면에서 다르다고 설명했다. 예를 들어 달거나 짭짤한 맛이 다르고, 전체적인 모양도 다르다. 하지만 위상수학자에게는 오로지 한 가지만이 중요하다. 구멍의 개수다. 시나몬 빵에는 구멍이 없고, 베이글에는 한 개, 프레첼에는 두 개다. 노벨상 수상자들은 별난 물리적 상태의 급작스러운 등장과 위상의 변화, 즉 기저에 깔린 추상적인 구조의 '구멍 여부'를 잇는 방법을 찾아냈다는 설명이었다. 그 과정에서 수상자들은 수학에서 손꼽을 정도로 놀라운 결과 몇 가지를 낳은 주제에 대단히 중요하고 새로운 응용 가능성이 있다는 사실을 발견했다.

똑같은 사진 두 장이 있다. 한 장은 탁자 위에 평평하게 올려놓고 다른 한 장은 아무렇게나 구기자. 찢지만 않으면 된다. 그리고 구기지 않는 사진 위에 놓아 보자. 구겨진 사진 위에 있는 점 중 최소한 하나가 평평한 사진 위에 있는 대응되는 점 바로 위에 놓일 수 있다는 건 불가피한 사실이다(엄밀히 말해, 여기서 이야기하는 수학은 연속적인 양을 다루지만, 현실 세계는 물질이 원자 등으로 이루어져 있기 때문에 단속적이다. 하지만 결과는 충분히 비슷하기 때문에 여전히 유효하다). 3차원에서도 마찬가지다. 만약 물 한 잔을 젓는다면, 아무리 오랫동안 저어도 최소한 물 분자 하나는 젓기 전과 똑같은 위치에 있을 것이다. 20세기 초에 이를 처음으로 증명한 수학자는 네덜란드의 라위천 브라우어르Luitzen Brouwer였다. 그래서 이 증명은 브라우어르 고정점 정리라고 불린다.

많은 업적을 남긴 푸앵카레가 앞서 제시했지만, 1912년에 브라우어르가 처음으로 증명한 또 다른 흥미로운 결과로 털뭉치 정리가 있다. 전체가 털로 뒤덮여 있는 공을 아무리 많이 빗어도 모든 점에서 털이 납작하게 누워 있게 만드는 건 불가능하다는 내용이다. 어딘가에서는 털이 곧추서 있어야 한다. 브라우어르(와 푸앵카레)가 실제로 털뭉치에 관해 이야기한 건 아니다. 어떤 구에 접하며 벡터가 0인 점이 적어도 하나 있어야 하는 연속 벡터장이라는 좀 더 알아듣기 어려운 말을 썼다. 하지만 대략 같은 뜻이다. 좀 더 현실적인 말로 표현하자면, 지구 표면을 따라 흐르는 바람의 속도는 벡터장이기 때문에 이 정리에 따라 지구 어딘가에는 바람이 불지 않고 있는 곳이 있어야만 한다. 보르수크-울람 정리라고 하는 고정점 정리와 밀접한 관련이 있는 또 다른 정리도 기상 환경과 관련이 있다. 지구에는 서로 대척점에 있으면서 온도와 기압이 똑같은 두 점이 항상 존재한다는 것이다. 여러분은 우연히라도 상당히 흔하게 일어날 수 있는 일이라 생각할지 모르겠지만, 보르수크-울람 정리는 정말로 그렇다는 사실을 수학적으로 보여준다.

보르수크-울람 정리 말고도 희한하지만 진짜인 사실 하나가 더 있다. 이른바 햄샌드위치 정리다. 햄과 치즈를 넣은 샌드위치를 만든다고 하자. 햄샌드위치 정리에 따르면 빵과 치즈, 햄이 각각 똑같은 양이 되도록 샌드위치를 두 조각으로 자르는 건 항상 가능하다. 사실 이 세 재료가 서로 맞닿아 있을 필요도 없다. 빵은 상자 안에, 치즈는 냉장고 안에, 햄은 싱크대 상판 위에 있어도 된다. 아니, 아예 은하계의 다른 지역에 있어도 상관없다. 한 칼에(다시 말해, 평면으로) 각각을 절반으로 나눌 수 있는 방법은 언제나 존재한다.

위상수학자의 눈

고정점, 털뭉치, 보르수크-울람, 햄샌드위치와 같은 이런 희한한 정리들은 모두 위상수학이라는 비옥한 땅에서 자라났다. 위상수학을 뜻하는 topology는 '장소', '위치'을 뜻하는 그리스어 'tópos'에서 유래했다. 우리가 일상생활에서 자주 접하는 분야는 아니다. 하지만 삼각형이나 타원, 피라미드, 구 같은 도형의 형태와 크기, 상대적인 위치 등을 다루는 기하학은 누구나 익숙하다. 위상수학은 기하학, 그리고 집합론과도 관련이 있다. 그리고 앞서 언급했듯이 위상수학은 도형을 구부리거나 늘려서 모양을 바꾸어도 변하지 않는 성질(위상적 불변성이라고 한다)과 관련이 있다. 그런 불변성의 예로는 관련된 차원의 수와 연결성, 어떤 것을 이루고 있는 개별적인 조각의 수 등이 있다.

위상수학의 기원은 독일의 박식한 학자 고트프리트 라이프니츠 Gottfried Leibniz가 기하학을 위치의 기하학 geometria situs과 위치의

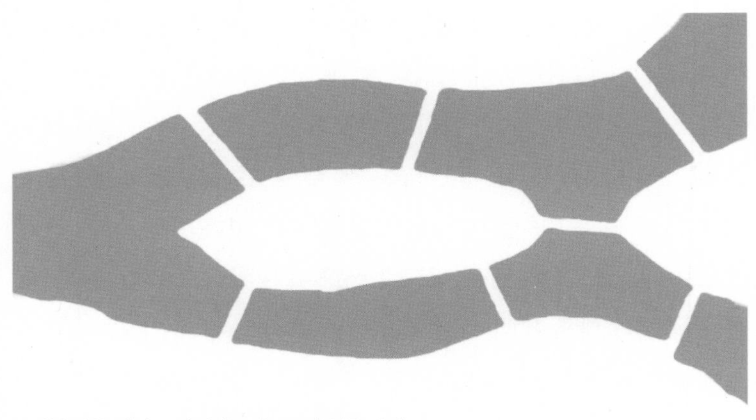

프레겔 강을 건너는 쾨니히스베르크의 일곱 다리.

해석학 혹은 분해analysis situs라는 두 분야로 나눌 수 있을 가능성을 제기했던 17세기로 거슬러 올라갈 수 있다. 우리가 학교에서 배우는 기하학을 거의 대부분 포괄하는 위치의 기하학과 각도, 길이, 모양 같은 익숙한 개념을 다루는 반면, 위치의 해석학은 그런 개념과 별개인 추상적 구조와 관련이 있다. 그 뒤에 스위스의 수학자 레온하르트 오일러가 위상수학을 다룬 최초의 논문 중 하나를 발표했다. 여기서 오일러는 프러시아의 쾨니히스베르크(오늘날 러시아의 칼리닌그라드)라는 오래된 항구 도시의 프레겔 강에 놓인 일곱 개의 다리를 정확히 한 번씩만 건너며 도시를 한 바퀴 걷는 게 불가능하다는 사실을 보였다. 다리의 길이나 다리 사이의 거리 같은 수치를 측정한 게 아니라 다리와 땅, 강 안쪽의 섬이나 강둑과 어떻게 연결되어 있는지만을 가지고 얻은 결과였다. 오일러는 그런 유형의 문제를 푸는 일반 법칙을 찾아냈고, 그 과정에서 위상수학 안에 그래프 이론이라 불리는 새로운 분야를 만들었다.

뫼비우스 띠. 3차원에 매장하면 한 '면' 밖에 갖지 않는 도형이다.

오일러는 유명한 다면체(평평한 다각형 면이 있는 입체도형) 공식, $v-e+f=2$도 발견했다. 여기서 v는 꼭짓점의 수, e는 모서리의 수, f는 면의 수다. 이 공식은 측정에 의지하지 않는 기하학적 형태의 성질을 나타내기 때문에 위상수학적이다.

이 분야의 또 다른 선구자는 반 바퀴 꼬인 띠를 연구했던 어거스트 뫼비우스August Möbius다. 같은 나라 출신인 요한 리스팅Johann Listing이 몇 년 앞선 1861년에 그 띠에 관해 먼저 발표했지만, 지금은 뫼비우스의 이름이 붙어 있다. 만약 긴 종이띠 하나를 180도 꼬아서 양 끝을 풀로 붙인다면, 그 결과물은 안과 밖의 구분이 없는 곡면이 된다. 띠의 가운데를 따라 연필로 선을 그어 보면 결국 출발점에서 만나게 되므로 쉽게 증명할 수 있다. 반 바퀴 꼬아서 양 끝을 붙인 결과 뫼비우스 띠는 위상수학자의 눈에 평범한 띠나 양 끝이 뚫린 원통과는 다른 존재로 보이게 되었다. 어떤 도형이 찢어지거나 양 끝이 맞붙는 순간 그건 위상수학적으로 새로운 것이 된다.

이 사실은 위상수학의 또 다른 특징으로 이어진다. 2016년 노벨 물리학상 수상자들이 발견했듯이 어떤 계의 상태가 갑자기 변하는 현상을 설명하는 데 아주 적합했던 것이다.

일반적인 기하학에서는 모든 도형을 단단하고 서로 바뀌지 않는 것으로 취급한다. 사각형은 언제나 사각형이고, 삼각형은 언제나 삼각형이다. 누구도 그 도형을 다른 도형으로 바꿀 수 없다. 직선은 항상 완벽하게 곧아야 하고, 곡선은 구부러져야 한다. 그러나 위상수학에서는 도형이 원래 구조를 잃고 유연하게 변하면서도 잘리거나 나뉘어 있던 부분이 서로 합쳐지지 않는 한 본질적으로 똑같을 수 있다. 예를 들어 사각형을 늘리고 모양을 바꾸어 삼각형으로 만들 수 있다. 그럼에도 위상수학적으로는 변하지 않는다. 이런 성질을 위상동형이라고 한다. 마찬가지로, 사각형과 삼각형 모두 원반(안이 채워져 있는 원)과 똑같다. 3차원에서는 육면체가 공(안이 채워져 있는 구)과 위상동형이다. 다시 말해, 육면체의 표면은 구의 표면과 위상수학적으로 동일하다. 그러나 원환면 혹은 도넛 모양은 구와 근본적으로 다르다. 아무리 잡아 늘려서 모양을 바꾸어도 똑같아질 수가 없다.

어떤 도형의 구멍 수는 '종수genus'라고 부른다. 따라서 구와 육면체는 종수가 0이고, 평범한 도넛 모양 도형은 종수가 1, 구멍이 두 개인 원환면은 종수가 2와 같은 식이다. 3차원 위상수학은 좀 더 복잡한 요소까지 고려한다. 가령 매듭이 형성될 수 있게 해 주는 주변 공간의 구조 같은 것이 있다. 헷갈리겠지만, 매듭 이론에서는 우리가 배우는 대부분의 매듭이 전혀 매듭이 아니다. 수학에서 말하는 매듭은 양 끝이 붙어 있어서 절대 풀 수 없기 때문에 신발끈이나 밧

줄 같은 것과는 다르다.

진정한 매듭을 생각하는 한 가지 방법은 3차원 유클리드 공간에 있는 원이나 다른 닫힌 곡선으로 보는 것이다. 아무리 늘리거나 비틀어도 풀 수 없다. 끈 하나로 진정한(수학적인) 매듭을 만들 수 있는 유일한 방법은, 예를 들어 테이프로 붙여서, 양 끝을 잇는 것이다. 이 방법을 이용하면 가장 간단한 매듭인 자명한 매듭unknot을 만들 수 있다. 자명한 매듭은 그냥 평범한 닫힌 곡선이다. 이 뒤부터는 좀 더 복잡해진다. 자명하지 않은 매듭 중 가장 간단한 건 세잎매듭trefoil knot이다. 사람들에게 끈 하나를 주고 매듭을 지으라고 한 뒤에 양 끝을 이으면 나올 법한 매듭이다. 이보다 좀 더 복잡한 매듭은 8자형 매듭이나 몇 가지 기본적인 매듭을 조합한 것이다. 흔한 예시 두 가지를 들자면, 사각매듭Sqare knot과 할머니매듭Granny Knot이 있다. 둘 다 세잎매듭 두 개로 이루어진다. 수학적인 관점에서 매듭에 관심을 가진 첫 번째 인물은 1830년대의 카를 가우스였다. 가우스는 연환수(3차원에서 두 폐곡선이 서로 감는 횟수)를 계산하는 방법을 만들었다. 매듭과 마찬가지로 연환(서로 얽혀 있는 매듭의 집합 – 역주)은 위상수학에서 중심적인 위치를 차지한다. 수학적 매듭과 연환은 자연, 예를 들어 전자기학과 양자역학, 생화학에서도 찾을 수 있다.

자명한 매듭이 있듯이 자명한 연환unlink도 있다. 별개의 두 원이 서로 떨어져 있는 것이다. 매듭은 원 하나로 이루어져 있는 간단한 연환이다. 하지만 원을 더 추가하면 좀 더 복잡한 연환이 된다. 호프 연환은 두 원이 서로 한 번 얽힌 연환으로 가우스가 한 세기 먼저 연구하긴 했지만 독일의 위상수학자 하인츠 호프Heinz Hopf의 이름이 붙었다. 호프 연환은 오래전부터 예술 작품이나 기호에 쓰여왔다. 16세기에 생긴 일본의 불교 종파인 진언종 풍산파가 장식으로 호프 연환을 사용했다. 원 세 개로 이루어진 보로메오 고리는 좀 더 흥미롭다. 특이하게도, 언뜻 보면 말이 안 되어 보인다. 셋 중에서 어느 두 원도 서로 얽혀 있지 않은데, 세 원 모두는 얽혀 있다. 어느 것을 고르든, 셋 중 어느 한 원만 없애면 다른 두 원은 그대로 분리된다는 뜻이다. 이름은 문장에 이 연환을 사용했던 이탈리아의 귀족 보로메오 가문에서 유래했다. 하지만 기호 자체는 고대까지 거슬러 올라간다. 발크누트(죽은 전사의 매듭이라는 뜻) 혹은 오딘의 삼각형이라는 형태로 바이킹의 유물에서도 찾아볼 수 있다. 성삼위일체를 상징하는 옛 기독교 교회 장식을 비롯한 다양한 종교적 맥락에서도 같은 모티프를 찾을 수 있다.

매듭과 연환은 생명체의 바탕이 되는 화학에도 있다. 단백질이 특정한 모양으로 접힐 수 있다는 사실은 잘 알려져 있는데, 이는 생물학적 시스템 안에서 단백질의 기능에 대단히 중요하다. 1990년대 중반에 단백질이 접혀서 매듭, 심지어는 서로 얽힌 고리를 이룰 수도 있다는 사실이 밝혀지자 생물학자들은 놀라워 했다. 우리가 일상생활에서 쓰는 매듭은 일부러 끈을 꿰어야만 만들 수 있다. 단백질이 자발적으로 자가조립되면서 동시에 스스로 그 안에 매듭을 만들어 넣을 수 있는지 알아내는 건 어려웠다. 사실 에너지를 해석해 단백질 접힘의 결과를 예측하는 수학 모형은 대부분 매듭이 지어진 구조를 모두 배제했다. 불가능하다고 여겼기 때문이다. 매듭이 지어진 단백질이 어떻게 그리고 왜 접히는지를 이해하는 건 연구자들에게 아직 현재 진행형인 과제다.

2017년 초, 맨체스터대학교의 화학자로 이루어진 연구진이 역사상 가장 단단한 매듭을 만들었다고 발표했다. 사슬로 이어진 원자 192개로 만들어진 이 매듭은 폭이 고작 100만 분의 2mm였다. 인간의 머리카락보다 약 200,000배 더 가늘다. 탄소와 질소, 산소 원자들이 한 가닥 실을 이루어 스스로 여덟 번 교차하며 구부러져 둥근 삼중나선 모양을 만들었다. 각 교차점의 간격, 즉 매듭의 단단함을 정의하는 거리는 불과 원자 24개 수준이었다.

띠, 병 그리고 도넛

다른 위상수학적 요소도 과학의 세계에서 찾을 수 있었다. 그중에서 손꼽을 정도로 놀라운 건 앞서 언급했던 뫼비우스 띠다. 2012년 글래스고대학교의 화학자들은 대칭인 고리 모양의 분자에 산화몰리브덴(Mo_4O_8)을 첨가해 비대칭적으로 만들었다고 발표했다. 새로운 물질을 첨가한 건 고리를 반 바퀴 비틀어 뫼비우스 띠처럼 만들기 위해서였다.

뫼비우스 띠를 만드는 건 말 그대로 아이들의 장난처럼 쉽다. 하지만 한 쪽밖에 없는 또 다른 곡면의 경우에는 이야기가 다르다. 이 곡면은 그 성질을 처음 설명한 독일의 수학자 펠릭스 클라인Felix Klein의 이름을 따 클라인 병이라고 불린다. 원래는 Kleinsche Fläche(클라인 곡면)으로 부르려 했는데, 잘못 전해져 Kleinsche Flasche(클라인 병)이 되었다. 어쨌든 이제는 후자로 못 박혀 버렸고, 비록 '곡면'이 더 나은 설명이긴 해도 클라인 병이라는 이름 덕분에 더 널리 알려졌을 수도 있다.

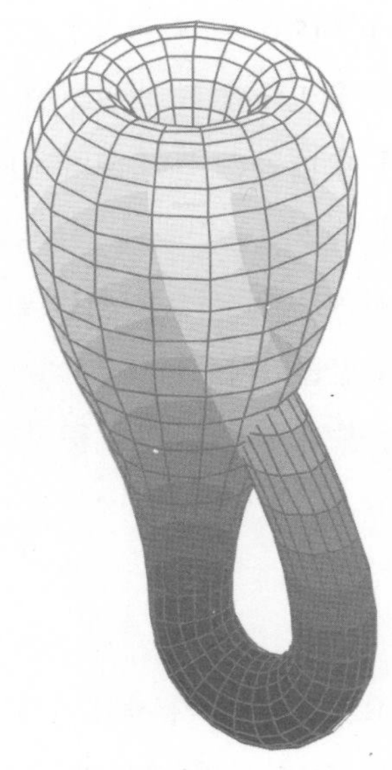

3차원에 몰입한 클라인 병. '내부'와 '외부'는 사실 같은 면이다. 정상적으로는 그럴 수 없기 때문에(즉 3차원에 매장할 수 없기 때문에) 클라인 병은 스스로 교차할 수밖에 없다.

뫼비우스 띠와 달리 클라인병은 모서리나 경계가 없다. 이 점에서는 구와 성질이 같다. 하지만 구와 달리 클라인병은 안쪽과 바깥쪽이 없다. 둘은 동일하다. 단 하나의 곡면이 거꾸로 접혀 있을 뿐이기 때문이다. 우리는 이런 물체에 익숙하지 않다. 현실 세계에서 우리가 익숙한 물체는 거품이나 상자, 보졸레 와인 병처럼 내부와 외부의 정의가 명확해서 일정한 부피의 공간을 감싸고 있는 것들이다. 하지만 클라인병은 공간을 서로 다른 두 부분으로 나누지 않기 때문에 아무것도 담을 수 없고, 따라서 부피가 0이다.

구와 원환면, 뫼비우스 띠는 모두 3차원 공간에 '매장'할 수 있는 2차원 곡면이다. 매장에는 정확한 수학적 의미가 있지만, 일상적인 언어로 설명하자면 한 공간을 또 다른 공간 속에 집어넣는 것이라고 할 수 있다. 구와 뫼비우스 띠, 클라인 병을 비롯한 다른 기하학적 물체가 자신들이 속한 공간의 성질(몇 차원인지, 평평한지 굽어 있는지 등)과 무관한 성질을 지닌 추상적 개념이라는 사실을 명심하는 건 중요하다. 하지만 다른 공간으로 매장되면 몇 가지 변화가 생긴다. 예를 들어 원환면은 우리가 평소에 접할 수 있듯이 3차원에 매장될 수 있는데, 그러면 구멍, 진정한 수학적 구멍 그리고 내부와 외부가 함께 나타난다.

나이가 좀 있는 독자라면 〈아스테로이드Asteroid〉라는 고전 오락실 게임을 기억할지도 모르겠다. 이 게임을 하는 플레이어는 우주선을 조종해 마구잡이로 움직이는 소행성과 가끔씩 지나가는 비행접시를 무찔러야 한다. 얼핏 들으면, 이건 익숙한 도넛 모양의 원환면과 아무 상관이 없어 보인다. 하지만 위상수학적으로 둘은 하나이며 똑같다. 둘 다 도넛형이다. 도넛의 구멍은 원환면을 3차원에 매장했기 때문에 생긴 특징이며, 모든 원환면의 고유한 성질은 아니다. 〈아스테로이드〉의 바탕에 깔려 있는 도넛의 위상수학은 구멍이 아니라 화면의 한쪽 너머로 사라지자마자 반대쪽 화면에서 다시 나오는 능력으로서 나타난다. 원환면은 4차원에도 매장될 수 있으며, 그렇게 했을 때 가능한 결과 중의 하나가 빅토리아 시대의 수학자 윌리엄 킹던 클리퍼드William Kingdon Clifford의 이름을 딴 클리퍼드 원환면이다. 클리퍼드는 중력이 우리가 살고 있는 공간의 기하학적 효과일지도 모른다고 주장했던 첫 번째 인물이기도 하다. 우리가 잘 아는 고리 모양의 원환면이 내부와 외부를 명확하게 정의하는 것과 달리 클리퍼드 원환면은 공간을 나누지 않고, 따라서 내부와 외부가 있다고 할 수 없다.

클라인병도 마찬가지다. 오스트리아 출신의 캐나다 수학자 레오 모서Leo Moser는 클라인 병에 관한 아이디어를 어떻게 떠올리게 됐는지를 5행시로 풀어냈다.

> 클라인이라는 이름의 수학자
> 뫼비우스 띠가 신성하다고 생각했네
> 말하기를, "두 가장자리를
> 풀로 붙이면
> 내 것처럼 이상한 병을 얻을 수 있다네".

클라인 병에 가장자리가 없는 이유가 바로 이것이다. 뫼비우스 띠 두 개의 가장자리(왼쪽과 오른쪽)을 모아서 붙이면 모든 점에서 매끄럽게 이어진 끝없는 곡면이 하나 생긴다. 클라인 병을 만드는 또 다른 방법은 직사각형으로 시작하는 것이다. 양쪽 끝을 이어붙여서 원통 모양을 만든다. 그리고 반 바퀴 비튼 뒤에 나머지 두 끝을 이어붙인다. 이 두 번째 단계는 간단하게 들리지만 사실 3차원에서는 불가능하다. 구멍을 뚫지 않고 자기 자신을 통과할 수 있는 곡면을 만들기 위해서는 4차원이 필요하다. 이렇게 어려운 점이 있지만, 사람들은 포기하지 않고 대략 비슷하지만 별로 정확하지는 않은 클라인 병의 3차원 모형을 만들었다. 캘리포니아 오클랜드에서 아크미 클라인 보틀이라는 회사를 운영하는 클리퍼드 스톨Clifford Stoll과 1보다 큰 홀수 번만큼 비튼 뫼비우스 띠에 상응하는 여러 클라인 병들을 만들어 런던 과학박물관에 전시한 영국 베드퍼드의 앨런 베넷Alan Bennett이 이러한 모형 제작에 있어 전문가다. 수학자들은 이런 장인이 만든 작품을 클라인 병의 3차원 '몰입Immersions'이라고 부른다. 몰입과 매장embedding의 차이를 설명하려면 전문적으로 들어가야 하지만, 요약하자면 클라인 병의 3차원 모형(몰입)은 언제나 곡면이 자기 자신을 통과하는 교차점을 갖게 된다. 진정한 클라인 병은 그렇게 스스로 교차하지 않으며, 4차원에 매장한 클라인 병에는 정말로 그런 교차점이 존재하지 않는다.

클라인 병과 다른 모든 곡면의 또 다른 중요한 특징은 방향성이다. 우리가 물리적 세계에서 접하는 곡면은 대부분 방향을 줄 수 있는 가향성이다. 곡면 위에 시계 방향이나 반시계 방향으로 작은 원 화살표를 그린 뒤 화살표를 밀어서 곡면을 한 바퀴 돌아 제자리로 왔을 때 화살표가 여전히 똑같은 방향을 가리키고 있다는 뜻이다. 예를 들어 구나 원환면에서는 이렇게 되기 때문에 이 둘은 가향곡면이다. 하지만 클라인 병이나 뫼비우스 띠는 비가향곡면이기 때문에 화살표의 방향이 반대로 바뀐다.

위상수학자들은 마음의 눈으로 여러 차원의 공간을 넘나들기 위해 많은 시간을 들인다. 그래서 이렇게 차원을 뛰어넘을 때 생기는 일을 일반화할 수 있도록 전문 용어를 만들었다. '매장'과 '몰입'이 이런 의미에서 쓰인 용어이고, 또 다른 것으로는 '곡면'이라는 용어를 다른 차원에서 일반화한 '다양체'가 있다. 정의에 따르면, 곡면은 2차원이다. 따라서 '2차원 곡면'이라는 동어 반복 대신에 대신에 '2차원 다양체'라고 부르는 게 맞다. 구와 원환면, 뫼비우스 띠, 클라인 병은 모두 2차원 다양체의 예다. 앞의 세 개는 3차원에 매장할 수 있지만, 클라인 병은 그렇지 않다. 직선과 원은 1차원 다양체다.

그리고 비록 우리가 제대로 시각화할 수는 없지만, 3차원 다양체, 4차원 다양체 등이 계속 이어진다. 3차원 다양체 중에서 가장 간단한 건 3차원 초구다. 평범한 구, 즉 2차원 구가 3차원 공간에 있는 공의 경계를 이루는 곡면이듯이 3차원 초구는 4차원 공간에 있는 구의 경계를 이루는 3차원 도형이다. 그보다 훨씬 더 큰 차원의 경계는 고사하고 3차원의 곡면이란 게 어떻게 생겼는지도 우리는 제대로 상상할 수 없다. 하지만 이런 어려움에도 불구하고 수학자들은 이런 다양체를 다루는 데 필요한 도구를 모두 갖고 있다.

고차원에 관해 연구하다 보면 온갖 놀라운 일들이 튀어나온다. 예를 들어 4차원에서는 원이 서로 얽힐 수 없고 평범한 매듭이 존재할 수 없다. 그보다 높은 모든 차원에서도 마찬가지다. 4차원 공간에서는 아주 기이한 일들이 벌어진다. 구가 스스로 매듭을 만들 수도 있다. 머릿속에서 그려볼 수는 없지만, 원이 스스로 교차하지 않고 매듭을 만든다는 생각도 2차원 존재로서는 상상이 불가능할 것이다.

풀리기를 기다리는 문제들

수학의 다른 분야와 마찬가지로 위상수학도 매년 새로운 발견이 이루어지고 오래되었거나 새로운 문제들이 풀리기를 기다리고 있는 역동적인 분야다. 위상수학 뿐만 아니라 수학 전체에서 손에 꼽을 정도로 중요한 개념으로 푸앵카레 추측이라는 게 있다. 실용적으로 쓸모는 전혀 없다는 것은 중요하지 않다. 우리가 아는 한 더 빨리 화성에 가거나 노화를 방지하는 데 아무 도움이 되지 않는다.

수학자들이 갖는 흥미는 순수하게 이론적인 것으로, 고차원의 곡면 혹은 다양체를 분류하기 위한 노력의 일환이다.

푸앵카레 추측은 위상수학을 엄밀한 학분 분야로 만든 창시자 중 한 명이자 당시에 존재했던 수학의 모든 분야에서 전문가였다는 점에서 '최후의 만능 인간'으로 여겨지는 푸앵카레가 1900년에 처음으로 제기했다. 푸앵카레는 호몰로지homology라고 부르는 기법을 들고나왔다. 대략적으로 설명하자면, 다양체 안의 구멍을 정의하고 분류하는 방법이다. 수학에서 말하는 구멍은 프레첼이나 낡은 양말에 있는 구멍처럼 쉽게 찾아내서 셀 수 있는 게 아니라 은밀하게 숨어 있을 수도 있기 때문에 말처럼 간단한 일은 아니다. 예를 들어 비록 〈아스테로이드〉의 2차원 우주에는 구멍이 없고 원환면에는 분명히 구멍이 있는 것 같지만, 〈아스테로이드〉의 우주는 원환면과 위상적으로 동등하다. 수학적 구멍은 도넛에 있는 구멍보다 상상하기 어려운 추상적인 개념이며, 수학적 구멍은 '닫힌 곡선'에 둘러싸여 있으므로 호몰로지는 다양체의 서로 다른 닫힌 곡선을 분석하는 방법이라고도 정의할 수 있다는 사실을 명심하자.

푸앵카레의 원래 추측은 어떤 임의의 3차원 다양체가 3차원 초구와 위상적으로 동등한지 알아내는 데 호몰로지가 충분하다는 것이었다. 그러나 몇 년이 지나지 않아 푸앵카레는 진정한 3차원 초구는 아니지만 호몰로지가 그와 똑같은 푸앵카레 호몰로지 구를 발견하면서 스스로 추측을 반증했다. 좀 더 연구한 뒤에 푸앵카레는 추측을 새로운 형태로 다시 제시했다. 평이한 언어로 설명하자면 이렇다. 어떤 구멍도 갖고 있지 않은 임의의 유한한 3차원 공간을 연속적으로 변형하면 3차원 초구를 만들 수 있다. 20세기 내내 많은 노력을 기울였지만, 푸앵카레 추측은 증명되지 않았다. 그 중요성을 높게 본 클레이 수학연구소는 2000년에 푸앵카레 추측을 일곱 가지 주요 문제의 하나로 선정하고 100만 달러의 상금을 걸었다. 3년 뒤 러시아의 수학자 그리고리 페렐만Grigori Perelman은 서스턴의 기하학화 추측이라는 밀접한 관련이 있는 문제를 증명한 결과 푸앵카레 추측이 옳다는 사실을 증명했다.

2005년 페렐만은 필즈상 수상자로 선정되었다. 필즈상은 수학계에서 가장 명성이 높은 상으로 흔히 노벨상과 권위가 맞먹는다고들 말한다. 그리고 2010년에는 페렐만이 클레이 연구소가 주는 100만 달러 상금을 받을 기준을 충족했다는 발표가 나왔다. 그러나 페렐만은 두 상을 모두 거절했다. 언뜻 보기에는 윤리적인 이유였다. 일단 페렐만이 보기에는 다른 사람들, 대표적으로 페렐만의 연구에 바탕을 제공한 미국의 수학자 리처드 해밀턴Richard Hamilton의 중요한 공헌이 인정받지 못했다. 또, 몇몇 연구자, 특히 2006년 해밀턴-페렐만 정리를 확인했으면서 은근슬쩍 자신들이 증명한 것처럼 논문을 발표한 중국의 수학자 주시핑과 화이동차오의 부도덕해 보이는 행위에도 기분이 상했다. 나중에 두 사람은 「푸앵카레와 기하학화 추측의 완전한 증명 : 리치 흐름의 해밀턴-페렐만 이론의 적용」이라는 제목의 원래 논문을 철회하고 좀 더 겸손한 주장을 담은 다른 논문을 발표했다.

하지만 페렐만이 입은 상처는 어쩔 수 없었다. 페렐만은 두 사람이 저지른 일과 같은 분야의 다른 수학자들이 비판하지 않는 행태에 실망했다. 2012년에 〈뉴요커〉에 실린 한 인터뷰에서 페렐만은 이렇게 말했다.

내가 눈에 띄지 않는 한 내게는 선택의 여지가 있다. 추한 꼴(윤리적 침해 행위에 대해 소란을 일으키는)을 좀 보이거나, 만약 그러지 않는다면, 애완동물 취급을 당하는 것이다. 이제 눈에 띄는 사람이 되고 나니 애완동물로 남아 조용히 있지는 못하겠다. 그래서 그만두어야겠다.

현재 페렐만이 수학계에서 완전히 은퇴했는지, 아니면 조용히 다른 문제를 연구하고 있는지는 불확실하다. 페렐만이 주목받기를 좋아하는 사람이 아니라는 건 분명하다. 클레이연구소 상을 받은 뒤에는 이렇게 말했다. "난 돈이나 명성에 관심이 없다. 동물원의 동물처럼 전시되고 싶지 않다." 그러나 위상수학에서 가장 중요하고 어려운 문제를 완전히 해결해낸 페렐만이 역사에 한 자리를 차지한 건 분명하다.

위상수학자들의 옆구리에 박혀 있던 또 하나의 유명한 가시는 삼각분할 추측이었다. 이것 역시 최근에 풀렸다. 하지만 이번에는 반증이었다. 쉬운 말로 설명하면, 이 문제는 모든 기하학적 공간을 더 작은 조각으로 나눌 수 있는가에 관한 것이다. 삼각분할 추측은 그렇게 할 수 있다는 추측이다. 예를 들어, 구의 경우 곡면을 삼각형을 이어붙여서 완전히 덮는 게 가능하다. 정20면체(정삼각형 면 20개로 이루어진 정다면체)는 구와 대략 비슷하지만, 원하는 모양의 삼각형을 원하는 만큼 늘려서 무한히 구에 가까워지게 할 수 있다. 원환면도 똑같은 방법으로 '삼각분할'될 수 있다. 3차원 공간은 임의의 수의 '사면체'로 쪼갤 수 있다. 하지만 더 고차원에 있는 기하학 도형을 삼각형에 상응하는 고차원 도형으로 삼각분할하는 것도 가능할까? 2015년 루마니아 출신의 UCLA 수학 교수 치프리안 마놀레스쿠Ciprian Manolescu는 그렇지 않다는 사실을 증명했다.

국제수학올림피아드에서 유일하게 3년 연속으로 만점을 받은 수학 신동이었던 마놀레스쿠는 2000년대 초 하버드대학교에서 대학원을 다니고 있을 때 처음 삼각분할 문제를 접했다. 당시에는 '접근 불가능한 문제'라고 치부해 버렸는데, 세월이 흐른 뒤에 자신이 박사 학위 논문에서 다루었던 플뢰어 호몰로지라는 이론이 바로 그 문제를 해결하는 데 필요한 것이었다는 사실을 깨달았다. 자신의 초기 연구를 이용한 마놀레스쿠는 삼각분할할 수 없는 7차원 다양체가 존재한다는 사실을 보임으로써 삼각분할 추측을 반증했다. 다른 방법을 사용하면 4차원의 공간조차도 삼각분할을 할 수 있는지 분석하기에는 너무 복잡하다는 사실을 생각하면 놀라운 업적이었다.

2012년에 세상을 떠난 미국의 기하학자 윌리엄 서스턴William Thurston은 1980년대 초에 모든 3차원 다양체를 확인하는 계획을 구상했다. 2차원에서는 이미 다 끝난 일이다. 2차원 다양체로는 구, 원환면, 구멍이 두 개인 원환면, 구멍이 세 개인 원환면 등이 있다. 여기에 클라인 병과 사영 평면(비튼 방향이 똑같은 뫼비우스 띠 두 개를 가장자리를 따라 붙여서 만든다) 같은 비가향성 곡면도 더할 수 있다. 서스턴은 이런 여러 가지 2차원 다양체를 다각형을 붙여 나타낼 수 있게 해 주는 기법을 사용했다. 예를 들어 사각형 하나를 가지고 서로 반대쪽 변을 붙이면, 그 결과는 원환면이 된다. 구멍이 두 개인 원환면은 좀 더 만들기 어렵다. 하지만 서스턴은 방법을 찾았다. 쌍곡평면에 매장된 팔각형의 몇몇 변을 서로 붙여서 구멍이 두 개인 원환면을 만들었다. 이렇게 매장하면 팔각형이 유클리드 공간에 있을 때 생기는 어려움을 피할 수 있다. 이 경우 구멍이 두 개인 원환면은 팔각형의 모든 꼭짓점이 모이는 점 하나를 갖게 되는데, 내각의 총합이 으레 나와야 하는 1080도가 아니라 360도가 된다. 쌍곡기하학(안장 모양의 곡면, 혹은 좀 더 정확하게는 일정한 비율로 구의 반대쪽으로 휘어지는 곡면에 관한 기하학)에서는 정확한 크기의 팔각형은 내각이 45도이므로 문제가 해결된다.

서스턴은 3차원에서도 비슷한 일을 하려고 했다. 2차원에는 세 가지 유형의 정식 기하학이 있다. 타원기하학, 유클리드기하학, 쌍곡기하학이다. 타원과 유클리드기하학은 쉽게 공간에 매장할 수 있다. 하지만 쌍곡기하학은 그렇지 않다. 그래서 훨씬 나중에야 발견할 수 있었다. 3차원에는 이 세 가지 기하학에 상응하는 기하학이 있다. 하지만 그 외의 다른 것도 있어서 총 여덟 가지 기하학이 있다. 이 중에서 쌍곡기하학에 상응하는 게 2차원일 때와 마찬가지로 가장 복잡하고 연구하기 어렵다. 2012년 이안 아골Ian Agol은 모든 쌍곡다양체hyperbolic manifold를 일일이 열거하는 데 성공했다(당시에 유일하게 풀리지 않았던 문제였다). 아골이 사용한 기법은 다양한 차원의 입방체로 만든 복합체를 사용하고 이런 입방체를 이등분하는 초평면을 분석하는 등 일견 원래 문제와 아무런 관련이 없어 보인다. 이런 다양체는 실생활에 적용할 수 있다. 예를 들어 어떤 우주론자들은 우주 전체의 기하학이 타원이며 유한한 다양체로, 몇몇 면이 확인된 12면체 구조라고 주장했다. 이런 다양체는 아골의 기법으로 분류할 수 있다.

물론 위상수학에는 아직 미해결 문제가 아직 많다. 그리고 지식의 경계를 넓힐수록 더 큰 무지의 세계가 드러난다는 점을 생각하면 아마 앞으로도 그럴 것이다. 하지만 위상수학은 이제 한 세기쯤 전에 그랬던 것처럼 전문적이고 겉보기에 비실용적인 분야가 아니다. 로봇공학과 응집물질물리학, 양자장이론을 비롯한 현실 세계의 수많은 분야에 적용할 수 있다. 그리고 오늘날 수학의 거의 모든 분야에서 위상수학 개념을 찾아볼 수 있다.

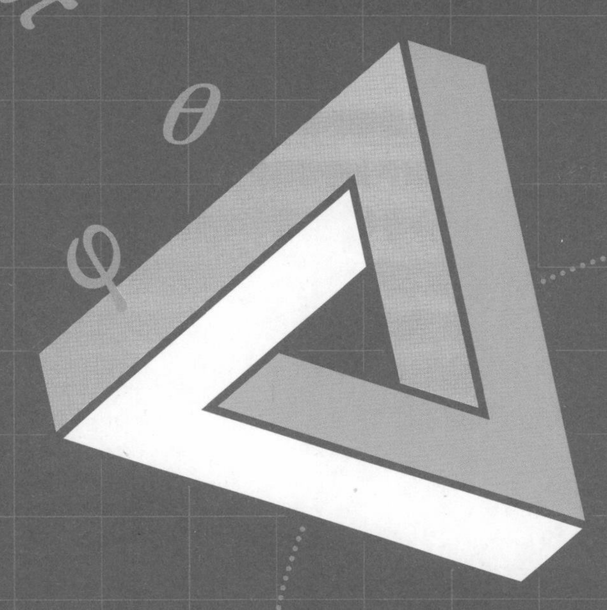

13장

증명을 찾아서

내가 증명이라고 할 때 그건 절반의 증명 두 개를 증명 하나로 치는 변호사의 관점에서가 아니라 절반의 증명은 곧 0과 같다고 보는 수학자의 관점에서 말하는 것이다. 증명이 되려면 그 어떤 의심도 불가능해져야 한다.

_ 카를 가우스

증명은 순수 수학자들이 그 앞에서 스스로 고문하는 우상이다.

_ 아서 에딩턴, 『물리적 세계의 본질』

♣

수학은 절대적인 확실함이 가능한 유일한 분야다. 명제와 정리는 한 점의 의심 없이 참이라는 사실이 밝혀질 수 있고, 이런 진리는 영원히 유효하다. 수학자들이 증명에 그렇게나 집착하는 이유다. 일단 어떤 것을 엄밀하게 증명하고 나면, 완전한 확신 속에서 이미 알고 있는 지식에 그것을 추가할 수 있고, 미래의 연구에 단단한 근거가 된다. 이렇게 맑아야 할 수학의 하늘에 딱 구름 한 점이, 절망적이게도 영구적으로 떠 있다. 어떤 수학 체계에도 그 체계 안에서 참인지 거짓인지를 보일 수 없는 것이 언제나 존재한다는 사실이다.

프린스턴 고등과학원에서 알베르트 아인슈타인과 가까운 친구였던 오스트리아 출신의 논리학자 쿠르트 괴델은 1941년경 신이 존재한다는 사실을 '증명'했다. 불가지론과 범신론 사이를 오갔으며 '스피노자의 신'을 믿는다고 말한 적도 있었던 아인슈타인과 달리 괴델은 교회를 다니지 않는 유신론자였다. 괴델의 아내에 따르면 괴델은 "일요일 아침마다 침대에서 성경을 읽었다." 그러나 신

쿠르트 괴델은 수학 뿐만 아니라 철학에도 새로운 시야를 제공했다.

의 존재에 관해 괴델이 발표한 증명은 괴델 자신의 루터주의 뿌리나 평범한 사람들의 머리에 떠오를 만한 것과 아무런 관련이 없었다. 지적으로 뛰어난, 수학적인 정신의 산물에 가까웠다. 첫 줄은 다음과 같이 시작한다.

$$\{P(\varphi) \wedge \Box \forall x[\varphi(x) \rightarrow \psi(x)]\} \rightarrow P(\psi)$$

그다음을 보아도 의미가 분명해지지 않는다. 마지막에는 다음과 같은 놀라운 구절로 끝난다.

$$\Box \exists x G(x)$$

우리 같은 단순한 필멸자를 위해 번역하자면, "신 같은 뭔가가 존재해야 한다"가 된다.

당연한 이야기지만, 괴델의 증명은 도전을 받았다. 그리고 비록 '양상 논리'라는 형식적인 표현을 입고 대단히 엄밀한 것처럼 보이지만, 순전히 의견에 불과한 애매한 가정도 많다. 괴델을 더 유명하게 만든, 세상을 뒤흔든 불완전성 정리 같은 그의 대표적인 다른 결과는 그렇지 않다. 이에 대해서는 뒤에서 더 자세히 알아보자.

수학의 중심부에서

'증명'은 서로 다른 사람에게 서로 다른 의미가 있다. 법조계 종사자에게는 사건과 재판의 유형에 따라 다양한 맛이 있을 것이다. 법에서 증명은 간단히 증거라고 할 수 있다. 판사나 배심원을 만족시키는 증거의 양이나 질은 민사 사건이냐 형사 사건이냐 따라 다양하다. 민사 사건에서는 확률의 균형을 바탕으로 판결을 내린다. 판사가 "그럴 가능성이 더 크다" 또는 "의심할 여지가 충분하다"는 결론에 이르면 유죄를 선고할 수 있다. 영미법의 형사 사건에서는 유죄가 증명되기 전까지는 피고를 무죄로 간주한다. 여기서 '증명'은 단순히 '유죄일 확률이 크다'가 아니라 '합리적인 의심의 여지를 넘어서는 유죄'임을 뜻한다.

변호사와 마찬가지로 과학자는 증명보다는 증거를 더 많이 다룬다. 사실 현대의 과학자는 주장을 하는 데 상당히 조심스러워하며 확실한 의미에서 '증명'이나 '참'이라고 이야기하기를 꺼린다. 과학은 대부분 관찰하고, 데이터에 가장 잘 부합하는 이론을 만들고, 더 많은 관찰과 실험을 통해 그 이론을 시험하는 게 대부분이다. 과학이론은 잠정적일 수밖에 없다. 그 당시에 보기에 세상이 작동하는 방식을 가장 잘 설명한 개념일 뿐이다. 그 이론에 반하는 단 한 가지 새로운 관찰 결과만 있어도, 확인만 되다면, 그 이론을 영구히 무너뜨릴 수 있다. 예를 들어 중력을 생각해 보자. 아리스토텔레스는 무거운 물체가 가벼운 물체보다 빨리 떨어진다고 생각했다. 돌멩이 하나와 깃털 하나를 동시에 떨어뜨리면 돌멩이가 쉽게 땅 위에 먼저 떨어지긴 한다. 아리스토텔레스가 틀렸다는 사실을 보이기까지는 몇 가지 영리한 실험과 2,000년에 가까운 시간이 걸렸다.

흥미로운 일화도 있다. 1589년에 갈릴레오 갈릴레이가 피사의 사탑 꼭대기에 올라가 무게가 다른 두 대포알을 동시에 떨어뜨려서 둘이 동시에 땅에 떨어진다는 사실을 보여 중력에 관한 오래된 관념에 치명적인 타격을 입혔다는 이야기다. 아마 실제로 벌어진 일은 아닐 것이다. 유일하게 남아있는 이 이야기의 원출처는 제자 중 한 명인 빈첸초 비비아니Vincenzo Viviani가 쓴 갈릴레오의 전기인데, 비비아니가 죽고 한참 뒤에 출간되었다. 확실한 건 갈릴레오가 무게가 서로 다른 공을 경사로를 따라 굴리는 실험을 했다는 사실이다. 중력의 영향을 낮추어서 물체가 떨어지는 비율을 정확하게 측정할 수 있게 한 멋진 방법이었다.

갈릴레오의 실험 결과는 독일의 천문학자 요하네스 케플러의 연구와 더불어 아이작 뉴턴이 새로운 중력 이론을 만들어 내는 데 쓰였다. 오늘날 학교에서도 배우고 있으며, 우주 탐사를 기획하는 사람들이 탐사선이 태양계를 가로질러 움직이는 경로를 짤 수 있게 해 주는 이론이 바로 이것이다. 중력의 영향을 알아야 할 필요가 있는 거의 모든 상황에서 충분히 잘 작동하는 이론이다. 문제는 모든 상황에서 정확한 결과를 내놓지는 않는다는 점이다. 뉴턴의 만유

인력 이론은 아주, 아주 훌륭한 근사치다. 매우 훌륭해서 보통 우리는 예측값이 실제와 다르다는 사실을 알아채지 못한다. 하지만 그래도 근사치는 근사치다. 1915년 아인슈타인은 일반 상대성이론을 발표했다. 현재 최고의 중력 이론이다. 일반 상대성이론은 뉴턴의 이론으로 설명할 수 없는 것을 설명한다. 수성 궤도의 이동이나 태양 근처를 지나는 별빛의 휘어짐, 블랙홀 근처처럼 중력이 극단적으로 강해지는 곳의 상황 등등. 하지만 아인슈타인의 일반 상대성이론이 중력에 관한 마지막 설명이라고 생각하는 사람은 없다. 그렇게 될 수가 없다. 일반 상대성이론은 양자역학이 끼어드는 극단적으로 작은 세계에서 중력이 작용하는 방식을 설명하지 못하기 때문이다. 양자역학과 중력을 하나로 묶는 이론이 있겠지만, 아직 우리는 그걸 찾아내지 못했다.

요점은 과학 이론이 틀렸다거나 기껏해야 근사치에 불과하다는 사실을 보이는 건 가능하지만, 모든 상황에서 참이라고 증명하는 건 불가능하다는 것이다. 미래에 어떤 발견이 이루어져 오늘날 우리가 만들어 낸 최고의 이론적 설명을 파괴하는 일은 언제나 가능하다. 하지만 수학에서는 이야기가 전혀 다르다.

증명은 수학의 심장부에 있다. 문제를 푸는 데 주력하는 학교에서는 자주 접하지 못하지만, 고등 수학으로 넘어가면 증명이 왕이자 모든 수학 연구자의 궁극적인 목표가 된다. 수학 이론은 의심의 여지가 없도록 증명할 수 있고, 일단 증명된 이론은 절대 변하지 않는다. 예를 들어 직각삼각형의 변에 관한 피타고라스 정리는 확실하게 증명되었다. 누구든 그게 틀렸다고 증명하는 건 불가능하다. 몇 가지를 가정할 때의 이야기지만, 그건 잠시 후에 이야기하기로 하자. 사실 인간이 탐구하는 모든 분야 중에서 수학과 그 사촌인 논리학은 의심의 여지 없이 확실할 수 있다는 점에서 독특하다.

과학자와 마찬가지로 수학자도 처음에는 기하학적 규칙이나 수의 패턴 같은 증거를 찾는다. 그 뒤에 증거를 통합할 수 있는 이론을 제안한다. 하지만 과학과 달리 새로운 데이터를 바탕으로 항상 이론을 끝없이 개선하는 일은 없다. 수학 이론은 여러 상황에서나 혹은 여러 수치를 사용해 아무리 많은 시험을 거쳐도 누군가 흠잡을 데 없는 엄밀한 증명을 해내기 전까지는 절대 받아들여지지 않는다. 그런 증명이 가능하다는 바로 그 사실 때문에 수학자는 증거만 있을 때는 대수롭지 않게 여긴다.

수학적 증명의 역사

증명의 역사는 고대 그리스에서 출발했다. 그전에는 수학이 주로 셈이나 건축 같은 분야에서 쓰이던 실용적인 주제였다. 도형과 공간에 적용하던 산술법과 경험적인 법칙이 있었지만, 그보다 복잡한 건 없었다. 증명은 초창기 자연철학자의 한 명인 밀레토스의 탈레스Thales가 활동했던 기원전 7세기경에 처음 등장했다. 철학, 과학, 공학, 역사, 지리학을 비롯해 거의 모든 주제에 관심을 두었던 탈레스는 간단한 기하학의 초기 정리 몇 개를 증명했다. 탈레스와 같은 그리스에서 약 반 세기 뒤에 태어난 피타고라스는 그 이름을 딴 정리 때문에 많은 사람에게 더 유명하다. 당시의 증명이 문서 기록으로 남아있지 않기 때문에 피타고라스나 그 추종자들이 '피타고라스 정리'를 처음으로 증명했는지는 알 방법이 없다. 바빌

로니아인과 다른 지역 사람들도 직각삼각형의 가장 긴 변의 제곱이 다른 두 변의 제곱의 합과 같다는 법칙을 알고 건축 계획에 적용했다. 하지만 누가 처음 증명했는지, 정확히 어떤 형식인지는 알 수 없다. 훗날의 기준으로는 비정형 증명이었을 게 분명하다. 피타고라스 학파는 무리수(한 정수를 다른 정수로 나눈 형태로 나타낼 수 없는 수)의 발견과도 관련이 있다. 이 역시 뿌리가 되는 개념을 추적하기는 어렵다. 하지만 피타고라스 학파의 구성원 중 하나인 히파소스 Hippasus가 모종의 방법으로 2의 제곱근을 분수로 나타낼 수 없다는 사실을 증명했다는 전설이 생겨났다. 피타고라스 학파의 다른 사람들에게 이건 용납할 수 없는 일이었기 때문에 자신들의 세계관에 흠집이 있다는 사실을 비밀로 하고자 히파소스를 물에 빠뜨려 죽였다고 한다. 그러나 익사 이야기가 담긴 극소수의 고대 출전에는 히파소스라는 이름이 없거나 히파소스가 다른 죄(정십이면체를 구 안에 넣을 수 있다고 밝힌 불경죄)로 물에 빠졌다고 되어 있다.

수학적 증명은 약 3세기쯤 이집트 알렉산드리아에서 활동한 또 다른 그리스인 유클리드의 연구를 통해 거대한 도약을 이루어 오늘날 우리가 알고 있는 형태와 비슷해졌다. 유클리드는 자신의 책 『원론』에서 자명하게 참으로 여겨지는 몇 가지 기본적인 가정과 한 개 이상의 기본 가정에서 출발해 전 단계와 다음 단계가 논리적이고 반박할 수 없는 전개를 따르는 단계별 추론을 조합해 현대 증명 이론의 토대를 닦았다.

『원론』은 주로 기하학을 다루었고, 당시 그리스인이 잘 알고 있던 여러 기하학 정리를 처음으로 엄밀하게 증명했다. 유클리드는 유클리드의 공준으로 불리게 된 다섯 가지 핵심 가정에서 출발했다. 예를 들어 "임의의 두 점을 통과하는 선분을 그릴 수 있다"와 "선분은 무한히 늘릴 수 있다"가 있다. 오늘날 우리가 공리라고 부르는 이들 공준은 명백히 참이라서 그 자체로 증명할 필요가 없다. 설령 증명을 하려 한다 해도 그러기 위해서는 다른 가정을 해야 한다. 사실 어디가 되었든 출발점은 필요하다. 공준을 정해 놓은 유클리드는 어떤 정리 혹은 다른 것을 완전하게 증명할 때까지 한 줄씩, 각 줄이 앞의 줄과 논리적으로 치밀하게 이어지도록 추론했다. 그러면 이런 정리를 이용해 다른 정리를 증명하고, 그 정리로 또 다른 정리를 증명하고, 이렇게 독자들이 쉽게 따라오며 확인할 수 있도록 완전히 질서정연하고 단계적인 방식으로 증명을 이어나갈 수 있었다.

『원론』에서 제시한 기하학, 즉 유클리드 기하학은 1,000년 이상 대체로 아무 도전을 받지 않았다. 하지만 몇몇 수학자가 이 위대한 업적이 바탕을 두고 있는 공준 하나에 의문을 제기하기 시작했다. 유클리드 공준의 앞선 네 가지는 단순명쾌하고 논쟁의 여지가 거의 없다. 하지만 다섯 번째인 평행성 공준은 좀 더 복잡하고 그다지 명확하지 않다. 유클리드는 원래 다음과 같이 제시했다.

한 직선이 두 직선과 만날 때 같은 쪽에 있는 두 내각의 합이 두 직각보다 작다면, 무한히 늘렸을 때 두 직선은 두 직각보다 작은 두 내각이 있는 쪽에서 만난다.

후대의 수학자들은 똑같은 이야기를 덜 복잡하게 하는 방법을 찾아냈다. 예를 들어 스코틀랜드의 존 플레이페어John Playfair는 평행선 공준과 똑같은 다음 명제를 제시했다.

> 한 평면에 임의의 직선과 그 위에 있지 않은 점 하나가 있을 때 그 직선과 평행하면서 점을 지나는 직선을 적어도 하나 그릴 수 있다.

평행선 공준은 다른 많은 명제와도 동등하다. 그중에서 가장 이해하기 쉬운 건 아마도 삼각형의 내각의 합이 180도라는 명제일 것이다. 하지만 어떤 식으로 표현하든 이 다섯 번째 공준은 다른 넷보다 좀 덜 명확하고 더 인위적으로 보인다. 그래서 앞의 네 공준을 이용해 다섯 번째 공준을 증명하는 게 가능하지 않겠냐는 추측이 후대의 수학자 사이에 널리 퍼졌다. 유클리드 이후 1,000여 년 뒤에 아라비아의 몇몇 수학자가 평행선 공준의 유효성 자체에 의문을 품기 시작했고, 『원론』의 기하학 너머에 무언가 있을지도 모른다는 실마리를 처음 제공했다.

19세기 전반기에 수학자 세 명, 헝가리의 야노시 보여이Bolyai János와 러시아의 니콜라이 로바체프스키Nikolai Lobachevsky, 독일의 카를 가우스는 평행선 공준을 빼면 유클리드 기하학이 실패하는 게 아니라 완전히 새로운, 쌍곡기하학hyperbolic geometry으로 불리게 될 기하학이 탄생한다는 사실을 깨달았다. 쌍곡기하학은 유클리드 기하학의 평면이라기에는 공간이 너무 많다는 의미에서 '너무 많은'이라는 뜻의 그리스어 단어에서 이름을 따왔다. 쌍곡기하학의 곡률은 음의 상수다. 일정한 비율로 구의 반대 방향을 향해 구부러진다는 뜻이다. 쌍곡기하학에서는 삼각형의 내각의 합이 180도보다 작고, 피타고라스 정리가 더 이상 유효하지 않다. 이건 유클리드 기하학이 틀렸으며 유클리드가 제시한 피타고라스 정리의 증명이 실수라는 뜻이 아니다. 유클리드가 제시한 공리 하에서 피타고라스 정리는 언제나 참이다. 다만 이런 공리가 바뀌면, 다른 정리가 적용되는 다른 형태의 기하학이 생겨난다는 것뿐이다.

다섯 번째 공준을 부정하면 쌍곡기하학이라는 완전히 새로운 기하학이 생긴다. 그리고 수학의 다른 어떤 체계에도 똑같은 효과가 적용된다. 바탕에 깔린 공리를 바꾸면 새로운 규칙이 끼어드는 새로운 수학의 세계가 열린다. 유클리드가 정의한 공리 집합인 다섯 가지 공준을 사용하면 피타고라스 정리가 참이라는 사실을 증명할 수 있다. 하지만 다섯 번째 공준을 빼버리면, 그 결과는 피타고라스 정리가 거짓인 비非유클리드 기하학이다. 수학자들은 평행선 공준을 거부하는 다른 기하학도 찾았지만, 그건 구의 곡면 위에 있을 때처럼 직선이 무한히 늘어날 수 없도록 두 번째 공준까지 바꾸어야 한다. 타원기하학으로 불리게 된 이 두 번째 유형의 비유클리드 기하학은 독일의 베른하르트 리만이 개척했다.

유클리드는 수학적 증명을 적절하고 정확하게 하는 방법을 세상에 보여주었다. 또, 한 분야에서 정의한 공리들의 모음을 사용해 수학의 모든 분야를 포용하는 게 가능하다는 사실도 보였다. 『원론』을 내놓은 뒤 유클리드는 다른 책에서 다섯 가지 공준을 적용해 기하학 외부의 다양한 정리를 증명했다. 예를 들어 처음으로 이들 공준을 고쳐 만든 것을 정수론에 적용해 소수(자기 자신과 1로만 나누어 떨어지는 수)가 무한히 많다는 사실을 증명했다. 현대의 수학자도 전체적으로 적용할 수 있는 수학의 한 분야에서 공리를 골라 쓰는 똑같은 접근법을 도입했지만, 기하학 대신 집합론이라는 좀 더 추상적인 분야에서 출발한다.

집합론의 개척자는 무한의 개척자와 일치한다. 우연한 일치가 아니다. 우리가 10장에서 만나본 독일의 게오르크 칸토어와 리하르트 데데킨트다. 집합론은 유한수와 무한수를 둘 다 다룰 수 있는 능력 때문에 탄생했다. 그리고 이름 그대로의 역할을 한다. 집합에 관한 이론을 제공하는 것이다. 집합은 어떤 대상의 모임으로, 수나 알파벳, 행성, 파리 시민, 집합의 집합 등 생각할 수 있는 모든 게 대상이 된다. 수학이라는 세계에서는 여러 형태의 가능한 집합론을 떠받치는 공리를 선택하는 게 완전히 자유롭다. 다만 어쩌다 보니 수학자 대부분은 대체로 아주 유용하다는 이유로 체르멜로-프렝켈 집합론이라고 부르는 것을 사용한다. 여기에 선택 공리라는 특별한 공리 하나를 추가해서 전체를 흔히 'ZFC 이론'이라고 부른다. ZFC의 여러 공리는 명백하고 자기 설명적이다. "똑같은 원소를 가진 두 집합은 동일하다" 등등. 하지만 선택 공리는 더 곤란한 문제다. 사실 선택 공리는 유클리드의 평행선 공준 이래로 가장 논쟁적인 공리로 여겨졌다.

간단히 말해 선택 공리는 여러 집합의 모임이 있을 때 각 집합에서 원소를 딱 하나씩만 골라 새로운 집합을 만드는 게 항상 가능하다는 것이다. 일반적인 상황에서는 당연해 보인다. 예를 들어 세계의 각 나라에서 한 사람씩 골라 모두 한 방에 넣을 수 있다. 문제는 만약 크기가 무한한 집합이 무한히 많이 있을 때도 이렇게 할 수 있는지가 분명하지 않다는 점이다. 그런 상황에서는 선택 공리가 모두가 동의할 수 있는 명제라기보다는 임의의 속임수처럼 보이기 시작한다. 말은 이렇게 했지만, 오늘날의 수학자 대부분은 기꺼이 선택 공리를 받아들인다. 많은 중요한 정리를 증명하는 데 필요하기 때문이다. 게다가 선택 공리는 일견 완전히 말도 안 되어 보이는 결과로 이어지기도 한다. 그중 하나가 바나흐-타르스키 역설 혹은 분해다. 우리가 9장에서 다루었던 이 역설은 공을 유한한 수의 조각으로 잘랐다가 다시 조립해 똑같은 공 두 개를 만들어서 원래 부피의 두 배가 되게 하는 게 가능하다는 주장이다. 현실 세계에서는 불가능한 추상적인 의미에서만 수학적으로 이렇게 자를 수 있다. 그렇다 해도 수학이라기보다는 마법처럼 들린다. 그러나 선택 공리가 있으면 잘린 상태인 공의 조각들을 마치 명확한 부피가 없는 단절된 구름과 같이 생각할 수 있어서 원래 부피의 두 배로(혹은 100만 배라고 해도) 다시 조립하는 게 가능하다.

괴델의 증명

수학자가 자유롭게 원하는 공리 집합을 선택할 수 있고 그게 수학자에게 가장 유용하다는 점을 생각하면, 궁극적으로 수학자는 수학의 모든 유효한 명제를 증명할 수 있게 해 주는 공리 집합을 고를 수 있을 것 같다. 다시 말해, 올바른 공리가 있다면 수학적으로 참인 모든 것을 증명하는 게 가능해야 한다는 소리다. 20세기 초의 선도적인 이론가들은 당연히 이를 의심하지 않았고 증명할 수 있는 수학의 완전한 체계를 열심히 찾았다. 대표적인 인물이 현대 수학에 많은 업적을 남겼고, 당시에 가장 중요하다고 생각했던 23가지 미해결 문제를 제시한 것으로 유명한 독일의 다비트 힐베르트였다. 1920년 힐베르트는 수학의 모든 것이 올바르게 선택한 공리 체계에서 나오며, 그런 체계에는 모순이 없음을 증명할 수 있다는 사실을 보이기 위한 계획을 제안했다. 10년 뒤 그 야망은 오스트리아의 수학자이자 논리학자, 철학자인 쿠르트 괴델의 연구 덕분에 산산히 부서졌다.

오스트리아를 떠나, 나중에 가까운 친구가 되는 아인슈타인이 있는 프린스턴 고등과학원으로 가기 몇 년 전인 1931년 괴델은 특별하고 충격적인 정리 두 가지를 발표했다. 바로 첫 번째 불완전성 정리와 두 번째 불완전성 정리다. 간단히 말해, 첫 번째 정리는 평범한 산술을 포함할 수 있을 만큼 충분히 복잡한 수학의 체계는 완전성과 무모순성을 둘 다 가질 수 없다는 사실을 보였다. 만약 어떤 체계가 완전하다면, 그건 그 안의 모든 것을 증명하거나 반증할 수 있다는 뜻이다. 만약 어떤 체계가 무모순적consistent이라면, 그건 어떤 명제도 증명과 반증이 함께 이루어질 수 없다는 뜻이다. 마른하늘에 날벼락처럼 괴델의 불완전성 정리는 어떤 수학 체계에서도 (아주 간단한 것을 빼고) 참이지만 참이라는 사실을 증명할 수 없는 게 항상 존재한다는 사실을 드러냈다. 불완전성 정리는 알 수 있는 것의 근본적인 한계를 드러낸 물리학의 불확정성 원리와 비슷한 면이 있다. 그리고 불확정성 원리와 마찬가지로 두 불완전성 정리는 현실(순수하게 지적인 현실을 포함한)이 우리가 정신으로 모든 것을 꿰뚫어 보려는 노력을 가로막고 있다는 사실을 보여주기 때문에 절망적이고 억압적이다. 무디게 표현하자면 진리는 증명보다 더욱 강력한 개념이며, 이는 특히 수학자에게 있어 저주다.

괴델의 연구와 놀라운 결론은 수학자와 논리학자가 명확하게 정의된 공리 집합으로 뒷받침해 수학의 체계를 형식화할 필요성을 인식한 뒤에야 가능했다. 유클리드는 고대 그리스 시대에 이런 접근법을 향한 방향을 가리켰다. 하지만 19세기 후반기에 집합론과 수리논리학이 발전한 뒤에야 형식화 과정이 엄밀해지고 상상할 수 있는 모든 수학의 체계로까지 넓어질 수 있었다. 우리가 학교에서 가장 먼저 배우는 산술(자연수 0, 1, 2, 3, …을 다루는 산수)의 경우 이탈리아의 주세페 페아노Guiseppe Peano가 오늘날에도 거의 변하지 않은 채 수학자들에게 쓰이는 공리적 기반을 제공했다. 평범한 산술에서 나오는 '2+2=4' 같은 명제는 너무나도 당연해 보여서 애초에 왜 증명을 해야 하는지 이유를 알기 어렵다. 하지만 증명을 해야 한다. 어렸을 때부터 익숙했다는 이유만으로 그걸 당연하게 여겨서는 안 된다. 페아노의 산술에서는 일단 2와 4를 좀 더 일반화된 형식인 SS0과 SSSS0(S는 수의 '계승자Successor'를 뜻한다)에 넣으면 '2+2=4'와 같은 명제를 간단히 증명할 수 있다. '2+2=5'와 같은 명제를 반증하는 것도 쉽다. 하지만 여러분도 예상하듯이, '2+2=4'를 반증하거나 '2+2=5'를 증명하는 건 불가능하다. 만약 이렇게 정말 기초적인 내용만 다룬다면 페아노 산술은 별 쓸모가 없다. 그 힘은 산술에 관한 훨씬 더 복잡한 명제를 다룰 수 있다는 데서 나온다. 그리고 수학자들은 충분한 시간만 있다면 이 모든 명제를 하나씩 증명하거나 반증할 수 있다고 생각했다. 괴델이 첫 번째 정리에서 보여준 건 실제로는 그렇지 않다는 사실이었다.

한 예로 괴델은 페아노 산술 체계 안에서 증명할 수도 반증할 수도 없는 특정 명제 하나를 골랐다. 그리고 만약 그것을 증명할 수 있으면 그게 거짓이며, 또한 반증할 수 있고, 만약 그것을 반증할 수 있으면 증명할 수도 있다는 사실을 보였다. 어느 쪽이든 페아노 산술이, 완전할지는 몰라도 모순적이라는 것이다. 우리가 완전성에 관한 욕심을 버리고 한 발 물러나서 페아노 산술, 혹은 다른 어떤 체계가 무모순적이라는 증거만을 요청해 볼 수는 있다. 하지만 괴델의 두 번째 불완전성 정리는 어떤 체계가 무모순적(그 체계 안에서)이라는 어떤 증거도 자동으로 그 정반대로 모순적이라는 보여준다는 사실을 밝힘으로써 그런 생각을 그만두게 한다. 그러나 모든 수학자가 무모순성이라는 문제에 관해 괴델이 최종 결론을 내렸다고 확신하지는 않는다.

산술의 공리가 무모순임을 증명하는 문제는 다비트 힐베르트가 1900년에 발표해 유명해진 미해결 문제 목록의 두 번째에 올라가 있었다. 1931년 괴델은 이게 가능할지도 모른다는 희망을 꺾어 놓은 듯이 보였다. 하지만 불과 몇 년 뒤인 1936년 독일의 수리논리학자로, 1935년에서 1939년까지 괴팅겐대학교에서 힐베르트의 조교로 있었던 게르하르트 겐첸Gerhard Gentzen은 페아노 산술이 무모순이라는 사실을 증명한 논문을 발표했다. 표면상으로는 괴델과 정반대의 결론이었다. 그러나 괴델과 달리 겐첸은 페아노 산술의 무모순성을 페아노 산술 안에서 증명하려고 하지 않았다. 그 대신 특정 서수들 그리고 특히 칸토어가 입실론-0이라는 이름을 붙인 아주 거대한 서수(우리가 10장에서 살펴보았다) 하나에 의존했다. 이 수는 너무나 거대해서 페아노 산술로는 설명할 수가 없다. 그러나 겐첸이 알아냈듯이, 페아노 산술이 증명할 수 없는 명제, 특히 페아노 산술 자체의 무모순성을 표현하고 증명하는 데 쓰일 수 있다.

충분히 큰 서수만 만들 수 있다면, 겐첸의 방법을 여러 체계의 무모순성을 증명하는 용도로 확장할 수 있다. 사실 모든 수학 체계에는 그 체계가 표현할 수 있고 표현할 수 없는 서수를 결정하는 '서수 힘ordinal strength'이 있다. 예를 들어 페아노 산술의 서수 힘은 입실론-0이다. 페아노 산술은 입실론-0 아래의 서수를 표현할 수 있지만, 입실론-0 자체는 표현할 수 없다는 뜻이다. 좀 더 범위가 넓은 더 큰 체계는 서수 힘이 더 크다. ZFC의 경우 서수 힘은 아직 모른다. 겐첸 덕분에 알 수 있게 된 건 ZFC를 '큰 기수 공리'로 불리는 특정 공리로 보강해 ZFC로 표현할 수 있는 범위를 한참 넘어선 기수를 설명할 수 있으며, 그 결과 서수 힘이 더 크지만 여전히 모르는, 훨씬 더 강한 체계를 만들 수 있다는 사실이다.

산술의 무모순성에 관한 증명인 힐베르트의 두 번째 문제에 관한 수학자들의 의견은 아직 갈리고 있다. 일부는 애초에 그런 증명을 하는 것이 불가능하다는 괴델의 부정적인 답에는 호의적인 반면 어떤 이들은 겐첸의 부분적으로 긍정적인 증명에 기울어 있다. 어쨌든 그 문제는 괴델의 정리의 핵심 메시지에 영향을 끼치지 않는다. 임의의 수학 체계(페아노 산술이나 ZFC 같은) 안에서는 결정할 수 없는 명제가 존재한다는 것이다. 이런 명제를 증명하거나 반증하기 위해 다른 체계에서 나온 체계를 추론해(겐첸이 했던 것처럼, 서수로 보강한 간단한 형태의 산술을 생각하는 것) 볼 수 있겠지만, 우리가 단순히 그 체계를 받아들이지 않는 한 그게 무모순적인지는 여전히 알 수 없다.

1930년대 초 불완전성 정리가 나온 뒤로 30년 동안 괴델 자신의 증명에 쓰인 것처럼 아주 인위적인 것을 빼고는 결정 불가능한 명제의 사례가 거의 나타나지 않았다. 그러다 중대한 돌파구가 열렸다. 1873년 칸토어가 제기한 뒤로 수학자를 괴롭혀 왔던 개념과 관련이 있었다. 바로 우리가 10장에서 만났던 연속체 가설CH이다. 연속체 가설은 알레프-1(가산서수 집합의 기수)이 실수 집합의 기수와 같다는, 즉 실수의 수(혹은 직선 위에 있는 점의 수)가 가산서수의 수와 같다는 것이다. 만약 연속체 가설이 참이라면, 자연수 집합과 실수 집합 사이의 기수를 지닌 집합은 없다. 거의 평생을 노력했지만, 칸토어는 스스로 이를 증명하지 못했다. 말년에 정신적으로 불안정했던 게 여기에서 기인했을 수도 있다. 이 문제는 대단히 중요해 힐베르트의 23가지 문제 목록의 첫 번째에 올라갔다.

1963년이 되어서야 미국의 수학자 폴 코헨의 연구를 통해 연속체 가설의 상태가 완전히 결정된 건 아니라고 해도 명확해졌다. 코헨은 현대 수학에서 가장 폭넓게 쓰이는 공리 기반인 ZFC의 제한(그리고 ZFC는 그다지 제한적이지 않다!) 안에서 연속체 가설이 결정 불가능하다는 사실을 보였다. ZFC의 모든 공리를 포함하면서 스스로 무모순인 두 가지 서로 다른 공리 집합 중 하나에서는 연속체 가설이 참이고 다른 하나에서는 거짓인 게 가능하다는 사실을 알아냈던 것이다. 간단히 표현하면, ZFC 안에서는 어떤 추가적인 규칙을 선택하느냐에 따라 우리가 연속체 가설을 증명할 수도 반증할 수도 있다는 뜻이다. 추가 공리가 없으면 ZFC 안에서 둘 다 가능하지 않다.

앞서 살펴보았듯이, 훨씬 더 간단한 유클리드의 수학 안에서조차도 이런 결정 불가능성이 나타난다. 1~28번 명제를 비롯한 유클리드의 초기 정리는 다섯 번째 공준인 평행선은 절대 만나지 않는다는 공준을 전혀 사용하지 않는다. 이런 정리는 '절대기하학'(유클리드 기하학에서 다섯 번째 공준을 뺀 공리 체계에 기반한 기하학)이라고 부르는 체계에 속해 있다. 절대기하학에서 피타고라스 정리는 결정 불가능하다. 유클리드 기하학에서는 참이지만, 쌍곡기하학처럼 유클리드 기하학에 바탕을 두고 있지만 평행선 공준이 없는 비유클리드 기하학에서는 거짓이기 때문이다. 마찬가지로 강제법 공리로 불리는 공리처럼 ZFC에 추가하면 연속체 가설을 반증할 수 있는 공리도 있고, 내적 모형 공리처럼 ZFC에 추가하면 연속체 가설을 증명할 수 있는 공리도 있다. 요약하자면, 현재의 방법론으로 연속체 가설을 풀 수 없다는 것을 증명할 수 있다. 대단히 강력해서 현존하는 모든 수학 분야에 걸쳐 있는 현재 집합론의 도구를 사용한다 해도 연속체 가설을 풀 수는 없다. 그러나 수학은 끊임없이 진화하고 확장한다. 큰 기수 공리 같은 새로운 기법을 사용한 풀이가 나올 가능성은 여전히 남아있다.

증명을 찾아서

수학에서 증명이 없으면서(최근까지는) 가장 유명했던 주장은 페르마의 마지막 정리다. 사실 잘 맞는 이름은 아니다. 그건 프랑스의 수학자 피에르 드 페르마가 연구했던 마지막 정리가 아니었고, 제안했을 당시에는 정리도 아니었다. 더 오래전 연구에서는 정확하게 페르마의 추측이라고 부르고 있다. '마지막' 정리라고 불리는 건 페르마 사후 30년 만에 아들인 새뮤얼이 피에르가 유품으로 남긴 디오판토스의 책 『산술』의 구석에 쓰여 있는 것을 발견했기 때문이다. 페르마의 주장은 꽤 쉽게 설명할 수 있다. 2보다 큰 n에 대해 $x^n+y^n=z^n$을 만족하는 정수 x, y, z는 없다. n이 2일 때는 답이 무한히 많다. 예를 들어 $3^2+4^2=9+6=25=5^2$이 있다. 하지만 페르마는 n이 3 이상일 때는 답이 없다고 주장하며 라틴어로 다음과 같이 썼다.

나는 이 명제에 대해 실로 놀라운 증명을 찾아냈지만, 여백이 부족하여 여기에 적을 수 없다.

페르마는 훌륭한 수학자였고 어지간해서는 오류를 범하지 않았다. 페르마가 발표한 증명에서는 어떤 실수도 발견되지 않았다. 페르마의 추측 중에서 유일하게 나중에 반증된 것이 하나 있지만, 페르마는 증명했다고 주장한 적이 없었다. 이 수수께끼 같은 말은 농담이었을까? 동료와 미래의 수학자들에게 어디 증명을 해 보라고 도전하는 페르마의 방식이었을까? 아니면, 정말로 증명했지만 공간이 부족해서 적을 수 없었다는 사실을 말하는 것이었을까? 이후의 역사를 보면 마지막 추측은 사실이 아닐 가능성이 크다. 수많은 노력에도 불구하고 이후 몇 세기 동안 누구도 적절하게 짧은 증명을 찾아내지 못했다. 마침내 17세기의 수학보다 훨씬 더 발전한 수학을 이용한 결과 페르마의 추측이 증명된 정리의 수준으로 올라서게 된 건 페르마가 감질나는 글을 남기고 358년이 지난 뒤인 1995년이었다.

이 문제를 해결한 인물은 영국의 수학자 앤드루 와일스Andrew Wiles였다. 와일스는 10살 때 학교에서 집에 가는 길에 도서관에 있던 책에서 페르마의 주장에 관한 내용을 처음 읽은 뒤로 계속 빠져 있었다. 거의 40년이 지나도록 증명할 방법을 열렬히 찾았다. 그 과정에서 타원 곡선과 일본의 수학자 타니야마 유타카Yutaka Taniyama

와 시무라 고로Goro Shimura가 1957년에 만든 타니야마-시무라 추측이라는 명제와 관련된 분야를 접했다. 와일스는 1993년에 한 강연에서 페르마의 마지막 정리를 증명했다고 발표했지만, 곧 실수가 드러났다. 실수를 바로잡으려는 시도를 거의 포기할 뻔했던 와일스는 불과 2년 뒤 마침내 그 문제에 영원히 종지부를 찍은 흠 없는 증명을 내놓았다. 페르마의 마지막 정리가 어렵기로 손꼽을 정도로 유명한 문제이긴 했지만, 사실 수학자에게는 그다지 중요하지 않다. 예를 들어 유서 깊은 힐베르트의 미해결 문제 목록에 올라 있지도 않다. 반면 타니야마-시무라 추측은 전혀 상관없어 보이는 수학 분야와 관련된 중요한 결과를 내놓았다.

페르마의 마지막 정리와 같은 증명은 어렵다. 복잡하고 진정으로 영감을 받은 진전을 이루어야 하기 때문이다. 한편으로는 고되고 시간을 엄청나게 잡아먹기 때문에 어려운 증명도 있다. 총 네 가지 색깔만 사용해 인접한 두 지역을 똑같은 색깔로 칠하지 않으면서 지도 전체를 칠할 수 있다는 이른바 4색 문제는 유니버시티 칼리지 런던의 첫 번째 수학 교수였던 오거스터스 드 모르간Augustus De Morgan이 1852년에 친구인 아일랜드의 수학자 윌리엄 해밀턴에게 보낸 편지에서 처음 모습을 드러냈다. 이 문제에는 몇 가지 제한이 있는데, 지도의 각 지역은 서로 연결되어 있어야 하고, 모든 지역은 평면 위에 있어야 하며, 어느 두 지역도 연결되려면 경계를 실제로 공유해야 한다(점 하나는 치지 않는다). 이 문제는 정말로 증명하기 어려웠다. 이론 자체만 놓고 봐도 쉽지 않았다. 하지만 정말 큰 문제는 확인해야 하는 가능한 경우의 수였다. 한 세기 이상의 노력 끝에 마침내 수학자들은 지도를 그릴 수 있는 방법을 모두 고려한 결과 그 수를 1,936가지로 줄였다. 그렇다고 해도 너무 많아서 한 사람 혹은 한 무리의 사람들이 평생을 확인해도 모자랐다. 그래서 방대한 양의 계산을 하기 위해 컴퓨터를 사용했다. 1976년 일리노이대학교의 케네스 아펠Kenneth Appel과 볼프강 하켄Wolfgang Haken은 마침내 4색 정리를 증명했고, 다른 컴퓨터와 프로그램을 사용해 이중으로 확인했다.

아펠과 하켄이 결과를 이중으로 확인하는 수고까지 했지만, 몇몇 수학자와 철학자는 기계에 의한 증명은 인간이 손수 검증하는 게 불가능하므로 올바르지 않고 믿을 수도 없다고 부르짖었다. 컴퓨터를 사용한 수학 정리 증명에 관한 논쟁은 시끄럽게 이어졌다. 그중에는 컴퓨터가 오작동하거나 소프트웨어에 오류가 있다면 결과가 틀릴 수 있다는 우려하는 사람도 있었다. 하지만 그건 어쩔 수 없이 시간이 흐르면서 점점 흔해지고 용인할 수 있는 일이 되었다. 최근에는 증명을 컴퓨터로 검증해 오류가 있는지를 찾아주는 프로그램인 '컴퓨터 증명 보조'가 등장해 회의론자들이 어느 정도 안심할 수 있게 해 주고 있다.

무지막지하게 긴 증명을 요구하는 것으로 유명한 수학 분야로 램지 이론이 있다. 요점만 설명하자면, 만약 어떤 집합의 원소에 색을 칠한다고 할 때 어떤 패턴이 나타나는 것을 피하는 게 불가능하다는 것이다. 램지 이론의 문제 중에 '불 피타고라스 삼조'라는 이름으로 불리는 게 있다. $a^2+b^2=c^2$을 만족하는 정수 a, b, c인 피타고라스 삼조가 모두 똑같은 색이 되지 않도록 양의 정수를 각각 빨강 또는 파랑으로 색칠하는 게 가능한지를 묻는 문제다. 2016년 5월 마레인 횔러Marijn Heule와 올리버 쿨먼Oliver Kullmann, 빅터 마렉

Victor Marek은 당시 최고 수준으로 빠른 컴퓨터였던 텍사스 오스틴 고등컴퓨팅센터의 스탬피드를 이틀 동안 사용해 그런 채색이 불가능하다는 사실을 보여주는 200테라바이트짜리 증명을 얻었다. 사람이 읽는 데만 약 100억 년(대략 태양의 수명과 같다)이 걸리고, 검증하는 데는 훨씬 더 오랜 시간이 걸린다는 사실을 생각하면 그 증명이 얼마나 긴지 감을 잡을 수 있을 것이다. 앞으로는 더 긴 증명도 나올 수 있다. 한 가지 후보가 n=5일 때의 램지 이론이다. 어떤 그래프에 꼭짓점이 49개 있을 때 변을 두 가지 중 한 가지 색으로 칠한다면, 그 사이의 모든 변이 똑같은 색이 되는 꼭짓점 5개가 반드시 존재한다. 꼭짓점이 42개일 때는 참이 아니라는 사실도 밝혀졌지만, 최소 개수를 증명하는 건 지금보다 더 막강한 계산 능력으로 무장한 수학자들의 과제다.

| 나가면서 |

때때로 수학은 겉보기와 달리 인간의 지성이 허락하는 한 가장 기묘하고 황량한 세계로 떠나는 끝없는 모험과 같다. 그 뿌리가 간단한 수와 도형처럼 익숙한 데에 있다는 이유로 평범하고 진부하다고 생각하기 쉽다. 상인과 농부, 신전과 피라미드 건축가, 문명의 초기에 하늘과 계절을 관찰하던 사람들의 도구로 시작했으니 말이다. 하지만 수학은 전혀 평범하지 않다. 수학은 우리가 몸담고 있는 현실 구석구석까지 스며들어 가장 작은 입자에서 우주 전체에 이르기까지 우리 주위의 모든 것을 움직이는 보이지 않는 기초가 되고 있다.

대체로 우리는 매일같이 보고 겪는 일이 평범하고 대수롭지 않다고 생각하며 살아간다. 그러나 절대 그렇지 않다. 우리 몸은 삶의 대부분을 거대한 별의 중심에 융합되어 있었던 원자로 이루어져 있다. 사실상 우리는 말 그대로 별의 먼지로 만들어진 것이다. 그러니 밤하늘을 올려볼 때 우리는 궁극적으로 우리의 고향을 보고 있는 셈이다.

하루하루를 살아가는 우리의 존재는 어리고 황량했던 행성의 표면에서 어쩌다 생겨난 단순한 생명체로부터 진화한 유기체 안의 화학물질이 붙잡은 태양 빛에 의존하고 있다. 우리들을 둘러싸고 있는 시공간은 모두 140억 년 전에는 상상할 수 없을 정도로 작은 점에서 저절로 생겨났고, 지금은 우리가 아직까지는 알아내지 못한 미래를 향해 달려가고 있다. 우주를 이루는 물질과 에너지의 95%는 그 성질이 수수께끼로 남아있는 암흑물질과 암흑에너지다. 미세한 규모에서 우주적인 규모에까지 이르는 이런 대단한 활동과 전개는 모두 수학이라고 하는, 보이지 않는 손의 인도를 받고 있는 것이다.

때때로 우리는 어디에 쓸모가 있을지 전혀 생각하지 않은 채 발전시킨 수학적 성질이 물질이 특정 환경에서 어떻게 행동하는지 혹은 아원자 입자가 광속에 가까운 속도로 충돌하면 어떻게 되는지를 놀라울 정도로 정확하게 설명하는 광경을 접하곤 한다. 복잡한 위상수학, 고차원, 프랙털 지형으로 파고 들어간 별난 여행은 기술과 물리학, 화학, 천문학, 음악에서 실용적인 활용법을 찾았다. 우리 심장의 박동, 폐의 복잡한 구조, 생각을 바로 지금 이 순간에도 할 때마다 빛나는 시냅스는 방정식의 인도를 받으며 수학적 논리에 따른 패턴을 갖는다.

수학이 현실 세계와는 동떨어져 있다는 생각이 들 때가 있을지도 모른다. 하지만 수학은 바로 지금, 바로 여기에 있다. 우리가 보고 하는 이 모든 것 안에는 수학이 있다. 가끔 우리는 우리의 삶이 반복적이고 평범하다고 느끼기도 한다. 그러나 사실 우리는 대단히 놀라운 것의 중심에 있다. 그리고 이 모든 놀랍고 풍성한 창조물 속에는 경이롭고 기묘한 수학이 있다.

WEIRD MATHS: At the Edge of Infinity and Beyond

기묘한 수학책

4차원에서 가장 큰 수까지, 수학으로 세상의 별난 질문에 답하는 법

초판 1쇄 인쇄 2022년 3월 30일
초판 1쇄 발행 2022년 4월 7일

지은이 데이비드 달링, 아그니조 배너지
옮긴이 고호관
펴낸곳 (주)엠아이디미디어
펴낸이 최종현
기획 김동출 이휘주 최종현
편집 이휘주
교정 이휘주
마케팅 유정훈
디자인 권석중

주소 서울특별시 마포구 신촌로 162 1202호
전화 (02) 704-3448 팩스 02) 6351-3448
이메일 mid@bookmid.com 홈페이지 www.bookmid.com
등록 제2011—000250호
ISBN 979-11-90116-63-3(03410)